VOYAGES AGRICOLES

EN FRANCE

ET EN ANGLETERRE

PENDANT

LES ANNÉES 1860, 1861 ET 1862

PAR

LE COMTE CONRAD DE GOURCY

PARIS

Mme Vᵉ BOUCHARD-HUZARD
5, rue de l'Éperon.

E. LAGROIS
15, quai Malaquais.

J. LOUVIER
23, quai des Grands-Augustins.

1864

VOYAGES AGRICOLES

ANGERS, IMP. COSNIER ET LACHÈSE. — 1864.

VOYAGES AGRICOLES

EN FRANCE

ET EN ANGLETERRE

PENDANT

LES ANNÉES 1860, 1861 ET 1862

PAR

LE COMTE CONRAD DE GOURCY

PARIS

Mme Ve BOUCHARD-HUZARD.   E. LACROIX
5, rue de l'Eperon.   15, quai Malaquais.

J. LOUVIER
23, quai des Grands-Augustins.

1864.

VOYAGE AGRICOLE

PREMIÈRE PARTIE.

Je suis parti le 11 juillet 1860 de Paris pour la
Motte-Beuvron, et suis allé aussitôt après mon arrivée,
visiter la culture du château. M. Laverge, chef de culture, étant dans une autre partie de la ferme, un beau
jeune homme sorti récemment de Grignon, voulut bien
me servir de guide ; je ne vis que l'intérieur de la
ferme, une pluie à verse nous ayant empêchés de
visiter les champs. La vacherie était garnie d'une
trentaine de vaches cotentines, dont le nombre sera
doublé, m'a dit mon conducteur, lorsqu'une très-
belle étable en construction sera achevée; j'ai regretté
de n'y pas trouver un taureau durham bien écussonné,
en place du taureau cotentin.

La belle porcherie ne contient plus qu'un petit nombre de new-leicester bien dégénérés, qui devront l'année
prochaine être remplacés par d'autres, m'a-t-il été dit.
J'ai vu un troupeau de brebis solognotes, qui recevront
pour la lutte deux béliers southdown, et deux béliers
charmoises; j'ai vu aussi un petit lot de béliers et brebis
de la race connue en Écosse sous le nom de black face,
ou bêtes à figures noires, j'ai été étonné de voir conduire ce troupeau assez considérable, par une bergère,

qui m'a dit préférer les solognotes aux bêtes étrangères. J'ai vu des charrues Dombasle, un gros rouleau Croskill, une moissonneuse Burgess et Key, une faucheuse Allen, un coupe-racines, une faneuse et un rateau à cheval de Howard, enfin une machine à battre de Cumming, qu'une chute d'eau met en mouvement. Je me rendis le lendemain matin de bonne heure au château de la Grillière, autre terre de la liste civile. M. Poislecaut en est le régisseur depuis 5 ans; il m'a conduit dans une fort belle étable, où il tient de bonnes vaches de race salers, leur taureau et des élèves : le tout vient fort bien; mais ils sont nourris à l'étable; il les a depuis 4 ans. Il eût préféré la race charolaise à la race salers; il laisse téter les veaux pendant 7 mois. L'étable a été construite sur le modèle de la ferme impériale de Vincennes.

Il a comme à La Motte, deux béliers southdown et deux béliers charmoises. Il donne à ses truies de race berkshire un verrat new-leicester; il a une soixantaine de cochons de tout âge; il vend les petits après sévrage, 15 fr. aux fermiers des environs; M. Poislecaut fait garder son troupeau de cochons sur les jeunes pousses de trèfle, comme cela se fait en Angleterre, ce qui lui réussit fort bien.

Sa machine à battre américaine, a été construite à Paris, chez Nicolet; elle se meut aussi par une chute d'eau. Ses champs de froment sont beaux et les avoines sont les plus belles que j'aie encore aperçues.

M. Poislecaut n'a que dix hectares de récoltes sarclées, dont peu de betteraves qui ne se plaisent pas dans les sables froids; les carottes et les rutabagas y viennent bien mieux; il y fait aussi des pommes de terre. Il a en dehors de ces dix hectares, une bonne étendue de topinambours, avec lesquels ses cochons, ses bêtes à cornes et ses brebis sont nourris pendant les parties de l'hiver où il est possible de les arracher. J'ai vu un fort beau champ de vesces, et un autre contenant des vesces et du maïs.

M. Poislecaut se loue de ses ouvriers solognots ; ils ne sont pas forts, mais ils ont de la bonne volonté ; il n'a eu qu'un de ces gens à renvoyer depuis qu'il est à la tête de cette ferme ; ils gagnent 1 fr. 50 en hiver et 2 fr. pendant la belle saison.

Il a drainé une partie de ses terres qui en ont toutes besoin ; on ne continue pas cette opération si nécessaire dans ses sables humides et froids. M. Poislecaut a pu former d'assez bons prés dans les parties les plus basses de la propriété après les avoir écobuées, drainées, marnées et bien fumées ; il ne met que quarante mètres de marne par hectare. Il la paye 2 fr. 50. Il est à dix ou 12 kilomètres du chemin de fer où elle se trouve ; un homme et deux chevaux emploient vingt-cinq jours au moins à l'amener. Cent hectolitres de chaux coûteraient bien moins d'acquisition et transport, et permettraient de donner à ces terres qui manquent absolument de calcaire, l'amélioration nécessaire pour produire, en y ajoutant l'engrais utile, des plantes légumineuses, des topinambours, carottes et panais qui permettraient de bien nourrir un nombreux bétail et de faire ainsi beaucoup de bon fumier, la chose essentielle dans toute culture, surtout lorsqu'on n'achète ni guano, ni nitrate de soude, qu'on emploie en masse dans d'autres pays. Il m'a conduit à la très-belle ferme de Misabrant qui vient d'être construite sur deux cents hectares de bruyères bonnes mais très-humides, qu'il a défrichées à la charrue à l'aide de quatre bons bœufs limousins par charrue. La construction de cette grande ferme, a coûté 80,000 fr., en n'évaluant pas le bois qui a été pris sur la terre.

M. Moujin, jeune lorrain qui a été employé pendant quelques années aux défrichements, que l'Empereur fait faire dans le département des Landes, a été placé ici comme chef de la ferme; il vient d'y ramener une jeune femme, qu'il a été épouser dans son pays. Ce qui manque absolument à cette ferme qui en a le plus grand besoin, c'est le drainage.

Je suis allé, de là, visiter pour la seconde fois la ferme de Maisonette, qui a été détachée de la terre de la Grillière, avant que celle-ci n'eût été achetée par l'Empereur. M. Baudet, négociant à Orléans, qui en est le propriétaire depuis dix ans, la cultive depuis lors d'une manière, on peut dire excentrique; il y a défriché en plusieurs années cent hectares de bruyères d'un seul tenant; il a partagé ce défrichement en deux parties, dont la première a été semée tous les ans en seigle recevant pour la première récolte trois cents kilos de guano du Pérou, et seulement deux cents kilos de cet engrais les autres années. J'ai vu il y a trois ans la septième récolte de seigle qui était au reste fort belle; M. Baudet a semé l'année suivante ces cinquante hectares en seigle pour la huitième fois, et y a fait semer en même temps du ray-grass anglais, un peu de trèfle rouge, et du trèfle blanc.

Il a ensemencé l'autre pièce de bruyère défrichée pendant six ans en avoine, en lui donnant du guano comme au seigle; voilà trois ans qu'il fait marner ce côté; j'y ai vu d'assez beau froment qui a reçu deux cent cinquante kilos de guano; mais sur un demi-hectare qui n'a pas reçu de guano parce que celui-ci était épuisé, il n'y aura pas pour récolte la semence qu'on y a employée.

Les soixante pauvres vaches ou élèves de races bretonnes ou solognotes que j'avais vues il y a trois ans, à moitié mortes de faim, elles ne recevaient alors que de la paille pendant l'année entière, se sont un peu refaites; elles vont maintenant en pâture sur l'herbage qui a suivi les huit récoltes de seigle et elles reçoivent en hiver de la paille d'avoine et des topinambours, dont j'ai vu avec plaisir un beau champ. Il existe aussi dans la ferme un troupeau de brebis solognotes, mais je ne l'ai pas vu.

J'ai vu avec plaisir, dans cette course qui m'a fait parcourir plusieurs lieues autour du bourg de Lamotte, beaucoup de champs de froment assez beaux, dans un pays qui, avant le marnage, ne produisait que de pauvres seigles; on y voit aussi du trèfle, qui ne pouvait prospérer avant d'avoir reçu du calcaire; j'ai en outre aperçu dans ces environs de nombreux petits champs de récoltes sarclées, betteraves, carottes et pommes de terre, qui sont dus aux beaux exemples de culture donnés par les fermes de la liste civile.

J'ai été le lendemain matin faire une visite à un bon cultivateur des environs de Valenciennes, qui a acheté il y a une dizaine d'années une terre considérable à six kilomètres de la Motte; mais arrivé sur les lieux on m'a dit que M. Goffart habitait toujours dans le département du Nord; il vient plusieurs fois par an pour surveiller les améliorations agricoles et de silviculture qu'il y ordonne, mais il n'y séjourne jamais longtemps, excepté à l'époque des chasses.

Cette terre contient une bonne habitation sur les bords d'un ruisseau, sur lequel M. Goffart a placé une turbine, qui sert de moteur à une machine à battre, à une paire de petites meules, une pompe, un hache-paille, et diverses autres machines; il a monté récemment une distillerie pour transformer en alcool le produit d'une quarantaine d'hectares qu'il a mis en topinambours.

M. Goffart fait valoir deux cents hectares, dont un quart environ m'a paru assez fertile, provenant d'un ancien marais; j'y ai vu de fort belles avoines d'hiver et de printemps, un beau champ de froment, un essai de sorgho de Chine, des carottes, des betteraves, du seigle et du sarrasin.

Il y avait quelques vaches normandes, mais pour le grand nombre, elles étaient de race parthenaise; neuf veaux se trouvaient dans une pâture maigre, où ils souffraient de la chaleur et des piqûres d'un essaim de mouches. La porcherie contenait des berkshires ; elle est assez étendue, mais il faudrait dans cette ferme un bon verrat et un beau taureau pour les vaches.

Le troupeau de moutons de Sologne est acheté maigre, engraissé, vendu et puis renouvelé.

Le chef de cette culture m'a dit être provençal ; sa femme est solognote ; ils m'ont paru tous deux fort intelligents ; ils sont entrés nouvellement au service de M. Goffart, gagnent 1,000 fr. et sont nourris.

Les bois que j'ai aperçus, sont beaux et d'une grande étendue.

Je me suis rendu de là, chez M. Lecouteux, membre de la Société impériale d'agriculture ; sa terre est voisine de celle de M. Goffart. Dans les deux kilomètres que j'eus à faire pour arriver au château de Sercey, j'ai longé deux champs de vingt hectares chacun, qui portaient tous deux sur un premier labour de défrichement une fort belle récolte, l'un de seigle et l'autre d'avoine d'hiver.

Ils avaient reçu par hectare cinq hectolitres de noir animal de raffinerie de sucre.

M. Lecouteux étant absent, je rejoignis la station de la Motte d'où je fus chez M. Lecomte, juge de paix du canton, dont j'avais remarqué le matin en suivant la route, un grand champ couvert d'un très-beau froment poulard.

M. Lecomte, dont j'avais connu le père au château de Ronjoux près Blois, a eu la bonté de me conduire à sa petite ferme, qui contient trente-huit hectares : ils étaient en bruyères il y a trois ans, au moment où M. Lecomte en a fait l'acquisition au prix de 11,000 fr.; il les a défrichés à la charrue, en a marné la plus grande partie à raison de quarante-cinq mètres cubes, dont le prix à la station est de 2 fr. 50 le mètre. On lui

a pris 2 fr. par mètre cube pour le transport de la
marne à la distance d'un kilomètre et demi; ce marnage lui a donc coûté, l'épandage compris, 202 fr. par
hectare. M. Lecomte a depuis lors chaulé les autres
terres à raison de trente-cinq hectolitres par hectare;
il a acheté la chaux à la tuilerie de la Motte 1 fr. 50
l'hectolitre; il a mélangé cette chaux avec le double de
terre sortie des fossés; ces composts, brassés une couple
de fois pendant les trois mois qu'on les a conservés avant
de les faire épandre sur le champ, paraissent avoir eu
de bons résultats quoique cette dose de chaux ne soit
guère que le tiers de ce qu'il faudrait pour un chaulage ordinaire; car on ne voit pas trop de différence
entre les récoltes sur les parties chaulées et sur celles
marnées.

Il a construit une bâtisse couverte en ardoises qui
peut contenir trente bêtes à cornes; il n'a déboursé
jusqu'à cette heure qu'une quinzaine de mille francs
en sus du prix d'acquisition.

Il m'a montré huit hectares de beau froment, qui
donnera au moins vingt-cinq hectolitres à l'hectare;
une dizaine d'hectares en admirables avoines d'hiver,
un beau champ de récoltes sarclées, des colzas semés à
la volée; enfin du sarrasin qui sort de terre.

M. Lecomte m'a dit qu'on lui offrait 30,000 fr. de
cette ferme seulement ébauchée; mais qu'il en veut
1,000 fr. de l'hectare, et s'il la vendait, ce serait pour
acheter une autre propriété qu'il pût améliorer. M. Lecomte m'a dit aussi, que madame sa sœur ayant perdu
son mari était venu le voir, et avait acheté une propriété touchant la sienne, dont l'étendue est d'une cinquantaine d'hectares; elle était en partie nouvellement
bâtie, et elle y avait ajouté une maison d'habitation;
elle cultive, et nous avons aperçu quatre bons chevaux
lui appartenant.

Les environs de la Motte sont peuplés d'anciens ou de

nouveaux propriétaires, qui tous s'occupent à améliorer leurs terres, ou bien à les planter ou les semer en bois. Voici les noms de plusieurs de ces Messieurs : M. de Givay est un grand planteur, il a défait plusieurs fermes pour les planter. M. d'Anguis fait aussi de grands semis et de nombreuses plantations. M. Huot s'occupe d'améliorations agricoles et de plantations ; il s'est construit une habitation. M. Gaugiraud est aussi un grand silviculteur. M. Barbet, riche habitant de Rouen et ancien membre de la chambre des Députés, a acquis il y a des années, une terre qu'il améliore. M. Guillaumin, membre de la chambre des Députés, demeure sur sa terre, la plante, la cultive et l'améliore.

Je suis parti le lendemain pour Salbris, la seconde station après celle de la Motte, d'où je me rendis à deux kilomètres, chez le comte de Gaumigny, grand propriétaire des environs de Maubeuge, dans le département du Nord, qui a acheté la terre de Salbris, pour s'y livrer à son goût pour la silviculture. Sa nouvelle propriété contient mille cinq cents hectares, dont la plus grande partie est en terre très-légère et peu fertile ; il s'y trouvait six fermes qui contenaient chacune plus de deux cents hectares, la plus grande partie en friche ou bruyères ; de misérables troupeaux avaient de la peine à ne pas y mourir de faim. Le comte réduisit les fermes à soixante ou quatre-vingts hectares, et fit semer le reste en pins ; les bois et les haies étant garnis de bouleaux, ceux-ci fournissant la semence, que les vents se chargent de semer même à de grandes distances ; on voit même les jeunes bouleaux lever beaucoup trop épais ; ce qu'il y a de singulier, c'est que beaucoup de silviculteurs m'ont assuré que, lorsqu'on achète de la graine de bouleau pour la semer, elle ne lève pas. Le comte a marné une grande partie des terres de ses six fermes, à raison de cinquante mètres par hectare, ce qui avec la conduite, lui revient à 250 fr. ; il s'occupe à continuer ces marnages ou chaulages, qui sont de toute nécessité, pour pouvoir cultiver ces terres si pauvres avec quelque espoir de bons résultats.

Une fois que le marnage sera terminé, il sera essentiel de drainer, au moins les parties les plus humides de ces terres, pour les rendre productives.

Le parc qui entoure le château contient quatre-vingts hectares; il descend dans la vallée, où il est bordé par la grande Saudre, rivière venant d'un pays calcaire qui améliore les prés qu'elle couvre dans ses inondations ; mais sur la plus grande partie du parc où l'eau n'arrive pas, l'herbe est si rare, qu'il est évident que pour avoir de la verdure, il faudrait pendant quelques années mettre au moins trois cents kilos de guano par hectare.

Deux jeunes gens habitant nouvellement le voisinage du comte, sont venus lui demander à dîner, ce qui me fit faire leur connaissance. L'un d'eux, M. Gravet, beau-frère de M. Auclerc le fils, a acheté il y a dix-huit mois, la propriété de la Billardière, contenant une petite habitation, dix-sept hectares de prés faits dans un bon fond d'étang , soixante-dix hectares en semis de pin maritime, dont les plus vieux ont dix ans d'existence, 35 hectares en bruyères ; enfin cent treize hectares de terres sablonneuses et maigres; c'est en tout deux cent trente-cinq hectares qui ont coûté 54,600 fr. M. Gravet n'a pas perdu de temps; il a défriché les bruyères, les a ensemencées en seigle et avoine d'hiver, avec quatre hectolitres de noir animal, coûtant 13 fr. l'hectolitre. Plus de moitié de ses pauvres sables avaient été marnés légèrement, il y a plusieurs années, la marne venant d'au moins cinq lieues ; il en a semé quinze hectares en avoine de printemps, il a fait aussi des betteraves, des carottes et des pommes de terre, sur trois hectares qui ont reçu du fumier d'étables. J'ai vu encore des vesces, des topinambours et un champ de trèfle ; enfin un essai de lupins jaunes, qui ont réussi aussi bien sur un

champ sablonneux en friche depuis sept ans et n'ayant
pas été fumé, que dans une planche du jardin : ils entrent
en fleurs et ont 0^m 40 de haut. M. Gravet a amené du
Berry et pris chez un des métayers de M. Auclerc, trois
génisses croisées durham, et deux truies de Berkshire.

Il a donné un bélier charmoise à soixante brebis solognotes et il a soixante agneaux croisés qui promettent
d'être beaux ; il leur alloue vingt litres d'orge et avoine,
par moitié, pour les soixante. Il fait des composts de
la manière suivante : il étend d'abord un mètre cube
de paille qu'il couvre d'un mètre de fumier de mouton
et par-dessus d'un second mètre de paille ; on recouvre le tout de bonne terre ; on arrose le tout avec
six hectolitres d'eau ammoniacale de gazomètre, de
l'eau de fumier contenant un mètre cube de chaux. Ses
attelages sont formés de chevaux d'artillerie, dont lui
et son voisin et ami, M. Pillet, jeune parisien, sont fort
contents.

M. Pillet étant venu voir M. Gravet à la Billardière,
s'est pris de passion pour la culture ; il a trouvé à acheter
une ferme de cent cinquante hectares, dont trois en
prés, dix en bois taillis, onze en étangs, quarante en
bruyères, enfin le reste en terres fort sablonneuses qui
lui ont coûté 32,500 fr. les frais compris. Il a donné
1,200 fr. au fermier, pour lui faire résilier son bail à la
Saint-Martin prochaine, et lui abandonner de suite
douze hectares que M. Pillet a fait semer en avoine, en
sarrasin, haricots, vesces, pommes de terre, carottes et
betteraves ; celles-ci ont reçu à raison de mille kilos de
guano à l'hectare, et elles sont fort belles ; les avoines
de mars qui ont reçu trois cents kilos de guano ne sont
pas mal venues. Les bâtiments de ferme ne sont pas
trop mal pour l'usage du pays ; M. Pillet, aussitôt qu'il
eut fait cette acquisition, se rendit à Paris pour commander à M. Ruchet, rue de Flandre 57, un chalet, qui
fut posé et prêt à être habité six semaines après, pour

la somme de 10,000 fr.; son petit chalet est tout ce qu'il
faut pour un garçon; il contient une très-petite cuisine,
une fort petite salle à manger, et quatre autres petites
pièces.

Les terres noires et humides de ces environs, sont
d'un bon produit, une fois qu'elles ont été drainées,
marnées on chaulées et bien fumées; lorsque le fumier
manque, il faut le remplacer par quatre ou cinq cents
kilos de guano par hectare.

J'ai quitté MM. Gravet et Pillet, qui avaient été
des plus aimables, pour me rendre à Issoudun, où je
pris un cabriolet pour aller chez M. de Saint-Larys; sa
propriété se trouve à vingt-deux kilomètres du point de
départ, sur la route d'Issoudun à Levroux, et à six kilomètres de cette dernière ville.

M. de Saint-Larys eut la bonté de me faire voir une
partie de ses cent trente hectares de vignes; il est en
train de les augmenter, voulant en avoir vingt de plus;
il m'a dit être des environs de Nérac, où un de ses trois
fils l'a remplacé dans la direction d'une terre très-fertile
qu'il cultive, ainsi que des vignes produisant en moyenne
cent cinquante pièces de vin; un autre de ses fils l'aide
dans l'administration de ses vignes du Berry.

M. de Saint-Larys m'a dit, qu'après avoir il y a
quinze ans parcouru la champagne du Berry, il avait
acheté cette ferme; elle contenait trois cents hectares de
mauvaises terres calcaires, ayant beaucoup de fond, et
ne contenant que peu de grosses pierres; il la paya
90,000 fr.; il s'y trouvait une maison de maître des
plus simples, et une ferme des plus mal bâties.

M. de Saint-Larys fit venir de son pays une charrue
vigneronne, qui servit de modèle à celles qu'il fit faire
depuis à Levroux.

Il conserva comme métayer le fermier qu'il avait
trouvé dans la ferme, et qui était fort peu à son aise,
il lui assigna la partie la meilleure de la propriété.

Il se mit à planter, comme cela se fait dans son pays, des bouts de sarments choisis dans les meilleures espèces et principalement du côté, en traçant des lignes séparées par deux mètres, et faisant enfoncer un piquet de fer à coups de maillets, à tous les mètres dans la ligne; on y plantait les bouts de sarments sans autre préparation, ni arrosements fertilisants, comme cela est en usage du côté de Saintes, Rochefort et pays environnants, où l'on verse dans le trou formé avec le piquet de fer, quelques litres de vase de mer liquide, lorsqu'on est près du littoral; on la remplace par du guano liquéfié, lorsqu'on en est éloigné.

M. de Saint-Larys a fourni à son métayer dont la culture se fait avec des chevaux, six paires de très-petits bœufs coûtant 300 fr. la paire, pour labourer deux fois par an l'espace qui se trouve entre les rangs de vignes; il paye à cet homme 15 fr. par hectare pour ces deux façons annuelles. Ce métayer cultive ainsi cent hectares de vignes, et les autres le sont par d'autres fermiers. M. de Saint-Larys fait sarcler deux fois par an, l'entredeux des ceps dans les lignes, ce qui coûte 10 fr. par hectare; la taille des vignes coûte 12 fr., mais elle ne lui revient guère qu'à 8 fr. par hectare, car il vend une immense quantité de boutures de ceps, qui produisent 5 et 6 fr. le mille, suivant les espèces.

Il ne met point d'échalas, ce qui est une grande économie. La culture de chaque hectare ne lui revient que de 35 à 40 fr. la vendange non comprise; tandis que sur les bords du Cher on paye 120 fr.

Il a pour principe de ne pas fumer les vignes pour avoir du meilleur vin, mais ce principe qui n'est pas celui du docteur Guyot, a l'inconvénient de ne pas produire abondamment de vin; aussi M. de Saint-Larys a-t-il été bien des années, avant d'avoir fait une vendange rémunérante, ce qui devait avoir lieu dans une terre aussi maigre que la sienne.

Dans l'impossibilité où il est de pouvoir fumer annuellement une cinquième partie de ces cent cinquante
hectares de vignes, comme cela se fait par les bons vignerons des bords du Cher sur mauvais fond de terre,
il ne compte que sur un produit moyen par hectare, de
dix pièces de deux hectolitres chacune, soit vingt hectolitres qui, à 40 fr. la pièce, prix moyen sur 10 ans, font
un produit brut de 400 fr.

Les bons vignerons des bords du Cher comptent sur
une récolte moyenne de quinze pièces chacune de deux
cent cinquante litres, soit 37 hectolitres 50, vendus 20 fr.
l'hectolitre ou 750 fr.

Je sais que dans le Médoc, ainsi que sur les bords du
Rhin, on emploie le guano pour fumer les vignes; mais
j'ignore dans quelle proportion. Comme M. de Saint-
Larys n'a que cinq mille ceps par hectare, qui jouissent
donc chacun de deux mètres carrés de terre, admettons
deux cent cinquante grammes par cep, c'est donc mille
deux cent cinqnante kilos de guano, soit 437 fr. 50 à
raison de 35 fr. les cent kilos rendu sur place en en
prenant dix mille kilos à la fois, de dépense tous les
cinq ans.

Le produit, calculé comme sur les bords
du Cher, serait alors de fr. . . . . 3,600 »
A déduire tous les cinq ans le prix du
guano ou. 437 50

Bénéfice net. 3,162 50

au lieu de fr. 2,000 qu'obtient actuellement M. de Saint-
Larys, en portant le prix de la pièce comme moyenne à
40 fr. Pour tout amendement, M. de Saint-Larys fait
enlever les terres des bords des fossés de la route, ou
d'autres emplacements inoccupés et autres terres va-
gues, par ses ouvriers lorsqu'ils n'ont pas d'autre
ouvrage; cette année on a dépensé ainsi cent écus.

Il fait construire le long de l'avenue qui va de sa

maison à la route, un cellier ayant trois mètres de profondeur sur cinq de largeur, le tout couvert d'une épaisse toiture en paille ; il y en a deux cents mètres courants de terminés, et il est en train d'en faire cent mètres de plus.

Il a récolté l'année dernière mille deux cents pièces de vin, et a vendu pour une dizaine de mille fr. de vendange ; ses vignes lui ont produit cette année là 90,000 fr. bruts ; c'est le prix d'achat de sa terre ; mais il a dépensé depuis son acquisition, plus de 100,000 fr. en améliorations. Ses vins de Gascogne sont distillés, et souvent ne se vendent que 15 fr. la pièce. J'ai demandé à M. de Saint-Larys quelle était la raison qui rendait en général les vins du midi peu potables, et s'il fallait l'attribuer aux cépages cultivés ou bien à la grande chaleur du climat. Selon lui, c'est aux cépages mêmes qu'il faut attribuer la mauvaise qualité des produits. M. de Saint-Larys a ajouté, que l'espèce de vigne qui lui réussissait le mieux, était le Cahors, qu'on nomme en Berry côt, et qui porte en Gascogne le nom de Bordeaux : il est très-estimé en Médoc ; il aime aussi le plant de jurançon, mais il le trouve moins productif que le précédent.

Il pense que cette année ses vignes ne sont pas assez chargées de grappes, et que la floraison s'est mal faite, ce qui est cause qu'une partie des grappes ont des grains comme de petits pois, et que beaucoup ne font que défleurir ; pour bien faire, dit-il, il faudrait vendanger comme cela se fait en Médoc, c'est-à-dire en deux ou trois fois, et ne prendre chaque fois que les grappes mûres.

M. de Saint-Larys ne vendange habituellement que lorsque tout le monde a fini ; il espère cependant et malgré la floraison trop prolongée de la vigne, récolter mille deux cents pièces de vin cette année.

Il m'a fait goûter de son vin de l'an dernier ; il m'a paru devoir faire un bon vin de table, peu coloré, ce

que lui reprochent les marchands de vin qui lui achètent;
ils lui conseillent de planter du gros noir pour avoir de
la couleur.

M. de Saint-Larys estime que sa terre vaut maintenant un million; il prétend que toute la champagne du
Berry est susceptible d'être partagée comme sa propriété, moitié en culture et moitié en vignes cultivées à
la charrue. On triplerait ainsi le produit et la valeur
vénale.

J'ai pris congé de M. de Saint-Larys, le remerciant
beaucoup de sa complaisance extrême, à me faire voir
et à m'expliquer sa manière de cultiver les vignes.

Etant retourné à Issoudun, je suis allé coucher à
Châteauroux où je ne suis arrivé qu'à minuit; j'en suis
reparti de bonne heure pour aller visiter un bonhomme
nommé le père Macé, que j'avais déjà vu une fois à
Puymoreau. Ce brave et intelligent cultivateur est de
grande taille, ainsi que sa femme; ils ont perdu plusieurs
enfants jeunes encore, et viennent encore de perdre il y
a huit mois le seul qu'ils eussent conservé; il leur a été
enlevé par une fièvre cérébrale à l'âge de dix-huit ans;
la pauvre femme est depuis lors dans un état de déses-
poir, qui l'empêche de prendre aucun intérêt à ce qui
l'entoure.

Le père Macé a acheté il y a huit ans, pour 2,000 fr.
une double locature, avec deux petits jardins plantés
d'arbres fruitiers placés sur une éminence, plus six hectares de terres légères et quelques pièces de pauvres
bruyères qui entourent son habitation.

Il m'a conduit dans ses champs, pour me faire voir
ses récoltes encore sur pied, et me faire juger de la différence de celles, qui n'ont reçu que soixante-quatre
mètres cubes de marne, au prix de 3 fr. le mètre, avec
celles qui en ont reçu cent douze mètres; dans le premier cas le marnage lui revient à 192 fr. l'hectare, et
dans le deuxième à 336 fr. sans compter le prix de l'é-

pandage qu'il a fait lui-même. Effectivement, j'ai reconnu que le plus faible des deux marnages lui donne d'assez belles récoltes, mais que le plus abondant en produit d'admirables ; le froment y est des plus beaux qu'on puisse désirer, il a des épis énormes et de plusieurs variétés. Ce froment est fort épais quoique venu en troisième récolte et n'ayant obtenu que neuf mètres de fumier de vaches ; la première récolte, après le fort marnage, avait été de la belle avoine d'hiver, et la seconde du seigle, aussi fort beau sur une fumure égale. Il m'a fait voir de belles avoines, un médiocre colza sur terre à faible marnage, de beau trèfle, des pommes de terre, des carottes et des betteraves, celles-ci repiquées. Le tout est fort bien sarclé ; il avait encore un peu de maïs.

Il a fait des fossés pour entourer et assainir sa propriété, et a planté sur les ados des pruniers et autres arbres fruitiers.

Son cheptel se compose d'une jument, son grand poulain, quatre vaches, deux veaux, deux chèvres et deux porcs. Toutes ses terres vont être marnées, et il complétera à cent douze mètres la dose de marne assez argileuse, mais très-fertilisante ; il est probable qu'elle contient des phosphates de chaux.

Ses vaches ne travaillent que la demi-journée et élèvent ainsi fort bien leurs veaux. Le père Macé a aussi un champ de topinambours, qui lui rend de grands services pour la nourriture de son bétail en hiver.

Il n'a dépensé que 1,000 fr. de capital en sus du prix d'achat, pour faire ces améliorations, en y ajoutant à la vérité ce qui lui reste, après avoir vécu, du revenu de cette petite propriété. Ce revenu augmente chaque année, à la suite de ces améliorations agricoles ; et, si ces braves gens vivent encore longtemps, ils seront de véritables fermiers modèles pour les gens de leur classe, qui vivent dans leur voisinage.

Je me rendis le 19 juillet chez **M. Masquellier**, riche négociant des environs de Lille, qui a acheté en 1848 ou 1849, un joli château dominant la belle vallée de l'Indre. Il y a transformé trente hectares d'une espèce de marais en excellents prés, depuis qu'il a demandé et obtenu, qu'on baissât à leur véritable niveau les retenues d'eau de plusieurs usines des environs. Les bons résultats qu'il a obtenus, ont décidé ses voisins à suivre son exemple. Les bâtiments de ferme de la basse-cour étaient grands et commodes, lorsque **M. Masquellier** a acheté la terre ; il y a ajouté une bergerie des mieux établies pour sept cents bêtes, et deux grandes bouveries, dont la seconde n'est pas terminée ; elles pourront loger chacune soixante bêtes à cornes, placées sur deux rangs séparés par un large corridor. Les auges sont faites de manière à recevoir les résidus de distillation, l'eau et la nourriture hachée. Celle-ci est mise en fermentation dans des citernes placées sous le hache-paille et les autres machines servant à la préparer ; un manége met tout en mouvement.

J'ai admiré la construction d'un immense hangar, couvert comme les précédents bâtiments en carton bitumé ; une petite porcherie dont chaque loge aura sa cour, est aussi en construction.

Outre cette vaste et remarquable ferme, M. Masquellier a construit deux autres fermes, dont une que j'ai vue, est assez importante ; celle que je n'ai pas visitée, contient une bergerie pour cinq cents brebis. On m'a fait voir quatre cent soixante agneaux, leurs mères provenaient de béliers de race charmoise avec des brebis du Berry, aux produits desquels on a donné des béliers southdown venus d'Angleterre, et ayant coûté 600 fr. la pièce. Cette importation faite il y a trois ans contenait aussi douze brebis de race southdown, dont le nombre m'a paru plus que doublé.

M. Masquellier vient de vendre les huit béliers importés; ils avaient cinq ans et il les trouvait trop âgés.

Il a fait armer les socs de ses charrues Dombasle d'une forte pointe; environ un tiers de ses terres calcaires a peu de profondeur, sur une couche très-pierreuse; le reste se partage en bonnes terres fortes, et en terres fertiles et faciles à labourer.

La culture de M. Masquellier s'étend sur trois cent vingt hectares.

J'ai vu fonctionner chez lui une moissonneuse Mac-Kormick et une autre de Manny; elles coupaient une orge d'hiver claire et peu élevée dans une pièce de terre fort pierreuse et traversée de raies de charrues; ce dernier inconvénient eût dû être évité, le sous-sol étant perméable; on devrait toujours employer dans les terres saines, des charrues à versoir changeant pour laisser le sol à plat et sans raies, qui gênent les moissonneuses et les faucheuses. J'aurais désiré voir travailler ces deux machines, dans une grande et magnifique pièce de froment de Kent très-épais et très-long, appartenant à M. Masquellier; je suis persuadé qu'elles n'y auraient pas aussi bien fonctionné que celle de Hussey-Dray, qui fait des javelles parfaites dans le département du Nord, chez M. Dervaud, à trois lieues de Valenciennes. M. Dervaud fait de suite lier et mettre en moyettes.

M. Masquellier a deux chefs de culture, dont l'un sort de Grignon et l'autre a été quatre ans élève à la ferme-école dirigée par M. Malingié.

Il y a dans cette grande culture, vingt-quatre hectares de betteraves, que quatre-vingts sarcleurs divisés en trois bandes piochaient pour les ameublir et nettoyer; les hommes gagnaient 2 fr., les femmes 1 fr. et les enfants 50 centimes par jour; la terre était très-dure. Il y avait en outre un grand champ de carottes, enfin beaucoup de navets faits après des vesces et gesses d'hiver. On m'a dit que la première coupe de trèfle avait été très-belle; mais la seconde est gâtée en partie par la cuscute. Je n'ai point vu de luzerne, mais il y a beaucoup de sainfoin à une coupe.

M. Masquellier a un forgeron et un charron à l'année.

Il m'a dit qu'il a payé sa terre à raison de 950 fr. l'hectare.

Il fait prendre en ville, dont il n'est qu'à dix kilomètres, toutes les vidanges et les eaux ammoniacales; on les met dans une très-grande citerne, en y ajoutant ce qu'il faut d'eau, pour pouvoir arroser les prairies artificielles au moyen de tonnes montées sur des roues. Je n'ai pas vu de rouleau Croskill, mais il y a un scarificateur Colemann, et des herses Howard.

Deux des fils de M. Masquellier, dirigent en Algérie la grande terre de Saint-Denys du Sig; ils y récoltent de très-belles qualités de coton, sur une étendue de cent hectares; mais les bras et l'eau leur font défaut, pour pouvoir le faire sur une plus grande étendue.

Je me suis dirigé ensuite sur Buzançay, d'où j'eus encore une vingtaine de kilomètres à parcourir pour arriver chez M. Durand de Lançon, dont la demeure n'est qu'à dix kilomètres de la ville d'Écuéuillé.

Il a acheté en 1856, cent huit hectares de fort bonnes bruyères, situées à l'embranchement des routes d'Écuéuillé à Palluau et à Busançay.

Il commença le défrichement pendant l'hiver, employant six bœufs à chacune de ses deux charrues Dombasle renforcées. L'hiver suivant, il remplaça ses douze bœufs par huit bons chevaux, avec lesquels ses défrichements se firent beaucoup plus vite et à bien meilleur marché, ayant perdu une partie de ses bœufs.

M. de Lançon a principalement semé de l'avoine d'hiver, qui lui rapporte quarante à cinquante hectolitres; il a fait aussi du colza et du seigle, et à sa troisième année de défrichement un fort beau froment. M. de Lançon a construit pour sa famille, une maison qui, lorsqu'elle sera achevée, sans aucune décoration, lui coûtera 12,000 fr.; un autre bâtiment contenant le logement d'un maître-valet, une écurie, une étable et une grange, a coûté 4,000 fr.; cette seconde construction a vingt-trois mètres de longueur sur dix de profondeur.

M. de Lançon met cinq hectolitres de noir animal de raffinerie par hectare, pour la première récolte d'avoine d'hiver, quatre hectolitres pour la seconde récolte, trois hectolitres pour la troisième récolte; enfin deux hectolitres de noir et deux cents kilos de guano pour la quatrième récolte, qui suit le défrichement.

Il n'a jusqu'à présent que six chevaux, deux vaches, deux cochons et quatre cents moutons.

M. de Lançon dont la propriété se trouve de trois côtés à huit ou dix kilomètres de terres calcaires contenant des pierres à chaux grasse, est à la recherche d'un morceau de terre contenant une carrière de moëllons bons pour faire de la chaux grasse; il veut suivre l'exemple de M. Bernier, administrateur de la terre d'Argy, et faire sa chaux sans four; car une fois que l'effet du noir animal a cessé, ce qui arrive au plus tard à la cinquième récolte, il faut alors chauler au moins à raison de cent hectolitres par hectare.

Il m'a conduit chez trois fermiers venus des environs de Montereau; ils ont acheté des bruyères, qu'ils défrichent. L'un de ces fermiers a construit une fort belle maison bourgeoise et deux grands bâtiments de culture, qui lui ont coûté 35,000 fr.

Les deux autres, MM. Michel et Mirvaut, ont acheté deux cent cinquante hectares par indivis à raison de 180 fr. l'hectare; après avoir partagé cette acquisition, ils ont bâti chacun une ferme et ont défriché. M. Michel étant âgé, vient après cinq ans de culture de prendre pour fermier, un M. Bouvrin, de Seine-et-Oise. La ferme de la butte Montbel est louée pour 18 ans, à raison de 35 fr. l'hectare. Cependant les terres y sont moins bonnes que celles des autres fermes ; son étendue est de cent vingt-cinq hectares.

M. Bouvrin, récemment arrivé dans ce pays, a fait beaucoup d'avoine de printemps, et malgré l'humidité de l'année 1860, elles sont infiniment moins belles que celles faites en automne.

Ces cultivateurs ont semé beaucoup de pois mêlés d'avoine pour fourrage. J'ai vu un champ de luzerne qui promet bien ; il avait été fortement fumé et chaulé. Un autre champ non encore chaulé, avait produit, m'a-t-on dit, une coupe abondante de trèfle blanc. M. Mirvaut était allé à Châteauroux, pour y prendre un semoir pour froment et pour colza, et un tarare ; Mme Mirvaut nous fit les honneurs de sa maison et de son jardin, qui n'a été ni drainé ni chaulé encore, ce qui n'a pas empêché les légumes d'y prospérer ; nous y avons vu avec plaisir, des choux, carottes, haricots, pois, oignons, poireaux et artichauts très-bien réussis. Un pêcher venu de noyau, avait une tête volumineuse et une tige de trois pouces de diamètre ; les jeunes arbres fruitiers poussaient vigoureusement ; on voit d'après cela que les terres de bruyères bien choisies, lorsqu'elles sont entre les mains de bons cultivateurs, ayant conservé pour arranger plus de capital que pour acheter, seront de bonnes affaires dans le Berry, ou en Touraine ; mais dans ce dernier pays, il ne faut pas avoir la prétention de vouloir se fixer dans ces admirables vallées, où l'hectare vaut de 4 à 10,000 fr. suivant sa position et sa fertilité.

Une vigne plantée à la suite du potager, poussait bien et promettait de donner bientôt du vin.

M. de Lançon m'a conduit encore chez MM. Fournier, jeunes cultivateurs ; je connaissais l'un d'eux, que j'avais vu dans la propriété de ses parents près d'Écuéuillé ; cette famille est des environs de Paris.

Le marquis de Praut, grand propriétaire, a donné à ces

Messieurs la jouissance pendant huit années sans aucune rétribution, de deux cents hectares d'anciens bois détruits par le pâturage ou l'incendie, à condition de les lui remettre au bout de ce temps, en état d'être plantés ou semés en bois.

Ces Messieurs les ont défrichés, ils ne les ensemencent que tous les deux ans, après une jachère morte, pendant laquelle ils donnent trois labours et plusieurs coups de herse et sur une fumure de deux cent cinquante kilos de noir animal neuf et très-fin; ils prétendent qu'ils obtiennent ainsi quinze hectolitres en sus d'une récolte faite sur un seul labour; je pense qu'ils agissent ainsi prudemment; autrement il eût fallu doubler leurs attelages, instruments et avances du capital d'exploitation.

MM. Fournier avaient cette année vingt hectares en colza qui n'ont pas bien réussi et n'ont donné que quinze hectolitres; heureusement il est cher, ils espèrent le vendre 30 fr.

Ils ont construit un bâtiment en pisé de basse Normandie, c'est-à-dire en gâchant la terre glaise avec de la bruyère coupée menue, ou à son défaut, de la paille hachée. Il n'y a pas de fondations, un fossé qui entoure le bâtiment a fourni la terre à gâcher, la toiture est en tuiles, on a recouvert le pisé d'un crépis. Ce bâtiment, qui a vingt-trois mètres de long sur quinze de largeur, loge le maître-valet, six chevaux, deux vaches, le cochon et les poules du ménage. Cette bâtisse a coûté 2,500 fr.

Les deux cents hectares ont été défrichés en moins de deux ans. Les chevaux recevaient pendant ce rude travail, du foin, quinze litres d'avoine et trente litres de topinambours, tubercule qui leur rend de grands services.

M. de Praut leur a donné 1,500 fr. pour les aider à se débarrasser des eaux stagnantes; ils ont déjà dépensé

1,800 fr. et n'ont pas encore fini ce travail qui est absolument nécessaire.

J'ai vu avec le plus grand plaisir, les très-belles récoltes d'avoine d'hiver de MM. Fournier, de même que celles de M. Durand de Lançon.

Je suis arrivé le lendemain au château d'Argy, à huit kilomètres de la ville de Busançay.

J'ai été charmé d'y trouver M. et Mme Emile Dryon; j'avais visité ce jeune ménage l'année précédente près de Charleroy; M. Dryon est propriétaire pour un tiers de la belle terre d'Argy; les deux autres tiers sont aux pères de M. et de Mme Émile Dryon.

Nous avons visité les trois plus grandes des sept fermes cultivées par cette petite société agricole; la culture de mille cent hectares, dont cinquante sont en prés; elle est fort bien dirigée depuis sept ans, par M. Bernier, ingénieur civil, fils d'un excellent cultivateur wallon.

M. Dryon a fait sortir pour me les faire voir un grand nombre de fort belles et très-fortes juments boulonnaises; M. Dryon leur donne un étalon de la même race, et m'a dit en attendre un autre de race percheronne. Ces juments lui ont coûté au moins 1,000 fr. et une d'elles a été payée 1,800 fr.

Je crains que la mise d'aussi grands prix en chevaux de culture, ne soit pas une chose profitable.

Les bœufs employés au labour sont de race limousine; on a fait venir aussi des génisses de cette race, et on pense leur donner un taureau durham bien écussonné.

On a essayé jusqu'à cette heure, et seulement depuis peu, de donner aux brebis berrichonnes des béliers flamands, des béliers southdown et des béliers crévants; on attend le résultat de ces essais pour adopter la race qui aura le mieux fait: je ne puis pas approuver les flamands ni les crevants.

On a récolté beaucoup de foin, mais les céréales sont moins belles qu'à l'ordinaire.

On continue à faire de la chaux dans huit fours dormants, dont quatre sont défournés chaque semaine.
On s'en trouve toujours très-bien ; l'extraction des
pierres dans les champs porte le prix du mètre cube de
pierres calcaires à 1 fr.; M. Bernier fait venir son anthracite de Montluçon ; ce combustible lui revient au
prix fort élevé de 2 fr. 95 l'hectolitre, ayant à faire
trente-deux lieues sur un canal jusqu'à Vierzon, seize
lieues sur chemin de fer jusqu'à Châteauroux, et sept
lieues par tombereaux jusqu'à Argy. Il consomme un
hectolitre soixante-huit litres d'anthracite pour cuire
un mètre de chaux qui lui coûte 6 fr. 30, ou 63 centimes l'hectolitre. La chaux se vend en Berry au moins
à 1 fr. et le plus souvent à 1 fr. 60 ou 2 fr. l'hectolitre ;
j'en ai vu vendre sur le littoral de la mer, en Bretagne, de 8 à 9 fr. la tonne contenant cent soixante-
quinze litres, tandis que de l'autre côté de la Manche
les deux hectolitres ne coûtent que 1 fr. Je suis persuadé que si la manière de faire la chaux à l'aide d'un
four dormant était connue, un grand nombre de cultivateurs la fabriqueraient eux-mêmes; ils pourraient
ainsi fertiliser leurs terres, qui ont presque toutes
grand besoin de calcaire. Un four dormant est tout
simplement un trou creusé d'une certaine manière dans
un tertre de trois ou quatre mètres de hauteur ; deux
journaliers le font, suivant sa grandeur, en un ou deux
jours. M. Bernier permet volontiers, lorsqu'on le lui
demande par écrit, qu'on envoie un journalier intelligent pour voir faire et apprendre pendant une semaine
à construire ou creuser un four dormant, et à le diriger jusqu'au défournement. M. Bernier a même eu à
ma connaissance, l'obligeance d'envoyer ses faiseurs de
chaux lorsqu'il ne les employait pas, à des personnes
qui lui en avaient fait la demande par écrit, et qui
n'avaient eu à payer un de ces chaufourniers qu'à raison de 2 fr. la journée et nourri, plus son voyage.

Après une semaine de leçons, l'apprenti chaufournier est passé maître.

Le produit d'un hectare de terre chaulée pour la première fois, à raison de cent hectolitres, se trouve au moins augmenté de quatre hectolitres, ce qui paie presque toujours la chaux, et cet amendement dure une quinzaine d'années, mais il est mieux de le renouveler au bout de dix ans. Le produit des prairies artificielles est doublé dans beaucoup de terres par le chaulage, et les terres fortes se labourent bien plus facilement à la suite de cette grande amélioration. M. Bernier fait valoir les onze cents hectares de cette belle propriété, bien arrondie et bien bâtie ; elle est partagée en quatre grandes fermes, qui ont chacune une annexe, à la tête de laquelle se trouve un domestique marié, qui reste soumis à la direction du chef de la grande ferme.

Un de ces chefs de ferme, M. François, qui est connaisseur en chevaux et en bétail, est chargé de suivre les foires pour y acheter ou vendre le bétail ; il est marié, a 1,200 fr. de fixe et est nourri, Mme François dirige le ménage ; on lui donne pour cela trois hectolitres par personne d'un méteil composé par tiers, de froment, d'orge et de seigle, deux cochons d'un an fort gras, 300 fr. pour épiceries, les légumes du jardin et des champs qu'on récolte, le lait de deux vaches, enfin les fruits, les noix et les châtaignes du verger.

Les deux autres chefs de la ferme sont, l'un un ancien fermier des environs de Charleroy, l'autre un ancien élève de la ferme-école de l'Indre qui a été, pendant plusieurs années, chef de culture de M. Demymuy, grand fermier des environs. On le dit fort intelligent. Ces deux chefs de ferme n'ont que 800 fr. de fixe, et tous trois ont un tant p. 100 sur les bénéfices nets de la ferme.

M. Bernier se réserve la surveillance immédiate de

la ferme de la basse-cour qui n'a que cent hectares ; il a un comptable, ancien sergent-major de l'armée belge ; celui-ci est marié, vit avec son ménage, a 1,200 fr. de fixe, et je crois aussi un tant pour cent des bénéfices nets. Il y a encore à la ferme de la basse-cour un maître-valet. Les moissonneurs ne gagnent cette année que 1 fr. 50 et la nourriture ; le temps froid et humide a empêché les diverses céréales de mûrir ensemble et par suite de presser les travaux des récoltes.

M. Bernier réunit le dimanche les chefs de ferme à sa table, afin de causer avec eux de l'état de leurs fermes. Il m'a dit que plusieurs messieurs belges avaient fait des acquisitions dans le centre de la France ; un certain nombre de fermiers de son pays sont venus s'y établir, et maintenant on trouverait assez facilement d'autres fermiers belges, disposés à louer des fermes en France.

Etant retourné à Châteauroux, j'y ai pris la diligence de La Châtre ; je venais y visiter M. Mauduit, qui a acheté, il y a six ans, une ferme contenant soixante-dix hectares en bois, cent dix en terres, bruyères et un peu de prés.

M. Mauduit a défriché en deux ans environ quatre-vingts hectares de bruyères pleines de grosses pierres et roches ; cela lui a donné un travail immense ; au lieu d'employer du noir animal sur ses défrichements, il a mis de suite par hectare cent hectolitres de chaux qu'il faisait dans un four à feu continu. Il a construit ce four pour 400 fr.; la chaux lui est revenue à 1 fr. l'hectolitre, devant acheter la pierre et la faire venir de trois lieues ; il est, à peu de chose près, à la même distance de Montluçon que M. Bernier. Il a fait une grande étendue de prés, il a détourné un petit ruisseau et formé plusieurs petits étangs, afin d'y rassembler l'eau de pluie qu'il emploie à l'irrigation de ses prés.

Il a planté une assez grande étendue de vignes sur

un coteau très-bien exposé; les lignes sont séparées les unes des autres par deux mètres; il les cultive comme M. de Saint-Lary; il avait semé l'an dernier une partie des intervalles entre les lignes de ceps, en lupins à fleurs jaunes, une partie des gousses a éclaté avant d'être récoltées, et il est revenu cette année une assez grande quantité de lupins jaunes qui seront bientôt bons à récolter en graines. M. Mauduit en a semé un champ assez tard, je ne sais s'ils mûriront. Il vient d'acheter du marquis de Dampierre, qui demeure au château de Plassac, non loin de Saintes, un beau bélier southdown pour 300 fr. Il va remplacer celui acheté par lui en 1855 à l'exposition universelle de Paris.

M. Mauduit a entouré toute sa propriété d'un fossé, sur l'ados duquel il a planté des arbres forestiers.

Il m'a conduit chez un jeune fermier, M. Bisson, que nous avons eu le regret de ne pas trouver chez lui; madame sa mère a bien voulu le remplacer pour nous faire voir la ferme. M. Bisson est encore garçon; sa mère nous a dit qu'il était allé chez M. Masquellier pour voir fonctionner ses deux moissonneuses.

La ferme qu'il a louée n'est qu'à deux kilomètres de La Châtre; malheureusement ses terres sont très-argileuses et difficiles à cultiver, surtout celles qui sont en côtes à pentes assez raides. Elles étaient couvertes de broussailles lors de l'entrée de M. Bisson dans la ferme, il y a six ans; le fermier qu'il a remplacé en avait abandonné la culture.

Ses prés, en très-bon fonds, étaient devenus des marais par suite de la négligence des fermiers qui avaient joui depuis longtemps de cette ferme. M. Bisson y a déjà travaillé beaucoup; mais il lui reste encore énormément à faire.

Les bâtiments de la ferme sont loin de suffire pour loger son bétail, qui chaque année s'augmente en quantité et en qualité. Il a un beau taureau durham

âgé de trois ans, qui lui a donné, avec des vaches flamandes, de fort beaux élèves croisés; ces bêtes étaient
toutes en bon état, malgré la mauvaise qualité de la
pâture humide et pleine de joncs où ils paissaient. Les
étables contenaient cinq veaux croisés durham fort
beaux et pas maigres.

Mme Bisson nous a fait voir son triste logement, ses
pauvres étables et toits à porcs; ceux-ci contenaient de
beaux cochons anglais, parmi lesquels se trouvaient un
verrat et une truie venus de chez M. Pavy. M. Bisson
a un beau troupeau croisé southdown commencé il y a
cinq ans; il vient d'acheter trois beaux béliers de cette
race que M. Masquellier a payés très-cher en Angleterre il y a trois ans, et qu'il a vendus de crainte de
faire lutter les antenaises par leurs pères.

La ferme de M. Bisson a quatre-vingts hectares d'é-
tendue; il en paie 3,000 fr. ou 37 fr. 50 l'hectare.

Nous avons vu avec étonnement et plaisir une grande
étendue de récoltes sarclées, betteraves, carottes, pommes de terre et topinambours, fort bien tenues.

Il est à regretter que M. Bisson n'ait pu obtenir
qu'un bail de douze ans, qui expirera dans six ans, au
moment où il sera parvenu à mettre, à force de soin et
de travail, sa ferme en état; il est bien à craindre qu'on
voudra alors augmenter de beaucoup son loyer.

J'ai pris le lendemain un cabriolet pour me conduire
de très-bonne heure à la jolie et bonne propriété créée
par M. Valette, secrétaire-général chargé d'administrer le palais de la Chambre des députés. M. Valette
est à cinq lieues de La Châtre et à sept lieues d'Issoudun, non loin de la route allant de cette ville à La Châtre. M. Valette a d'autant plus de mérite que ses fonctions ne lui permettent que de rares et très-courtes
visites à sa propriété.

Il a construit une jolie petite maison au milieu d'une
pâture boisée; il a défriché les parties garnies d'épines

et de ronces et les a transformées en beaux gazons. Il a
conservé les arbres bien venants et en a planté d'autres,
d'espèces rares, ainsi que de jolis arbustes ; ce lieu
agreste et même sauvage est devenu ainsi un charmant
petit parc, à côté duquel un grand et beau pré fait fort
bien. Sa basse-cour est peu éloignée sans être en vue ;
elle contient le logement du garde, qui est depuis dix-
neuf ans son homme de confiance ; il correspond avec
lui et lui transmet ses ordres pour ses métayers. Cet
homme, dont les gages sont de 700 fr., est logé et
chauffé ; sa femme a deux vaches qu'elle soigne ; il m'a
dit beaucoup de bien de la manière d'administrer de
M. Valette depuis dix ans qu'il a renvoyé, à fin de bail,
son fermier général qui, pendant ses neuf années de
jouissance, n'avait pas fait la moindre amélioration.
Tout est changé, il a mis ses métairies en bon état, ses
défrichements au noir animal ont augmenté les récoltes
en céréales ; il a en outre, doublé les fourrages. Par
suite M. Valette a été obligé d'augmenter considérable-
ment les étables et les granges pour loger les bêtes et
les récoltes, car on n'a pas encore appris ici à bien faire
les meules. Après avoir terminé le défrichement de ses
bruyères, il vient de louer six hectares de bruyères de sa
commune, pour douze années, pour la somme de 160 f.

M. Valette nous a dit à la société du Berry à Paris,
qu'après avoir dépensé une vingtaine de mille francs
en améliorations agricoles, il se trouvait avoir 5 p. 100
de revenu net de toutes ses dépenses d'acquisition et
d'arrangements, la construction de son habitation en
dehors.

Quand l'effet du noir animal est arrivé à sa fin, c'est-
à-dire au bout de quatre ans, M. Valette chaule à raison de quatre-vingts hectolitres qui, pris à dix kilomètres, lui coûtent 1 fr. l'hectolitre ; il met trois cents
kilos de guano par hectare pour les récoltes qui n'ont
pu recevoir de fumier faute de quantité suffisante ; les

engrais sont avancés par M. Valette, les métayers en remboursent la moitié sur les récoltes suivantes.

Ce très-intelligent et bon propriétaire, tout en plaçant son capital foncier à 5 p. 100, a mis ses métayers à leur aise, au lieu de les rendre misérables, comme le sont la plupart de ceux qu'on nomme dans l'intérieur des fermiers-généraux. Ce que M. Valette a pu faire tout en vivant à plus de soixante lieues de sa terre, pourrait se faire bien plus facilement par tous les propriétaires qui habitent sur les lieux où ils possèdent ; il leur suffirait seulement d'essayer de suivre sur une de leurs métairies, d'aussi bons exemples que ceux donnés par M. Valette, M. Liazard et d'autres encore. Ils augmenteraient ainsi de beaucoup leurs revenus, tout en faisant des heureux autour d'eux.

Je suis revenu à La Châtre pour prendre la diligence de Bourges ; elle me déposa à Lignières, d'où je fus rejoindre mes bons amis, MM. Durand, à Bois-d'Habert. Leur propriété est de quatre cents hectares, ils en cultivent une centaine et ont des métayers sur le reste. Le printemps a été si favorable aux prés et aux prairies artificielles, qu'ils ont rentré près de trois cent mille kilos de fourrage ; ils ont sur vingt-trois hectares de très-beaux froments qui, d'après l'apparence, leur font espérer trente hectolitres à l'hectare. Leurs récoltes d'avoine d'hiver sont rentrées et donneront au moins dix hectolitres de plus que celles de printemps. Ils ne sèment de seigle que pour faire des liens, mais leurs métayers en ont de très-beaux, ainsi que leurs autres céréales.

Un d'eux a labouré un champ laissé en mauvaise pâture depuis une dizaine d'années ; cela se fait beaucoup en Berry, faute d'avoir du fumier pour en tirer un meilleur parti. Il y a semé du seigle avec cinq hectolitres de noir par hectare ; ce seigle est d'une épaisseur et d'une hauteur des plus remarquables.

MM. Durand ont un très-beau bétail provenant des vaches fribourgeoises achetées par leur père en 1826 ; il leur a donné en 1845 un taureau charolais, et dix ans plus tard un taureau durham. Les bœufs de cette sous-race sont très-forts, travaillent au moins aussi bien que les charolais ou les limousins, et arrivent à un plus grand poids.

Ces messieurs n'élèvent pas de bêtes à laine mais engraissent des moutons ; ils ont de bons cochons venant de croisements New-Leicester et Berkshire.

Ils achètent le guano nécessaire pour compléter de bonnes fumures.

Ils ont acheté la moissonneuse américaine de Morgan et Seymour, qui a un rateau automate remplaçant un homme sur la machine ; elle fait fort bien la javelle depuis que M. Philippe Durand l'a améliorée sur plusieurs points qui laissaient beaucoup à désirer ; elle fonctionne parfaitement avec deux chevaux ; son prix chez Samuel son, à Bambury – Oxfordshire, est de 950 fr. Elle leur rend de bons services et leur économise beaucoup d'argent, car la moisson faite au volant, espèce de grande et lourde faucille, coûte dans ce pays 22 fr. pour couper et lier ; l'ouvrage de ces tâcherons est beaucoup moins bien fait et surtout moins promptement, que celui de la moissonneuse.

MM. Durand m'ont conduit au château d'Isneuil, à quatre kilomètres de chez eux. M. de Saint-Georges, ancien colonel d'artillerie, s'est retiré dans cette terre pour s'y occuper d'améliorations agricoles ; il construit un grand château dont la couverture s'achève.

M. de Saint-Georges ayant vu l'an dernier dans son journal l'annonce d'une moissonneuse dont la gravure lui donna une bonne opinion, l'a fait venir, et le hasard fit que c'était la même que celle que MM. Durand avaient acquise.

Le colonel nous conduisit dans un champ d'avoine

d'hiver que sa machine allait achever; et il devait le lendemain commencer avec elle la moisson de ses froments. Nous avons été fort contents du travail, mais M. de Saint-Georges nous a dit qu'elle lui avait donné beaucoup d'embarras dans le commencement, qu'il avait eu bien des choses à faire retoucher et à raccommoder. Le colonel nous a conduits dans un clos de vignes qu'il a commencé à planter il y a cinq ans, dans un terrain tellement garni de grosses pierres calcaires, qu'il a fallu un travail énorme pour venir à bout de cette plantation, qui s'étend sur deux hectares et demi.

M. de Saint-Georges avait été visiter M. Genty Jacob, demeurant auprès de Nogent-sur-Seine, département de l'Aube, qui depuis une vingtaine d'années cultive la vigne d'une manière très-profitable. M. de Saint-Georges a voulu introduire cette manière chez lui; effectivement, la vigne du colonel, palissée sur trois rangs de fils de fer, soutenus par des poteaux hauts d'un mètre, est tellement chargée de grappes, que je n'avais jamais rien vu de pareil; j'ai compté jusqu'à cinquante grappes sur un seul cep.

Nous sommes allés l'après-midi chez M. Edmond Augier, frère du baron de ce nom; M. Augier qui n'est pas marié, s'est fixé depuis quelques années dans sa terre pour s'y occuper de culture, après avoir beaucoup voyagé et avoir plus tard habité Paris. Il a construit un joli chalet dans un pré et s'y est entouré d'arbustes et de fleurs.

M. Augier a construit à petite distance de son habitation une belle et grande ferme; il cultive une centaine d'hectares d'une très-grande fertilité. Il a des froments de diverses espèces qui sont de la plus grande beauté et ont d'énormes épis; il y avait sur des prés défrichés destinés à être remis en prés, une dizaine d'hectares en récoltes sarclées d'une grande beauté; c'étaient diverses variétés de racines et de tubercules.

M. Augier ayant retourné une grande étendue de prés
ne produisant que fort peu de foin, quoique sur un sol
des plus fertiles, a semé sur ce défrichement beaucoup
de moha ou millet fourrage de Hongrie. Il est étouffé
par un épais tapis de ravenelle, ou moutarde sauvage,
haute de $0^m,40$; il va la faucher pour la consommer en
vert et l'empêcher de porter graine : il pense que cela
permettra au moha de bien pousser ensuite. Cette
plante a le mérite de donner, au moment où règne la
sécheresse, un très-bon et très-abondant fourrage, qui
arrive à plus d'un mètre de hauteur s'il se trouve en
bonne terre et s'il survient des pluies d'orage par
un temps chaud. Mais il est indispensable de le tremper pendant douze heures, et pas plus, dans de l'eau
dans laquelle on a fait dissoudre du sulfate de cuivre,
comme cela se fait pour le froment, afin d'éviter la
carie.

Nous sommes rentrés des champs pour visiter le fort
beau cheptel de M. Augier; il se compose principalement de bœufs, vaches et élèves de race charolaise ;
quelques-unes de ces vaches ont coûté jusqu'à 8 et
même 900 fr.; la plus belle vient d'être exclue du concours régional comme n'étant pas pleine ; elle a cependant donné, six semaines après l'exclusion, un très-
beau veau; sa voisine, énorme vache de race schwitz,
a été primée au concours international de 1856. M. Augier l'a payée 750 fr.; elle lui a fait, quatre ans de
suite, deux veaux à la fois, dont une génisse venue en
même temps qu'un taureau. La génisse vient de faire
son premier veau, quoiqu'il passe pour certain dans
presque tous les pays, qu'une génisse venue en même
temps qu'un veau mâle est improductive, mais à toute
règle il y a des exceptions.

Nous sommes allés, M. Benoît Durand et moi, visiter la terre de la lande Chévrier, propriété des environs
de Culan. Un de mes cousins, le comte Charles de

Gourcy, habitant la Belgique, l'a achetée il y a cinq ans, et la fait cultiver par un ancien élève de la belle ferme-école d'Ostin, M. Justin Rigaud. Ce régisseur qui est des environs de Philippeville, non loin de Dinan en Belgique, m'a dit qu'on cultivait mieux dans cette partie peu fertile, que dans les environs de Namur où les terres sont excellentes. Je lui ai demandé si des propriétaires de l'intérieur de la France, où la culture est très-arriérée, trouveraient facilement à faire venir de Belgique de petits cultivateurs ayant de nombreuses familles, pour en faire des métayers. M. Rigaud m'a répondu qu'il croyait la chose facile, si on leur assurait des métairies qui ne fussent pas mauvaises. On y trouverait aussi de bons domestiques, en leur donnant 20 fr. par mois l'été et 15 fr. l'hiver; il a même ajouté que si on le chargeait d'une commission pareille, il était presque certain de réussir.

M. Rigaud m'a dit qu'on avait drainé dans la propriété qu'il administre pour environ 25,000 fr.; on en a chaulé une grande étendue, à raison de cent vingt hectolitres par hectare. Il m'a fait voir de belles récoltes en tous genres, sur les terres chaulées qui ont pu être passablement fumées à raison de 40,000 kilos par hectare. Nous avons vu aussi des terres non chaulées et non fumées, qui portaient de chétives récoltes; elles eussent été bonnes, si on leur eût donné au moins trois cents kilos de guano. M. Rigaud m'a dit avoir employé du prétendu guano Millot, avec de très-mauvais résultats.

Il m'a montré une vigne de deux hectares cinquante ares plantée il y a quatre ans; elle commencera à donner pas mal de vin dès cette année; il s'y trouve une assez grande quantité de pêchers et de brugnons qui sont couverts de fruits; ils proviennent de noyaux qu'on a simplement enfoncés en terre, en plantant la vigne.

Dans les seize lieues que nous avons parcourues ce

jour, nous avons vu de magnifiques châtaigniers près de Culan ; nous avons remarqué dans des terres très-mauvaises, près du Châtelet, petite ville chef-lieu de canton, de fort belles vignes, de beaux froments, et d'autres céréales, après de fort marnages et de fortes fumures.

M. Rigaud a de beaux élèves croisés durham ; ils proviennent de vaches limousines, qu'il envoie à trois lieues de chez lui, dans la propriété du docteur Dagincourt, à quelques lieues de la ville de Saint-Amand-sur-Cher, où le docteur habite.

M. Rigaud a acheté deux béliers southdown pour ses cent soixante brebis berrichonnes.

De retour à Bois-d'Habert, MM. Durand m'ont fait remarquer le grand verger planté par leur père il y a une vingtaine d'années ; les arbres en sont couverts de très-beaux et très-bons fruits, résultats des greffes qu'il s'était procurées dans diverses parties de la France. Ce verger était semé en avoine infiniment plus belle sur une partie que sur l'autre ; c'était le résultat d'un labour de plus, donné avant l'hiver, à la partie la plus belle.

Ils avaient semé l'an dernier pour la première fois du trèfle hybride, ou de Suède ; la première coupe a été remarquablement abondante ; mais cette variété de trèfle se plaît plus dans les terres humides et fortes, et donne peu à la seconde coupe. On assure que le trèfle hybride peut alterner tous les quatre ans avec le trèfle ordinaire, sans qu'ils se nuisent mutuellement ; il n'est bon à couper pour le consommer en vert, que lorsque le trèfle ordinaire devient trop dur. Les sécheresses assez fréquentes du centre de la France, nuisent souvent aux secondes coupes du trèfle ordinaire ; celui de Suède produisant davantage à la première coupe, est par cette raison préférable à l'ancien, dans les étés très-secs. Le bétail mange volontiers ce nouveau trèfle à peine connu en France ; on dit que semé dans des prés ou pâtures qu'on établit, il y dure aussi longtemps que la luzerne.

Ces Messieurs ont un très-beau champ de féverolles d'hiver, tandis que celles de printemps sont peu longues et peu fournies. Ils ont eu bien de la peine à faire leur fenaison ; une partie du foin a été avariée par les fréquentes pluies du mois de juin, ce qui du reste arrive souvent ; ils devraient adopter, comme l'a fait avec tant de succès M. Ménard, le lauréat de la prime d'honneur de Loir-et-Cher, un usage répandu dans le pays de Bade, le Wurtemberg, la Bavière et le Tyrol.

Avec de jeunes pins provenant des éclaircissages de bois résineux semés depuis une quinzaine d'années, on fait des perches qui servent à former des triangles ou des quadrangles, garnis de chevilles ; ces chevilles supportent des perches plus légères sur lesquelles on suspend le foin aussitôt après qu'il a été fauché, si la pluie est probable, ou bien quelques jours après, si le beau temps paraît devoir persévérer. Une fois que le foin est suspendu à ces perches, il est sauvé, lors même que la pluie durerait quinze jours ou un mois de suite.

Ces Messieurs ont mis leurs froments en moyettes, ce qui leur permet d'attendre le beau temps pour les rentrer et les mettre en meules ; ils n'ont pas pris cette précaution pour leurs avoines d'hiver, dont les gerbes mises en douzaines à l'ancienne mode, sont toutes trempées et devront être déliées pour pouvoir sécher ; c'est ainsi que souvent pour s'éviter un léger embarras, on s'en donne un bien plus grand.

Le temps étant pluvieux, les journaliers ne gagnent en pleine moisson que 1 fr. 50 et la nourriture ; sept hommes faucillent un hectare par jour ; en comptant la nourriture à 75 centimes, cela fait 16 fr. par hectare. Les faucheurs, suivis de ramasseurs, prennent 17 fr. pour couper et lier un hectare de froment.

En quittant ces excellents jeunes gens, j'allai au château de Lorois, chez mon ami, M. Lupin. Il est en
pleine moisson ; on commence à se servir dans cette
vaste culture, de la moissonneuse Hussey-Dray, qui
fait les plus belles javelles de toutes celles que j'ai vues
fonctionner. Elle va bien et d'ici peu, lorsque les ouvriers
s'y seront accoutumés, cela ira à merveille ; elle coûte
en Angleterre 625 fr. ; elle est très-employée en Écosse ;
on la vend chez M. Ganneron 800 fr.

Les récoltes sont très-belles sur cette grande terre.
Les betteraves ont été retardées par l'humidité de la
saison ; on leur donne quarante mille kilos de fumier et
deux cents kilos de guano, semé à la volée par-dessus
l'engrais de ferme. Une partie d'un champ de betteraves
a été traité tout à fait à l'écossaise, c'est-à-dire qu'on a
formé les billons, on y a amené le fumier, on l'a mis au
fond des raies, aussitôt après on a recouvert le fumier
en reformant les billons, tandis que dans le reste du
champ, on a répandu également le fumier et formé les
billons ; la première partie du champ est infiniment plus
belle que la seconde.

Un excellent cultivateur flamand des environs d'Ou-
denarde, le sieur François, est chef de culture d'une
des fermes. Il a répandu sur une pièce de six hectares
cent hectolitres de chaux ; il l'a bien enterrée à la herse,
et a semé ses betteraves. Lorsqu'il s'est agi de les cultiver à la houe à cheval, M. François a fait passer entre
les billons d'une moitié de la pièce, une fouilleuse ou
charrue à sous-sol ; il a employé celle de la ferme-école
de Rennes, dirigée par M. Bodin, qui y a établi la plus
grande fabrique de machines agricoles existant en
France.

Cet emploi judicieux de la fouilleuse entre les lignes de
betteraves, les a fait pousser avec bien plus de vigueur
que celles du reste du champ ; les lignes de betteraves
se trouvaient à 0^m,60 les unes des autres.

On a donné aux prés les moins productifs, deux cents kilos de guano du Pérou ; cela a amené une abondante récolte de foin. La seconde coupe des trèfles est superbe : ils avaient reçu la même quantité de guano.

Je suis allé de Lorois à Mehun, pour voir M. Pilly-wuit ; mais il était absent, ainsi que Madame. Son parent et associé a eu la bonté de me montrer la belle et grande usine que ces Messieurs ont fait construire il y a cinq ans ; ils ont pu la terminer dans l'année, ayant partagé les bâtiments à faire entre plusieurs constructeurs. J'y ai remarqué un hangar ayant quarante mètres de longueur sur 18 mètres de profondeur ; il a été fait en bois de peuplier, et il est couvert en papier goudronné. Cet immense abri très-convenable pour loger des récoltes, n'a coûté que 3,500 fr. Il y a ici quatre fours à cuire la porcelaine ; ils sont partagés en deux : le bas cuit la porcelaine, et le haut sert à la sécher complétement. Chaque four a sept foyers, autant d'hommes doivent les charger toutes les cinq minutes ; il faut pour chaque charge un hectolitre de charbon.

On m'a dit que depuis que les forges de Vierzon ne travaillaient presque plus, le bois était devenu meilleur marché que le charbon qui leur arrive à volonté, par eau ou par chemin de fer, de Montluçon.

Cette société emploie dans l'intérieur de ses trois fabriques à Fœcy, à Mehun, et à Noirlac près Saint-Amand, plus de mille six cents ouvriers, sans compter les charretiers, bûcherons et mineurs.

Ces Messieurs ont trouvé le kaolin de Limoges, trop cher d'achat et de transport, à une si grande distance ; ils composent chimiquement leur pâte à porcelaine et ont pris un brevet d'invention ; leurs produits sont aussi beaux que ceux de Limoges.

Cette société fournit des vases de porcelaine pour les lignes télégraphiques d'Angleterre.

L'associé de M. Pillywuit eut la bonté de me donner

un cabriolet, pour me conduire à Sainte-Marie chez M. Paulinier ; il était absent ainsi que sa famille. Je me suis rendu de sa maison à sa grande et très-belle ferme ; j'y ai trouvé M. Nouguier, que j'avais déjà vu chez M. Decauville à Petitbourg, où il a passé trois ans comme chef de culture. M. Nouguier avait avant cela passé trois ans à la ferme-école de M. Poisson, à Aubussay, près de Vierzon ; il y avait appris à travailler, avant d'avoir eu à diriger et commander des ouvriers.

M. Poulinier, après avoir défriché une partie de ses bois, environ cent hectares, alla en Angleterre en 1851, pour apprendre la manière de les bien drainer. A son retour, il fit drainer une quarantaine d'hectares fort bien, je puis le dire, car je l'ai vu à l'œuvre.

Après avoir visité la culture dirigée depuis deux ans par ce jeune régisseur nouvellement marié, je crois pouvoir dire qu'il a bien profité de son séjour à Petitbourg ; du reste, on m'y a fait depuis lors son éloge.

La ferme se compose d'une trop belle et trop grande habitation, d'une bergerie pour cinq cents bêtes, d'une écurie pour douze chevaux, d'une vacherie et d'une bouverie considérables, d'une immense grange et d'un bâtiment contenant une machine à vapeur locomobile de la force de six chevaux, faite par Calas. Elle fait marcher une batteuse de Duvoir, un hache-paille, un aplatisseur à avoine, un laveur de racines, un coupe-racines, un brise-tourteaux et un moulin-bouchon ; il y a deux citernes pour la préparation de la nourriture des chevaux. M.· Nouguier m'a dit que sept litres d'avoine aplatie, profitaient autant aux attelages que dix litres d'avoine entière.

Il a une forge ; son maréchal gagne 600 fr. parce qu'il est aussi le chauffeur de la locomobile.

Il a comme maître-valet un jeune homme sortant de la ferme-école d'Aubussay : il gagne 500 fr.

J'ai vu en instruments perfectionnés de culture, une

moissonneuse de Manny, un scarificateur de Colemann, qui pèle les chaumes aussitôt après la mise en moyettes ; on passe ensuite entre leurs rangs des herses Howard et puis un rateau à un cheval. J'ai encore vu deux semoirs dont il est content, l'un pour les céréales et l'autre pour les racines et le colza qu'on sème en lignes. Il attend un berger que M. Villeroy du Rittershof lui envoie; il a acheté en même temps que M. Villeroy, deux béliers southdown à la ferme impériale de Fouilleuse ; ils reviennent à 600 fr. ; l'un des deux est fort beau. Ses agneaux m'ont paru n'être pas assez nourris.

Voici l'assolement qu'il a adopté : racines ou colza fumé à soixante mètres cubes et deux cents kilos de guano. Il a récolté l'an dernier près de trente hectolitres de froment, et il espère en avoir presqu'autant cette année. Moitié de la troisième sole est en trèfle très-beau; l'autre moitié est en vesces d'hiver ; quatrième sole en avoine ou en féverolles d'hiver, avec deux cents kilos de guano.

J'ai vu de fort belles carottes, des choux cavaliers qu'on a commencé à effeuiller, beaucoup de navets sur éteules, semés en lignes et ayant reçu trois cents kilos de guano, et une grande étendue de betteraves; mais malheureusement beaucoup sont atteintes de la maladie qui brûle les feuilles du cœur.

Comme il pleuvait à mon arrivée, il faisait passer du froment à la machine à battre ; la paille n'était pas plus froissée que si on l'eût battue au tonneau ; elle est destinée à M. Pillywuit, qui la paie 30 fr. les mille kilos.

M. Nonguier m'a dit avoir récolté sur un hectare fumé à cent mètres cubes, trente-huit hectolitres de colza, et sur un autre qui n'avait reçu que quatre cents kilos de guano vingt et un hectolitres. M. Decauville fume ses colzas à raison de mille kilos de guano, lorsqu'il ne leur donne pas de fumier, ou cinq cents kilos de guano avec une bonne fumure.

Un grand jardin potager a été défoncé à un mètre de

profondeur lors du défrichement, et fortement fumé depuis lors; il est planté de très-beaux arbres couverts de toutes espèces de beaux fruits, et les carrés sont garnis de très-beaux légumes.

Je suis allé coucher à Orléans, d'où je suis reparti à sept heures du matin, pour me rendre à Angers; j'ai aperçu de mon wagon alternativement, de belles et de pauvres récoltes. Ce que j'ai vu de plus beau en froment et en chanvre, se trouvait entre la Chapelle-sur-Loire et Port-Boulet; j'ai souvent pensé en suivant la riche vallée de la Loire, qu'elle n'est pas la seule qui ait des terres aussi fertiles; je crois qu'il en existe d'aussi productives sur plusieurs parties des bords du Cher, de l'Indre et même de ceux de la Bouzanne, dont les propriétaires ne tirent qu'un maigre loyer comparativement à ceux qui sont habituels dans les riches parties qui se trouvent entre Tours et Angers. Cet état de choses pourrait changer si ces propriétaires venaient passer quelque temps dans l'une des communes des bords de la Loire, où la culture du chanvre est des plus prospères; ils y trouveraient de jeunes ménages ne possédant autre chose que leurs bras, et dont les parents louent des terres d'alluvion jusqu'à 400 fr. l'hectare, pour y faire alternativement du blé et du chanvre; ils décideraient, je pense, facilement quelques-uns de ces jeunes ménages, à venir louer deux ou trois hectares de terres aussi bonnes, avec un logement convenable, à moitié prix de celui en usage dans leurs villages; il faudrait pour réussir, emmener au moins deux ménages; de cette façon les femmes ne se croiraient pas perdues, en changeant de contrée. Peut-être faudrait-il fournir à chaque famille, une vache à moitié perte et profit; car c'est le suprême désir de ces bonnes gens, d'avoir le lait d'une vache pour leurs enfants et de vendre du beurre. Un couple de ces bons cultivateurs de chanvre, introduits sur de bonnes terres d'alluvion, ne seraient pas longtemps sans être à l'aise ; par suite ils amèneraient les cultivateurs de leur voisinage à suivre leurs bons exemples ; cela améliorerait les revenus des propriétaires, tout en étant très-utile aux gens du pays.

En général, la culture de la vallée de la Loire soit en bonnes, soit en pauvres terres, est bien plus avancée que dans le haut des rivières nommées précédemment.

Un notaire de ces environs qui fut mon compagnon de wagon pendant une couple de stations, m'apprit que les bonnes terres de ces environs, de Langeais et de Rochecote, se vendent 7,000 fr. l'hectare ; les céréales que j'y voyais ne valaient pas autant que celles que je venais de voir en Berry sur des terres de 700 fr. à 1,000 fr. La culture des arbres fruitiers en plein champ, ne commence que du côté de la station de Varennes, nom qui indique qu'on ne se trouve plus dans les riches terres.

Un curé qui monta dans mon compartiment à Saumur, m'apprit que sa commune dont le nom est Montsoreau, fournit une très-belle pierre tendre, avec laquelle Saumur est construit ; il ajouta qu'on lui bâtissait une jolie église qui coûterait environ 40,000 fr. Cette commune se trouve sur le plateau, et ses terres se vendent cependant plus de 5,000 fr. l'hectare ; on y voit beaucoup de vignes.

Le convoi qui me portait, s'arrêtait à Angers d'où je ne pouvais repartir que deux heures après pour Nantes. Je profitai de ce temps pour faire une visite à M. A. Leroy, qui voulut bien me promener dans ses immenses pépinières ; il m'y a fait voir un grand nombre de belles plantes : je retrouvai là le gynerium argenteum ou herbe des Pampas, que j'avais vu l'année précédente près de Peterhead, dans le comté d'Aberdeen en Écosse ; j'y remarquai entre autres un charmant arbuste couvert de grosses et fort belles fleurs, l'éricthrine cristagalli, puis le céanotus qui mérite aussi d'être introduit dans les parcs où il n'existe pas.

Un Sequoya gigantea qui n'a pas dix ans m'a frappé; il a plus de 0ᵐ,16 de diamètre au pied et trois mètres de haut, avec un branchage admirable très-volumineux et très-serré.

On replantait un beau pin sapo dans son jardin d'agrément; la motte avait un mètre cinquante de diamètre; sa hauteur dépassait trois mètres, et sa tête avait bien deux mètres de diamètre.

M. André Leroy m'a fait voir comme arbres encore rares et beaux, le Thuya gigantea, le Lambertiana, le Pinus patula; il me recommanda la prune Goldendrop, pour fruit et pour pruneau.

Je suis allé coucher à Nantes, et j'ai pris le lendemain matin le bateau à vapeur de l'Erdre qui vous conduit à Nort : c'est un délicieux petit voyage. On peut choisir entre la voiture de l'abbaye des trappistes de la Meilleraie, ou une autre allant à Châteaubriant; une troisième va à Redon en passant par Nozay et Grand-Jouan; cette voiture que j'ai prise en quittant le bateau à vapeur m'a déposé à Derwal, où j'attendis pendant quelque temps le courrier de Châteaubriant, qui va à Rennes; il me laissa à Guémené-Penfao, où je n'étais plus qu'à deux kilomètres de Tréguel : c'est là que se trouve la fort jolie habitation de M. Liazard. On la rejoint lorsqu'on quitte la route, en suivant une charmante avenue; chaque intervalle entre les arbres, contient une touffe de rosiers; les arbres de l'avenue sont des mélèzes, des épiceas, des planes érables, des châtaigniers, des chênes et de vieux pins maritimes fort élevés : cette avenue est soignée par un vieux bonhomme dont c'est la principale occupation et le gagne-pain.

J'ai aperçu un détachement de la garnison de Nantes, occupé à moissonner un fort beau champ de froment; ce champ contenait les espèces choisies sur cent huit variétés cultivées en petit depuis plusieurs années ; avec le temps on propage ainsi les meilleures espèces. J'y ai remarqué le très-beau froment géant, que M. de la Tréhonnais nous a fait connaître. J'ai vu avec plaisir un champ de maïs-fourrage.

Arrivé au château, on me dit que la famille qui sortait de table, était au jardin ; j'y fus la rejoindre ; mesdames Liazard, la mère et sa belle-fille, avaient donné ce jour à dîner à M. le curé de Guémené, commune de cinq mille âmes, aux deux vicaires et à deux frères de la Doctrine chrétienne. En causant avec M. le curé, j'appris que les deux plus anciens métayers de M. Liazard, qui à son arrivée il y a neuf ans dans la terre de Tréguel, étaient les plus pauvres de tous les métayers de la commune, en étaient maintenant les plus riches ; ils avaient mis dans de certaines années jusqu'à mille écus de côté, après avoir payé leurs dépenses de culture et après avoir bien vécu. M. le curé ajouta que cette année ne leur était pas favorable ; les colzas avaient mal réussi. Tout en nous promenant, j'ai remarqué que les quenouilles et les espaliers étaient très-beaux ; ils étaient dirigés d'après la méthode Dubreuil.

En me promenant le lendemain de bonne heure, j'ai visité une des métairies, j'y ai vu un grand champ de choux branchus du Poitou très-bien sarclé ; la partie la plus anciennement plantée, peut déjà fournir des feuilles pour le bétail.

On ne chaule ici les terres qu'à raison de vingt-cinq ou trente hectolitres par hectare ; on dit qu'une dose de cent hectolitres ferait du tort à ces terres argileuses ou schisteuses ; je penserais plutôt que le prix trop élevé de la chaux à 2 fr. l'hectolitre, quoiqu'on ne soit ici qu'à cinq lieues du port de Redon, est la véritable cause de ces faibles chaulages.

J'ai vu employer ici comme fumure soixante-dix mètres de fumier décomposé par hectare.

En revenant du côté du château, j'ai vu la machine à
vapeur de Lotz, occupée à moudre de la farine pour faire
du pain ; le chauffeur fait en même temps les fonctions de
meunier ; il m'a dit qu'on ne faisait que neuf hectolitres
de farine par jour ; mais lorsqu'il y a à moudre pour les
chevaux ou pour le bétail, il passe de treize à quatorze
hectolitres de grain par les meules, dans le même espace
de temps.

J'ai enfin rejoint mon hôte ; il m'a dit qu'il avait neuf
métairies et sa culture à diriger. Deux de ces métairies
lui sont données à bail par un propriétaire voisin ; enfin
il a ajouté qu'il construisait une nouvelle métairie sur
des bruyères nouvellement acquises et défrichées. Il
achète chaque année 15 à 18,000 fr. de divers engrais
qu'il partage entre neuf cultures ; la moitié de cet argent lui est remboursée par les métayers, le reste lui
rentre par l'augmentation des récoltes dont moitié lui revient ; une partie de la plus-value des récoltes sert à renouveler chaque année la provision d'engrais. Il a
ajouté, ce qui est facile à comprendre, que c'est à cette
acquisition annuelle d'engrais, qu'il faut attribuer les
bonnes récoltes qui enrichissent ses métayers et lui-
même.

M. Liazard me cita un de ses fermiers comme exemple
des bons résultats produits par ses arrangements de
métayage. Il prit cet homme qui lui était connu pour
être honnête et bon ouvrier, quoiqu'il fût endetté ; il lui
prêta, il y a de cela cinq ans, 800 fr. pour payer ce qu'il
devait ; il lui avança mille fr. pour faire vivre son ménage, composé de la mère et de six enfants. Ses avances
lui ont été remboursées, et cet homme possède la moitié
du cheptel qui se compose dans les divers domaines
de cette terre de huit bœufs, autant de vaches, même
quantité d'élèves, une jument et son poulain, une douzaine de grandes brebis et des cochons. Cette prospérité
parmi ses tenanciers, lui amène une quantité de pré-

tendants, toutes les fois qu'il a des métairies à céder ;
cela lui permet maintenant de choisir des gens qui lui
conviennent et qui seraient à même de fournir leur
moitié de cheptel.

Le métayer qui, il y a cinq ans, était endetté, a une
ferme remarquablement bien tenue ; ses récoltes de céréales, de sarrasin, ses choux branchus, betteraves, carottes et pommes de terre, et ses trèfles, tout cela est
fort beau ; il a planté beaucoup de jeunes pommiers et
des châtaigniers, que M. Liazard a pris dans une grande
pépinière fournissant à tous ses domaines.

Voici l'assolement des domaines de la terre ; première année, colza repiqué ou racines, recevant de cinquante à soixante mille kilos de fumier, contenant
moitié bruyère bien fermentée et arrosée de purin dans
le tas ; à son défaut on met deux mille cinq cents kilos
d'engrais Rohart, coûtant à Paris 5 fr. les cent kilos,
2 fr. 50 de port, et encore 2 fr. pour le pulvériser, cela
fait 9 fr. 50 les cent kilos ou 238 fr. par hectare ; deuxième sole froment ; troisième sole moitié en trèfle,
moitié en vesce ; quatrième sole avoine ou sarrasin. Le
colza est repiqué sur des billons.

M. Liazard a loué il y a deux ans près de Vannes
pour 3,500 fr. un relais de mer d'une centaine d'hectares ; il n'y existe que 2 métairies et beaucoup de bons
prés, dont le foin se vend très-bien. Il vient de louer
deux cents hectares pour dix-huit ans, en ne payant
rien les deux premières années ; il existait déjà sur cette
terre cinq métairies, et le propriétaire a consenti à lui
en construire deux nouvelles. Il connaît les bons résultats obtenus à Tréguel, et comprend tout le mérite des
petites métairies bien administrées. M. Liazard paye ici
comme pour son relais de mer, 3,500 fr. Il a loué récemment encore une autre propriété d'environ quatre
cents hectares, dont il paye 4,800 fr. M. Liazard a mis
à la tête de ces cultures éloignées, des élèves de fermes-

écoles, qu'il a eus chez lui pour compléter leur instruction pratique en agriculture; il les paye bien, et leur
assure un tant pour cent des bénéfices nets, ce qui doit
leur faire une bonne position, si ils suivent avec zèle ses
instructions.

Chacune des fermes à Tréguel a un hangar couvert
en papier goudronné, pour serrer les fourrages. Les
céréales sont en meules, et on en partage le produit
aussitôt qu'il est sorti de la machine à battre à vapeur,
ce qui empêche tout détournement. Cette machine exige
beaucoup de bras; elle bat jusqu'à deux cents hectolitres
de froment par jour ; les métayers s'entr'aident pour
cette opération. Le sarclage est à la charge de chaque
famille, ainsi que la rentrée de la moisson.

Ils font aussi leur plant de colza, ou de choux; mais
M. Liazard en fait beaucoup plus qu'il n'en peut planter
lui-même, afin de pouvoir aider ceux qui n'en auraient
pas assez. Il a de fort belles vaches cotentines qu'il envoie aux taureaux durham de Grand-Jouan, à la distance de vingt kilomètres de Tréguel.

Son troupeau ne se compose que d'une quarantaine
de brebis croisées southdown, qu'il a achetées aux
ventes de Grand-Jouan; mais elles ont bien neuf di-
xièmes de sang southdown, ce qui fait qu'on les prendrait pour du pur sang. Ses cochons anglais, de couleur
blanche, sont très-gros.

Il n'a fallu que huit jours à son chauffeur de machine
à vapeur, pour savoir la diriger; il est aussi devenu
scieur de long, au moyen d'une scie rotative, avec
laquelle il a débité tous les vieux pins employés à construire les petites fermes. Pour la plupart elles sont placées au milieu des vingt-cinq hectares de leur culture;
les cinq hectares de prés ajoutés à chaque ferme sont
compris dans les quarante cinq hectares de prés irrigués
faits en grande partie par M. Liazard.

Ses bâtiments de culture ne sont pas beaux, mais ils

sont commodément distribués. Il a construit plusieurs grands hangars en bois de pins maritimes, refendus par sa machine à vapeur et la scie rotative; ils sont couverts en papier goudronné : sa grange est de pareille construction. Un autre hangar sert à l'arrangement et à la conservation des divers engrais qui lui viennent de plusieurs côtés; ces engrais sont du guano et des têtes de sardines. Celles-ci lui coûtent de 8 à 9 fr. les deux cent trente litres; c'est un excellent engrais, mais très-difficile à employer, parce qu'elles sont collées ensemble. Il faut d'abord les écraser pour les saupoudrer avec des cendres, de la suie ou de la poudre d'os; puis les triturer jusqu'à ce qu'elles puissent être semées à la volée; il paye les cendres lessivées 3 fr. 50 l'hectolitre et la suie 2 fr. 25.

Ses métayers ont une entière confiance en sa délicatesse; ils prennent les engrais mélangés tels qu'il les leur fournit et ils le remboursent avec la plus grande exactitude.

Il m'a recommandé les trois pommes de terre suivantes : les pousse-debout, le bienfaiteur, et la rosée de Conflans.

J'ai emporté des glanes des plus belles espèces de froment cultivées par M. Liazard. Je les distribuerai aux cultivateurs que j'ai encore à visiter dans le courant de l'année. En prenant congé de mes excellents hôtes, je dus leur promettre de revenir bientôt leur faire une troisième visite.

Presque toutes les bruyères qui bordaient il y a quelques années la route que je suivais pour aller à Grand-Jouan, ont disparu; celles qui ne sont pas encore défrichées, sont entamées par la charrue. J'ai remarqué des attelages de bœufs enveloppés de grosse toile, pour les mettre à l'abri des piqûres de mouches. Plus loin je vis des vaches ayant un morceau carré de grosse toile grise attaché aux cornes et leur cachant les yeux, c'est un meilleur moyen de les empêcher d'être trop coureuses, que celui employé plus ordinairement; il consiste à leur attacher au cou un bois rond assez long, qu'elles sont obligées de traîner entre leurs jambes de devant, ce qui les fatigue beaucoup.

J'arrivai le 16 août à Grand-Jouan, chez cet excellent M. Rieffel; nous montâmes dans sa calèche peu de temps après, pour aller voir sa belle et grande bergerie. J'y revis les deux fameux béliers achetés en 1856 chez M. Jonas Webb; l'un a sept ans et l'autre six ans: ils sont devenus tellement pansus, qu'ils ne peuvent plus fonctionner et vont être vendus au boucher. J'ai appris avec regret qu'on n'en avait conservé que quatre pour la vente prochaine. Le troupeau résultant des trente brebis Jonas Webb importées en 1856, est fort beau et devrait fournir au moins une vingtaine de béliers de cette excellente race, chaque année.

M. Rieffel vient de faire revenir un nouveau berger de Lorraine; il ne le nourrit pas et le paye 900 fr.

Nous sommes allés de là à la vacherie, où se trouvent les bêtes provenant de croisements; on y tient aussi des vaches ayrshire, des cotentines, des parthenaises, et des bretonnes. Ces bêtes servent à faire divers croisements; un certain nombre de ces croisements produit plus de trois mille litres de lait dans les trois cent soixante-cinq jours de l'année; il y en a même qui donnent quatre mille litres.

J'ai admiré un champ de sept hectares de carottes des plus belles qu'on puisse voir. M. Rieffel a fait faire des petites houes à cheval; deux hommes les traînent et un troisième les dirige; elles servent à sarcler les plantes dont les lignes sont très-rapprochées; les lignes de carottes sont ici à $0^m,40$ centimètres. En Angleterre la houe à cheval de Garrett, sarcle d'un coup jusqu'à treize lignes à des distances même moindres, telles que $0^m,20$. Je n'ai vu travailler encore cet excellent instrument, très-répandu en Allemagne, que chez M. Gilles, fermier à Thieu près Juilly.

M. Rieffel m'a dit qu'on passait sa petite houe dans les lignes de carottes même avant qu'elles soient levées; ce sarclage se renouvelle chaque fois que de nouvelles mauvaises herbes apparaissent. Les trois hommes sarclent ainsi un hectare par jour, dans ces terres des plus légères; les diverses éclaircissages souvent répétés, produisent de vingt à vingt-cinq mille kilos de carottes avec leurs feuilles; les racines récoltées en décembre arrivent le plus souvent à cinquante mille kilos.

Les betteraves, quoique aussi bien soignées, ne donnent pas autant dans ces terrains sablonneux; elles n'arrivent que de trente-six mille à quarante-cinq mille kilos par hectare.

J'ai vu un beau champ de rutabagas, et un autre de choux branchus, qui l'hiver dernier ont été gelés. Cela arrive bien rarement sous ce climat, à faible distance de la mer, où les magnolias grandiflora réussissent si bien et où les lupins blancs semés à l'automne, résistent aux hivers de la Bretagne.

Le gendre de M. Rieffel, M. Lambezat, fait valoir une ferme de trente-six hectares de sables, qui lui appartient. Elle n'a pas de prés; l'année ayant produit moins de fourrage que d'habitude, il a jugé convenable de vendre à peu près la moitié de ses quarante bêtes à cornes de tout âge; elles proviennent de croisements entre taureau durham et vaches ayrshire, ou de bêtes croisées ayrshire-bretonnes. Un cultivateur et engraisseur bien connu, M. Cesbron-Lavau, qui demeure auprès de Cholet, vient d'enlever aujourd'hui le reste de son acquisition de ces bonnes bêtes.

M. Lambezat m'a dit que les vaches ayrshire étant très à la mode, il n'allait plus élever que de cette race, qui trouve un très-bon débit.

Nous avons voulu visiter la vacherie durham; mais

les vaches étaient encore en pâture. L'heure du dîner approchant, nous n'avons eu que le temps d'examiner un hangar servant de grange que M. Rieffel vient de faire construire ; l'usage est en Bretagne, de battre les céréales en plein air aussitôt après la récolte ; fréquemment des averses viennent tremper le grain étendu sur l'aire, ainsi que la meule entamée à côté ; cela occasionne bien des pertes. Le battage, comme il se fait dans l'Ouest, emploie beaucoup d'hommes dans la saison où ils coûtent le plus cher ; on ne sait comment occuper ces hommes lorsque la pluie les dérange du battage ; c'est une nouvelle occasion de pertes.

M. Rieffel, pour battre les récoltes d'une culture s'étendant sur deux cent soixante-dix hectares, emploie une batteuse Pinet attelée de trois chevaux ; elle ne bat pas trente hectolitres par jour. Son dépiquage de grains durait des temps infinis, et avait ainsi beaucoup à souffrir ; en outre, il coûtait beaucoup. M. Rieffel demandait depuis longtemps les fonds nécessaires pour la construction d'une grange sans pouvoir les obtenir. Il proposa alors l'établissement de ce hangar. Il assurait qu'il lui économiserait en une campagne, en battant ses grains en hiver et par les mauvais temps, plus qu'il n'aurait coûté de construction. On le lui permit, à condition que son budget n'en serait pas augmenté.

Son hangar a trente et un mètres cinquante de longueur, sur dix mètres de largeur, ce qui fait trois cent quinze mètres carrés de logement.

La hauteur du sol au sommet des piliers est de cinq mètres ; il y a de ce dernier au faîtage quatre mètres cinquante. C'est un espace de plus de deux cents mètres cubes ; en comptant cent kilogrammes de paille et grain par mètre cube, cela fait deux cent mille kilos. Le rapport du grain à la paille étant de cinquante-cinq pour cent, il en résulte que ce hangar, qui n'a coûté que 2,800 fr., peut suffire pour loger une récolte de mille trois cent soixante et onze hectolitres de froment en gerbes, ou vingt-huit mille cinq cent soixante et onze gerbes d'environ sept kilos l'une.

Le milieu du hangar est construit en maçonnerie, sur environ six ou sept mètres de largeur; on va placer la machine Pinet au premier étage avec un tarare au-dessous; le grain en gerbes occupera un côté de cette construction, qui est couverte en ardoises; la paille sera rangée soigneusement de l'autre côté.

Un des pignons étant exposé au vent d'ouest et l'argent manquant pour construire un mur, M. Rieffel va le remplacer par une espèce de mur construit en fagots de bruyères à deux liens. Ces fagots seront placés alternativement en long et en travers et bien serrés. On les soutiendra à tous les deux mètres par une perche de pin placée perpendiculairement. Cette perche devra toucher la toiture et y être fixée; M. Rieffel a vu des murs ainsi faits depuis sept ans, être encore en bon état.

Le bois employé dans ce hangar provient de pins maritimes, que M. Rieffel a fait semer à son arrivée à Grand-Jouan, en 1829. Ils sont en bordures de champs carrés tracés en pleine bruyère, ainsi que sur les deux côtés des chemins; leur destination principale est d'abriter autant que possible ce pays plat, contre les grands vents de mer.

M. Rieffel m'a dit que les produits moyens de sa culture, sont de trois mille kilos de foin par hectare sur prés faits sur bruyère, comme l'est du reste toute l'exploitation.

Le froment donne de dix-huit à vingt-deux hectolitres, il faut se souvenir qu'il n'y a pas de marne dans ces environs. La chaux qu'on peut s'y procurer, vient des environs de Chalonnes, sur les bords de la Loire, non loin d'Angers. On la paye 4 fr. les deux cent trente litres.

L'avoine produit de trente à quarante hectolitres.

J'ai vu un beau champ de serradelle qu'on estime beaucoup ici ; elle se ressème d'elle-même avant d'être bonne à faucher pour foin ; elle produit quarante mille kilos d'un fourrage vert, que le bétail apprécie beaucoup. Elle donne en foin quatre mille kilos ; elle produit de trois cents à cinq cents kilos de graine, lorsqu'on la fauche à temps.

M. Rieffel la sème avec de l'avoine d'hiver en août ou au commencement de septembre ; il fauche l'avoine en vert ; plus tard, il a une première coupe de serradelle d'environ vingt mille kilos en vert ; une seconde coupe en semence donnant de quatre à cinq cents kilos, qu'il vend 1 fr. le kilo ; elle donne mille deux cents kilos de foin par hectare ; il reste à savoir si la serradelle résistera à l'hiver sous un autre climat, ce que j'ai quelque raison de ne pas croire.

Les trèfles incarnats sont fort bien levés ; on y sème un peu de graine de navets, comme cela se fait en Belgique et on arrache les navets en décembre.

On n'élève ici que les cochons consommés dans l'établissement ; ils proviennent d'un croisement new-leicester et craonnais. Le lait est vendu 10 centimes le litre à une famille qui fait des fromages.

Nous sommes retournés M. Rieffel et moi à la vacherie des durham, et voici ce qu'il m'a dit : il ne conservera dorénavant que six belles et bonnes vaches laitières de pur sang durham, afin de pouvoir les très-bien nourrir et donner plus de lait aux veaux ; ils devront avoir de mille cinq cents à deux mille litres chacun, au lieu de mille litres qu'on ne dépassait pas ; il leur allouera aussi plus de tourteaux dont on n'augmentera pas la quantité pour les autres races. Ses vaches ont moitié trèfle et moitié sarrasin en vert, ce qui équivaut à soixante kilos ; elles ont cinq cents grammes de farine de sarrasin, dix grammes de sel, et cinq kilos de paille pour litière.

En hiver on ne leur donne que quatre kilos de foin, dix kilos de racine, 0ᵏ 500 de tourteaux, 0ᵏ 10 de sel, cinq kilos de paille fourrage et cinq kilos de paille litière.

Les vaches de taille moyenne ont encore moins que cela, ainsi elles ne mangent pas suivant leur appétit.

Un cheval de trait a ici dix litres d'avoine, dix kilos de foin, quinze kilos d'ajoncs en hiver, cinq kilos de paille pour litière ; on remplace en été les ajoncs et le foin, par cinquante kilos de fourrage vert.

Un bœuf de trait a dix kilos de foin, trente kilos de choux, dix de paille. Cent moutons ont à la bergerie, cent kilos de foin, cinquante kilos de balles de froment ou d'avoine, avec cent kilos de carottes ou betteraves, quarante kilos de paille, et tous les quinze jours cinq kilos de sel auquel on ajoute du son.

On paye ici 1 fr. 40 pour couper, hacher et triturer cent kilos d'ajoncs.

M. Lambezat, sous-directeur de la ferme régionale, est en même temps professeur d'agriculture ; il dirige le champ d'expérience où se cultive une immense quantité de plantes diverses ; il avait une école de betteraves ; il m'a dit préférer pour le bétail le globe rouge, ensuite le globe jaune et le globe aplati par-dessous : cette dernière espèce se trouve la plus grosse de l'école maintenant ; la jaune des barres, enfin la disette d'Alsace. En betteraves à sucre et de distillation, celle de Vilmorin, les blanches et roses de Silésie, etc., etc. M. Lambezat voulait me montrer dans son champ d'expériences ce qu'il avait de plus recommandable, mais la pluie nous chassa. Le lendemain il fut obligé de s'absenter, ce qui me força de faire seul cette étude d'une manière bien imparfaite.

Dans l'immense quantité de plantes cultivées dans ce champ d'expériences, voici les noms de celles que je remarquai : les vesces impériales d'hiver et de printemps,

la vesce blanche des deux saisons, les gesses chiches de
printemps et d'hiver, et la gesse velue ; le lentillon de
printemps et d'hiver ; celui d'Abyssinie, la jarosse d'hiver, le lottier tétragone, l'ervillière d'hiver, le latyrus
hirsutus ; le chanvre de Piémont et celui de Chine, tous
deux fort longs, mais le second ne mûrissant pas ici.
Le lottier velu est une plante très-productive et bonne
pour les terres ; on peut s'en procurer de la graine chez
M. Liazard, qui la cultive et la recommande.

Parmi les pommes de terre j'ai remarqué : 1° la
juxey, que le ministère a répandue comme étant très-
productive et bonne ; elle est jaune et ronde ; 2° la sauvage ; 3° la william ; 4° la fowlard ; 5° la bourbon
lancy ; 6° Mlle Peyraux ; 7° la pomme de terre du Chili ;
8° la pousse-debout ; 9° la peau ridée ; 10° la Xavier ;
11° la patraque rouge ; 12° la Chandernagor, ronde
et noire ; 13° le prince Albert ; 14° la trouvaille d'or ;
15° la longue de Hollande.

J'ai vu des topinambours jaunes et d'autres rouges.
M. Rieffel m'a dit semer assez souvent du trèfle ordinaire lorsque le temps y était favorable, en même
temps que de l'incarnat, dans le commencement d'août ;
après avoir récolté l'incarnat en juin, le trèfle rouge lui
donne une forte coupe en septembre et deux coupes
l'année suivante. M. Rieffel recommande beaucoup le
ray-grass pille, qui donne un fourrage annuel des plus
abondants ; il est bon et a le grand mérite de bien
venir sur une terre nouvellement défrichée. J'ai vu
aussi du beau millet jaune d'Italie, le millet paniculé
et le moha, fourrages très-abondants pour les époques
de sécheresse ; des lupins blancs d'hiver qui mûris-
saient leur graine quoiqu'ayant souffert du froid de
l'hiver, des lupins blancs de printemps ayant près de
quatre pieds de haut, et de beaux lupins à fleurs jaunes.
Il m'a dit que s'il avait sa carrière à recommencer, il
irait chercher une bonne bruyère, en terre pas trop

sablonneuse, qui contînt de bonne marne, ou au moins qui ne fût pas très-éloignée d'une carrière de pierres calcaires, pouvant faire de la chaux grasse; une pareille propriété devrait avoir assez de pente pour pouvoir être drainée si elle en avait besoin; elle ne devrait pas être trop éloignée d'une station de chemin de fer et de chemins praticables. On devrait trouver cela à raison de 100 à 300 francs l'hectare. Il la partagerait en portions de vingt-cinq à trente hectares; on construirait sur chacune d'elles un bâtiment pour loger une famille de métayers, un autre bâtiment contiendrait une petite grange à deux étables; cela fait en pisé et couvert en paille du seigle de la première récolte ne coûterait pas plus de 2,000 fr. par métairie ébauchée. La première chose à faire après avoir acquis, serait de faire labourer un couple d'hectares sur chacune des métairies à construire l'année suivante, on y sèmerait du seigle avec six cents kilos de phosphate de chaux par hectare; celui-ci serait acheté à Paris à 5 fr. les 100 kilos; on ferait écobuer par métairie au moins un hectare, et plutôt deux, pour pouvoir y faire au printemps suivant des pommes de terre, des haricots, des pois verts, des choux, des choux branchus, des rutubagas, enfin des vesces d'hiver et du ray-grass pille, afin que les métayers, à leur arrivée en automne, aient de quoi vivre eux et leurs bêtes. La paille hachée, arrosée d'eau bouillante dans laquelle on aurait fait dissoudre des tourteaux de colza, le fourrage et les racines récoltées, leur permettraient de faire vivre par métairie quatre bons bœufs avec lesquels ils pourraient retourner, tant qu'il ne gèlerait pas, une bonne partie de leurs bruyères. Le phosphate de chaux, engrais le meilleur marché qu'on ait jamais eu à sa disposition, les rendrait très-productives. Une fois que ces braves gens auraient pu produire de quoi manger pour eux et pour leurs bêtes indispensables, deux vaches, deux co-

chons, deux chèvres, celles-ci à condition de ne les
laisser jamais sortir de l'étable, à leurs quatre bœufs
on pourrait en ajouter d'autres dès que les fourrages
le permettraient; ils ne tarderaient pas à terminer le
défrichement de leurs vingt-cinq ou trente hectares.
Ce travail, une fois terminé, permettrait de leur tracer
un assolement qui leur fournirait des céréales et du
colza, la plante qui réussit le mieux et le plus vite sur
défrichements, parce qu'elle ne craint pas l'acidité des
terres défrichées ; il en est de même pour tous les autres crucifères ; le fourrage viendrait bientôt augmenter le bétail et par suite le fumier. On marnerait,
on chaulerait les terres ; après la quatrième récolte sur
phosphate, on fumerait avec le fumier produit, on
avancerait aux métayers les engrais que l'on pourrait
se procurer au meilleur marché, tels que cendres, suie,
chiffons de laine, guano, nitrate de soude, os pulvérisés
ou non, balayures de filatures de laine, et des engrais
fabriqués, si on en trouvait, qui fussent profitables ;
les métayers rembourseraient leur moitié d'engrais
sur les premières productions.

Un des engrais les meilleur marché sont les lupins
blancs enterrés en pleine fleur ; on en ferait venir un
hectolitre de graines ainsi qu'un hectolitre de lupins
jaunes, on les planterait dans la partie la plus mauvaise de la métairie, de la même manière qu'on plante
les haricots ; cela fournirait de la graine pour en semer
l'année suivante à la volée ; on enterrerait les lupins
blancs dès qu'ils seraient en pleine fleur, les lupins
jaunes se fauchent quand ils sont défleuris. On aurait
ainsi de huit à dix mille kilos par hectare d'un fourrage très-nourrissant et excellent pour prévenir chez
les bêtes à laine la cachexie aqueuse. Quant aux familles de métayers à se procurer, on les trouverait le
plus facilement et on aurait en même temps les meil-

leurs cultivateurs, dans les Flandres belges, en Alsace, ou sur les bords du Rhin, en général.

L'objection est leur éloignement et par conséquent les frais de voyage à payer, ou au moins à leur avancer; mais ils sont tellement supérieurs aux familles des pays du centre de la France, qu'il vaut infiniment mieux faire le sacrifice de la dépense du voyage; cette dépense serait bien vite remboursée par les fortes récoltes produites par les Belges ou par les Allemands.

M. Rieffel ajoutait qu'un cultivateur possédant 100,000 fr. de capital, devrait acheter cent hectares de bonnes bruyères pour 20,000 fr.; avec même somme, il se bâtirait une ferme pour lui-même. Il construirait trois autres fermes pour autant de familles nombreuses de métayers; une partie des enfants aideraient leurs parents; les cent hectares seraient donc partagés en quatre cultures chacune de vingt-cinq hectares; le propriétaire en cultiverait une pour servir de modèle aux autres; les trois fermes ayant ensemble coûté 40,000 fr., il lui resterait 50,000 fr. d'abord pour monter peu à peu le cheptel mort et vif, c'est-à-dire les instruments et le bétail, puis pour fournir la nourriture de la première année, les semences, ensuite les engrais suffisants; les cent hectares bien emblavés produiraient de bonnes récoltes.

Ce cultivateur, s'il est intelligent, ne sera pas longtemps sans avoir au moins 10 p. 100 du capital employé en acquisition, et en capital roulant; il aura transformé trois pauvres familles en gens à leur aise; il aura donné le meilleur et le plus profitable exemple autour de lui et surtout aux propriétaires du centre de la France. En faisant ses arrangements avec les familles de métayers, il ne faut pas oublier de se réserver le droit, par acte devant notaire, de pouvoir les renvoyer au bout de chaque année, mais en prévenant six mois d'avance.

Une chose fort utile à faire dans l'établissement de ces fermes sur bruyères, serait de planter des vergers près des fermes et de les entourer, ainsi que les fermes, d'une plantation de sapins ou d'épicéas sur une dizaine de mètres de largeur ; on s'abriterait ainsi des vents ; si on reculait devant cette dépense, un simple semis de pins laricios, ou à leur défaut de pins sylvestres ou de pins maritimes, serait encore excellent.

Tout ce qui vient d'être dit là-dessus est le résumé de ce que M. Liazard a établi chez lui avec tant de succès, en vivant au milieu ou au moins à portée de ses braves métayers. L'exemple de M. Valette prouve que des propriétaires qui ne peuvent pas habiter leurs terres sont toujours à même d'en améliorer la culture ; par suite ils augmentent leur revenu. La chose n'est pas aussi facile ni aussi rémunérante, mais cependant M. Valette obtient 5 ou 6 p. 100 du capital déboursé ; on peut donc, même dans ce dernier cas, arriver par le même procédé à doubler encore son revenu en biens-fonds, et c'est fort encourageant.

M. Rieffel n'attèle jamais plus de deux bœufs à une charrue ; ils font en deux attelées quarante ares de labours par jour ; à la vérité, ses terres sont légères.

M. Rieffe la fait ici, il y a vingt ans, du drainage qui fonctionne encore ; il a employé trois jeunes pins d'environ dix ans en place de tuyaux, et a mis de la bruyère et des gazons de bruyère par-dessus.

On ne lui remet de fonds de drainage que juste ce qui lui permet d'assainir six à huit hectares chaque année. Il fabrique lui-même ses tuyaux.

Le chef de main-d'œuvre de la culture de Grand-Jouan, avait d'abord été chargé du drainage et des irrigations ; c'est maintenant un cultivateur habile et très-zélé pour la prospérité de tout ce qui regarde la ferme régionale ; il est avec cela fort adroit et intelligent et a inventé plusieurs instruments.

M. Rieffel fait semer des ajoncs de manière à pouvoir les faucher; ses chevaux s'en trouvent très-bien. Il m'a dit qu'il avait parmi les élèves de l'École régionale beaucoup d'étrangers, Polonais, Autrichiens, Walaques, Moldaves, Espagnols.

M. Rieffel m'a dit que son troupeau de deux cents brebis ne produit guère que 1,500 fr. nets; ses bêtes à cornes sont plutôt en perte. On tue un cochon tous les mois, on tue des veaux et des moutons autant qu'il en faut pour la nourriture de l'établissement.

On a autant de journaliers qu'on en veut en payant les hommes 1 fr. 50 et les femmes 85 centimes, sans les nourrir.

Il y a dans le voisinage de grandes carrières de pierres schisteuses dont on fait des espèces de palissades; le mètre de moëllons plats ne coûte que 1 fr. 50.

J'ai vu deux fort beaux bœufs que M. Lambezat prépare pour le concours de Poissy; leur mère à tous deux était une croisée durham-bretonne, leur père un durham. M. Lambezat assure qu'ils sont plus beaux que ceux avec lesquels il a déjà remporté plusieurs premiers prix à Poissy. Celui qui concourra en mars prochain mange du trèfle et un peu de sarrasin en vert, quatre kilos de tourteaux de lin, quatre litres de farine de féverolles et autant de farine de sarrasin. Il a encore quatre bouvillons de quinze à dix-huit mois; leurs mères sont des ayrshire. Deux étables pouvant contenir chacune dix bêtes, n'ont coûté à M. Lambezat que 700 fr.; de jeunes pins empêchent les bœufs de se tourmenter.

M. Santarrie, ancien élève de l'École régionale, est maintenant chef des magasins et chargé des distributions. Il a eu la complaisance de me donner bien des renseignements et de copier pour moi le devis du hangar; il m'a dit qu'il vient de louer cent cinquante hectares de bonnes terres à raison de 50 fr. l'hectare. Il en cultivera vingt-cinq et aura cinq métayers qui en cultiveront chacun autant. Il n'a que 20,000 francs pour monter cette culture.

M. Grossetête, le jardinier, professe ici l'horticulture depuis douze ans, après avoir été sept ans au service militaire ; il a fait son apprentissage d'horticulteur à Versailles, dans les jardins de la Couronne ; il a bien voulu me faire voir tous les jardins qu'il dirige et m'apprendre bien des choses. Ses nombreuses couches sont couvertes de melons ; la couche qui en a le plus a été plantée de la manière suivante, comme essai : Il a planté sur une planche une ligne de melons dont les pieds ne sont séparés que par 0^m,33 ; après les avoir châtrés, il n'a conservé à chaque pied que deux branches qui traversent ladite planche ; il les pince et les traite comme les espaliers ; chaque pied porte deux beaux cantaloups ; quoique les autres planches soient bien garnies de fruits, celle-ci a le double de melons. M. Grossetête a essayé de traiter de même les tomates le long d'un mur où les pieds sont en espaliers ; ils sont couverts de fort belles tomates.

Ses pêchers d'espaliers sont à une seule tige ; ils ne sont séparés que par 0^m,33. Ses doubles lignes de poiriers, pommiers, pruniers, cerisiers, et même de groseilliers, ne sont séparés que par 0^m,33, ainsi que les deux lignes d'arbres entre elles. On les pince ; il m'a dit que ce genre de conduite des arbres avait le mérite d'être compris par les jardiniers les moins intelligents ; il ne s'agit que de pincer les arbres à pepins une fois, de leur conserver ensuite des branches à fruits, et quant aux arbres à noyaux on les pince toujours, excepté pour le bourgeon de prolongement.

Les jeunes arbres qu'on plante si près les uns des autres doivent avoir deux ans de greffe : on les pince dès la première année, tandis que les arbres d'après l'ancienne méthode, quenouilles ou espaliers, ne doi-

vent pas être taillés la première année de leur plantation. Ses carrés d'artichauts durent trois ans et sont
renouvelés. M. Grossetête a 1,200 fr. d'appointements;
il est bien logé, nourri et chauffé.

Je suis allé coucher à Nantes. Le lendemain je m'arrêtais à Angers dont j'ai visité le jardin des plantes; j'y
ai admiré le Latyrus sylvestris et Pyrenaica, plante
grimpante de deux mètres de hauteur, avec de jolies
fleurs; le Perricillario paraît être une espèce de moha,
ayant de très-gros épis et une tige de plus de deux
mètres de longueur; cela pourrait être un bon fourrage;
la Clematis lunaginosa, très-grande et belle fleur; la
Clematis à fleurs violettes doubles; le Polygonium ou
sarrasin cinosum qui a près de trois mètres de hauteur.
Il y en a deux variétés; le Medicago glomerata; la Reine
des prés, rose, charmante fleur.

Je partis d'Angers vers midi; j'allais à Châteauneuf
sur Sarthe, pour voir M. Jubin. Le hasard m'a fait
rencontrer dans le coupé de la diligence son frère, ancien capitaine de frégate. Il a quitté le service encore
jeune. Il m'a dit qu'il cultivait soixante hectares de
terres fortes, près de la première station du chemin de
fer d'Angers à Paris; il est près d'immenses ardoisières,
qui emploient quarante chevaux, on lui en cède le fumier, il a avec cela soixante têtes de bétail, chevaux ou
bêtes bovines; aussi fume-t-il fortement toutes les récoltes qui ne craignent pas de verser.

M. Théodore Jubin, le frère de mon compagnon
de voyage, est resté garçon; il a neuf métayers qu'il
dirige dans leur culture; ceux qui ne sont pas trop
éloignés de son habitation, cultivent mieux que leurs
voisins, quoique la culture de ces environs soit déjà
bonne.

M. Théodore Jubin est fort instruit et très-capable;
il a beaucoup voyagé et l'a fait avec fruit.

J'ai vu dans ses fermes beaucoup de choux moëlliers

et de choux branchus, de superbes betteraves et de belles carottes.

Il cultive les meilleures variétés de froments anglais, et en vend chaque année pour plusieurs milliers de francs, comme semence.

Son très-beau bétail croisé durham-manceau, s'engraisse facilement et arrive à de grands poids.

Il y a aussi dans ses fermes quelques vaches durham achetées au haras du Pin. J'ai vu chez lui un petit nombre de très-grosses brebis croisées dishley.

Ce que je reproche à mon ami, M. Jubin, c'est de ne pas faire arracher beaucoup de chênes et de têtaux d'ormes énormes; ils gâtent ses champs ainsi que ses grosses haies irrégulières, qui forment de petits enclos; ceux-ci devraient, autant que possible, n'avoir jamais moins de quatre hectares d'étendue. Je regrette qu'il ne fasse pas faire à ses métayers, des colzas, au lieu de jachères mortes.

M. Théodore m'a conduit le lendemain dans la commune de Champigné, connue par une grande foire annuelle, où se vend une immense quantité de fort beau bétail.

A une demi-lieue de là, est une terre de cent onze hectares, avec une bonne habitation de maître, une petite culture de réserve, garnie de fort beau bétail croisé durham et deux métairies fort bien cultivées. Cette propriété vient d'être laissée par testament à onze personnes, dont MM. Jubin font partie. Cette excellente terre est estimée 300,000 fr.

Nous avons visité la plus grande de sa métairie pendant une assez forte pluie. Son étendue est de trente-quatre hectares; la famille du métayer se compose de sa mère, une bonne veuve et de cinq grands et beaux garçons. Pas un d'eux n'est marié. Leur cheptel se compose de quatre chevaux, de quarante belles bêtes croisées durham, veaux compris, de douze grosses brebis

et de cochons en assez grand nombre, dont onze sont à
l'engrais ; tout cela est à moitié perte ou profit. Le propriétaire donnait tous ses menus grains pour aider à
l'engrais des porcs.

Nous avons vu un beau et très-grand champ de choux,
des betteraves, des carottes, des pommes de terre et
beaucoup de navets. Ces Messieurs disaient que le revenu net de cette métairie, était au moins de 80 fr. par
hectare. La seconde ferme a vingt-neuf hectares d'aussi
bonnes terres, elle est louée seulement 50 fr. l'hectare.
Ces terres, au dire des fermiers, donnent de trente-cinq
à quarante hectolitres de froment à l'hectare ; cette excellente petite propriété aurait, je crois, besoin d'être
drainée et d'être débarrassée d'énormes haies, toutes
garnies de beaux chênes et de gros têtaux.

Les terres que j'ai vues entre Angers et Châteauneuf
sur Sarthe, sont en partie très-fertiles et bien cultivées.
On y voit beaucoup de champs de chanvre très-long et
de fort belles céréales ; ce qui m'a frappé, c'est que
souvent ces chanvres étaient semés sur les terres élevées
et non pas en terres d'alluvion. Les petits cultivateurs
de ce pays, qui font des chanvres à moitié, bêchent la
terre, sèment, arrachent et mettent en bottes ; mais ils
ne payent pas la moitié de l'engrais, comme cela a lieu
dans les environs de Blois.

J'ai quitté le chemin de fer à Port-Boulet, d'où un
omnibus m'a conduit à Bourgueil. La ville était pleine
de monde, c'était jour de marché ; j'y ai vu un grand
nombre de cochons gras, peu de bœufs et vaches. J'ai
appris là que les vaches connues sous le nom de Brettes
sur les bords de la Loire, sont des parthenaises.

J'ai pris à Bourgueil un cabriolet qui m'a conduit
chez M. Cail. Mon jeune cocher était fils d'un petit cultivateur ; il travaille habituellement avec son père, mais
il va quelquefois en journées. L'argent est pour lui. Il
m'a paru fort intelligent et connaissant fort bien la pe-

tite culture de ces environs, chanvre, froment et vignes. Il n'est pas marié, mais il a une sœur qui est mariée à un jeune cultivateur. Avec le cheval de son beau-frère il fait aussi quelques charrois, lorsque les travaux des champs sont suspendus.

J'ai dit à mon cocher qui se plaignait de la cherté de location des terres, qu'il y aurait un grand avantage pour de jeunes cultivateurs comme lui à aller louer sur les bords du Cher, de l'Indre, de la Vienne, de la Creuse et autres petites rivières, bordées d'aussi bonnes terres d'alluvion que celles qu'on loue de 3 à 400 fr. l'hectare dans leur pays ; ils pourraient louer dans ces pays au prix de 100 à 150 fr., et y faire d'aussi beau chanvre, y récolter autant de froment et de vin que dans la vallée de la Loire. Il me répondit que si des propriétaires venaient les chercher, pour leur louer de bonnes terres et des logements à des prix raisonnables, ils consentiraient à les accompagner chez eux ; mais il faudrait d'abord leur payer les frais d'un voyage, qui leur permît de s'assurer de la qualité des terres qu'on leur propose, et si elles sont convenables pour leur genre de culture. Dans de telles conditions on trouverait facilement quelques autres jeunes ménages, disposés à les suivre.

En sortant de Bourgueil, notre petite route monta en serpentant pendant fort longtemps et en nous faisant voir un joli pays fort peuplé et bien cultivé ; on y voyait encore des chanvres, quoique la terre fût loin de ressembler à celle de la vallée ; les noyers y étaient très-beaux ; il y a beaucoup de vignes et le vin de Bourgueil a de la réputation en Touraine. Après être arrivés à une vallée tourbeuse, le sol change de nature, il n'est plus calcaire, on y voit encore des travaux d'améliorations remarquables exécutés par de petits cultivateurs, qui transportent à la brouette du sable et autres mau-

vaises terres faute de meilleures, qu'ils enlèvent au coteau dont la pente aride paraissait être des plus infertiles;
on employait cette terre à recharger ces détestables prés
tourbeux, qu'on défriche ensuite en mélangeant le sable
avec la tourbe. On avait ainsi déjà produit un certain
nombre de petits champs ayant fort bonne mine.

Plus loin, le pays devient une espèce de désert de
bruyères entremêlé de bois. Après avoir dépassé de très-
gros châtaigniers, je vis un fort beau château, mais je
n'aperçus rien qui annonçât que le propriétaire s'occu-
pât d'améliorations agricoles. Ensuite je revis des noyers,
ce qui annonçait que la terre était calcaire; nous arrivâmes bientôt, après avoir parcouru vingt kilomètres,
à la grande propriété de la Briche. Cette terre est d'environ mille deux cents hectares presque partout de bonne
et même de très-bonne qualité.

M. et Mme Cail s'y trouvaient avec un jeune homme
d'environ dix-sept ans, leur fils; ils possèdent depuis
plusieurs années cette terre qu'ils agrandissent et arron-
dissent continuellement, par achats ou par échanges.
M. Cail était occupé avec un notaire et plusieurs personnes, d'opérations de ce genre. Il est obligé souvent,
pour s'arrondir ou se débarrasser d'enclaves, de payer
l'hectare de 12 à 1,500 fr.

M. son fils a bien voulu me conduire dans une partie
de ses vastes étables, qui peuvent contenir jusqu'à sept
cents têtes de gros bétail; je les avais visitées déjà plusieurs fois. Depuis ma dernière visite, une distillerie
pour seigle a été ajoutée, afin de pouvoir entretenir un
nombreux bétail avec les résidus de distillation, tant en
hiver qu'en été. On cultive pour cela une très-grande
étendue en betteraves; on a fait faire plusieurs citernes
pour servir à la préparation de la nourriture fermentée
de ce bétail.

Une machine à vapeur, de la force de vingt chevaux,

dessert la machine à battre, le hache-paille, un coupe-racines, le laveur, le brise-tourteaux, un aplatisseur et un moulin à avoine, etc.

M. Cail a remis à neuf l'ancienne maison du régisseur ; il l'occupe lorsqu'il y vient passer quelque temps. Il a fait faire une énorme construction ayant quarante-cinq mètres de longueur sur dix de profondeur ; le rez-de-chaussée est à plus d'un mètre au-dessus du sol ; il sert en partie de logement au régisseur, et à un autre employé, tous de ses parents ; le reste forme des magasins. Aux deux étages supérieurs sont d'immenses greniers ; à droite et à gauche de ce vaste bâtiment, se prolongent deux énormes hangars ou remises. Enfin, une grange de cent dix mètres de longueur sur quarante de largeur, a son pignon percé de trois larges portes ; chacune donne accès à une paire de rails qui vont jusqu'à l'autre pignon. Là s'arrêtent pour le moment, ces immenses constructions.

Des chemins de fer réunissent tous les bâtiments d'exploitation, et pénètrent dans chacune des trois grandes étables.

M. Cail m'a dit qu'il comptait construire des bergeries pour loger quatre cents bêtes à laine.

Il a établi sur cette terre une succursale de la colonie de Mettray ; elle peut loger cent colons, mais elle n'en contient maintenant que quatre-vingts.

Il lui arrivait pendant que j'étais chez lui, un convoi de quarante gros bœufs de race salers ; un de ses cousins avait été les acheter près de Ruffec, où M. Cail possède une autre terre de près de deux cents hectares, sur laquelle il a construit une fort belle habitation, deux immenses étables et une distillerie de betteraves. Cette propriété est dirigée par le père de son régisseur de la Briche.

Je suis heureux lorsque je vois des hommes faire en grand de l'agriculture perfectionnée comme M. Cail ; il

a monté et dirige quatre immenses usines où se fabriquent des machines à vapeur, des appareils à distillation et pour sucreries, etc., etc. L'une de ces usines
est à Paris, la seconde à Valenciennes, la troisième près
de Marseille, enfin la quatrième est à la Martinique. Ces
grands industriels savent dépenser, mais ils savent aussi
compter; ils ne font pas les choses à moitié comme malheureusement cela ne se voit que trop, chez bien des
cultivateurs français.

On moissonnait à la Briche, où il reste encore une
énorme quantité de beaux froments à couper; de nombreuses charrettes, attelées de quatre bœufs salers ou
parthenais, rentraient les gerbes dont une partie
avait plus de deux mètres de longueur; c'est un froment barbu, à épis très-lourds. M. Cail en emportait
une forte glane pour la montrer à Paris; je fis de même
pour répandre cette belle espèce. Je remis en même
temps à M. Cail une partie des épis recueillis chez
M. Liazard, ou à Grand-Jouan et chez M. Jubin.

La terre de la Briche contient plusieurs très-grands
étangs qui sont en culture; ils sont d'une grande fertilité : on est occupé à drainer les plus humides. Cette
grande amélioration est déjà terminée sur une centaine
d'hectares; M. Cail dit qu'il a encore plus de six cents
hectares à assainir ainsi. M. Cail s'occupe avec beaucoup de suite de cette première des améliorations pour
les terres à sous-sol imperméable.

Il vient de s'adresser au Crédit foncier pour lui demander 160,000 fr. qui seront employés en drainage.
Ce capital payera 4 % d'intérêt et 2 fr. 41 pour amortissement pendant vingt-cinq ans. Le drainage d'un hectare lui coûte en moyenne 200 fr.; il aura donc à payer
12 fr. 82 cent. pour chaque hectare drainé; on assure
qu'une terre drainée donne de trois à cinq hectolitres
de blé de plus que si elle était restée humide. En comptant l'hectolitre de froment à 15 fr., ses frais de culture

et de battage défalqués, ce produit de 46 fr. suffirait el plus pour payer l'intérêt et l'amortissement du capitat employé pour le drainage ; il aura en outre une économie considérable résultant du drainage. Les labours sont plus faciles et on ne perd pas de temps à attendre que la terre soit séchée après la pluie ; on peut ainsi diminuer les attelages dans une ferme bien drainée.

M. Gaté, l'ingénieur draineur du département d'Indre-et-Loire, se trouvait à la Briche en même temps que moi ; il suit avec zèle cette immense opération de drainage que M. Cail a si bien commencé. M. Gaté m'a dit qu'on l'avait beaucoup employé dans ce beau département. Il était présentement occupé du drainage de plus de sept cents hectares, et chargé en outre de faire les études de drainage pour une pareille étendue à peu près. Il a terminé le drainage de cent hectares chez M. Delaville-Leroulx, près Montbazon ; M. Blanchard, au Breuil, près la station de Cinq-Mars, vient aussi de drainer cent hectares ; MM. Pavie et Mercé, en ont fait également beaucoup.

M. Cail a entrepris un immense travail, le creusement d'un canal ayant près de trois mètres de profondeur, sur je crois cinq mètres de largeur. Ce canal entourera deux côtés de ses trois grandes étables ; le sol de bonne qualité qu'on sort de la surface, a 0^m 40 de profondeur dans cet endroit ; le dessous, sur une épaisseur de deux mètres, est un calcaire grossier mélangé de pierres et de marne ; enfin la couche inférieure est une argile compacte. Il a entrepris ce travail pour ne pas manquer d'eau pour sa distillation, comme cela lui est arrivé.

M. et Mme Cail retournaient à Paris après avoir été à Marseille et avoir pris les eaux de Vichy ; ils m'emmenèrent le lendemain jusqu'à Langeais, d'où je comptais aller voir M. Blanchard, qui cultive fort en grand dans ces environs ; mais la pluie m'y fit renoncer, je les quittai donc seulement à Tours, pour me rendre au château de Montchenin, chez mon ami M. Allibert. Je l'ai trouvé comme d'habitude, très-occupé de sa culture. Il vient de construire une belle grange, moins grande que le hangar-grange de Grand-Jouan; elle lui a coûté 13,000 fr., tandis que le hangar de Grand-Jouan a été construit pour 3,000 fr.

Il avait construit précédemment un très-beau bâtiment pour loger ses chevaux, bœufs et vaches; il terminera l'année prochaine cette grande et belle ferme, par une grande bergerie et une porcherie.

L'ancienne maison de ferme a été remise à neuf et bien distribuée.

M. Allibert veut avoir un beau troupeau croisé southdown et mérinos. Il vient d'acheter cent quinze brebis métisses mérinos, à joindre à cinquante et une brebis croisées southdown et berry, et à soixante-cinq brebis berry; il a quatre-vingt-dix-neuf moutons; ses trois béliers southdown sont venus de chez M. Hutchison, de Peterhead, près Aberdeen (Écosse). Il a en outre un bélier cotswold coûtant 200 fr. venu de chez M. Lane, près Cirencester. C'est un des deux éleveurs de cette forte race, qui remportent le plus souvent les premiers prix. Le troupeau de M. Allibert n'est encore qu'à son début.

Le reste du cheptel se compose de sept chevaux de culture, de deux chevaux de luxe, huit bœufs, huit vaches et des cochons.

J'ai conseillé à M. Allibert de suivre l'exemple de M. de Nathuzins, grand propriétaire au château de Hundisburg, à sept lieues de Magdeburg, que je regarde comme un des meilleurs cultivateurs de toute l'Allemagne. Il a donné d'abord des béliers anglais à longue laine, et de grande taille, aux brebis mérinos; puis aux antenaises de ce premier croisement il a donné des béliers southdown de Jonas Webb; enfin c'est dans

le produit de ce dernier croisement qu'il prend ses reproducteurs mâles et femelles. M. de Nathuzins a plus
de quatre mille bêtes à laine depuis longues années ; il
a fait beaucoup d'expériences et il assure que c'est ce
troupeau, trois fois croisé, qui lui donne le plus d'argent ; il excepte, bien entendu, les troupeaux qui fournissent des reproducteurs recherchés.

Nous sommes allés faire une visite à M. Delaville-
Leroulx, au château de la Guéritaude. Il faisait couper
un beau champ de froment par une moissonneuse de
Manny, fabriquée par la maison Roberts de Paris. Cette
maison en a raccourci la scie, ce qui fait qu'on ne
coupe que deux hectares par jour. Les chevaux ne
marchent pas vite et la machine ne prend qu'une petite
largeur de grain à la fois ; le deuxième homme chargé
de former les javelles n'avait pas plus d'ouvrage qu'il
n'en pouvait bien faire, et ses javelles n'étaient pas
trop emmêlées.

Nous avons remarqué une bonne charrue américaine sans avant-train ne coûtant que 40 fr. ; la charrue
Howard, sa voisine, fort bien faite chez M. Trousseau,
au Plessis-Saint-Antoine, près Mettray, non loin de
Tours, coûte 140 fr. M. Trousseau, excellent agriculteur, fabrique encore une bonne charrue peu chère,
ainsi que bien d'autres instruments parfaitement établis.

M. Delaville-Leroulx a une machine à battre locomobile bien faite, avec manége pour quatre chevaux ;
elle a été fabriquée par le sieur Besnard, maréchal à
Saint-Branchs, même canton ; elle bat une cinquantaine d'hectolitres de froment par jour, et ne coûte que
750 fr. J'ai remarqué aussi dans cette ferme une faneuse et un rateau à cheval.

Une des étables contient une demi-douzaine de fort
belles vaches durham, dont trois ont été importées
d'Angleterre, les autres en sont venues dans le ventre
de leurs mères. Deux fort beaux taureaux de même

race ont été achetés au haras du Pin ; ils font le saut
à raison de 10 fr. Enfin, il y avait quatre autres taureaux durham âgés de quinze à vingt mois, et un veau
mâle, qui attendent des amateurs ; on m'en a laissé
choisir un bien écussonné qui est devenu très-beau
chez M. Lupin, à Lorois : il a coûté 800 fr. Une autre
étable renferme deux vaches hollandaises, deux vaches
croisées durham et fribourg, enfin quelques génisses
durham et d'autres de divers croisements. Le troupeau
mérinos de race pure avait été croisé, il y a deux ans,
par des béliers southdown, achetés, ainsi qu'une douzaine de brebis, lors de la vente du beau et nombreux
troupeau de M. Pioche, près Paris. Il en est résulté
deux cents agneaux croisés southdown-mérinos. Nous
avons aperçu une grande étendue de betteraves. M. Delaville-Leroulx cultive quatre cents hectares dans cette
terre. Il a créé en 1822, sur une très-grande étendue
de bruyères situées entre Loches et Sainte-Maure, plusieurs fermes, dont une contenait une maison de maître ; il cultive encore cette dernière ferme, d'environ
deux cents hectares de bonnes terres ; il l'a baptisée du
nom de Kerleroulx, sa famille étant bretonne.

Nous avons vu à la Guéritaude des soldats, tirés de
la garnison de Tours, occupés à la moisson ; on en est
fort content ; ils sont nourris, ont une bouteille de vin
et 1 fr. 25 par jour. M. Delaville-Leroulx avait prié
le colonel de ne lui envoyer que des fils de cultivateurs.

Le lendemain, M. Allibert me conduisit chez un de
ses voisins, M. Révérand, qui est Tourangeau ; il cultive à la manière du pays, mais en soignant très-bien
ses cent hectares d'excellentes terres ; la luzerne y vient
admirablement. M. Révérand, depuis dix ans qu'il cultive, a certainement triplé le rendement de cette propriété ; son froment produit habituellement de vingt-
huit à trente hectol., mais il n'a pas encore abandonné

la jachère morte qui, bien soignée, coûte beaucoup. Cette excellente terre, assez facile à labourer, n'a pas besoin d'être drainée; elle a d'excellente marne à trois ou quatre pieds de profondeur; par la jachère morte on perd une récolte qui devrait être d'un grand produit.

Voici son assolement : trente hectares en jachère morte, trente en froment, six en colza semé à la volée, autant en betteraves et pommes de terre; le reste est en avoine, trèfle, vesces et luzernes.

M. Révérand a planté en vignes deux hectares de ses plus mauvaises terres, c'est-à-dire dans celles où la marne est moins recouverte de terre; il a séparé les lignes par $1^m,33$ et regrette de ne les avoir pas mises à deux mètres; il leur met des échalas au lieu de fil de fer, comme M. Allibert: cela rend la culture à la charrue plus difficile.

M. Révérand a déjà battu tout son froment, mais il n'est pas complétement nettoyé, n'ayant passé qu'une fois dans le tarare déboureur de Villecoq; ce fabricant fait, je crois, les meilleurs tarares français. Il demeure à Meaux.

M. Révérand emploie un homme qui lui a été envoyé par un de ses amis de Vendôme, à passer ses froments au crible; ce travail coûte 10 centimes l'hectolitre; il y reste cependant un peu de nielle et de vesces que le cylindre de Pernollet eût enlevé; il a pris chez M. Allibert du froment bleu dont il est très-content, il a acheté chez M. Allibert, l'année dernière et celle-ci, chaque fois trois jeunes cochons tout noirs qu'on connaît dans ces environs sous le nom de Berskshires perfectionnés; ils sont très-gros et gras; ceux tués, âgés d'un an, l'année dernière, pesaient cent cinquante kilos, viande nette. M. Révérand nous a dit que leur chair était meilleure que celle des porcs du pays. Nous avons remarqué que M. Révérand n'a pas conservé de haies;

selon lui, si elles rendent service en abritant les récoltes contre les mauvais vents, elles font plus de mal que de bien, en usant la terre dans leur voisinage, en attirant les oiseaux, les fouines, les souris, et en laissant exister dans leur sein des chardons et autres mauvaises herbes, dont les graines se répandent dans les champs.

Il nous a dit que les fermes en bonnes terres de ces environs se vendent de 2,000 à 2,500 fr. l'hectare, et les moins bonnes de 1,200 à 1,500 fr.

M. Révérand a depuis plusieurs années une batteuse de Renaud et Lotz, qui fatiguait tellement les quatre chevaux de manége, qu'il s'est décidé à en prendre une chez Besnard de Saint-Branchs; elle bat autant que l'autre, mais les chevaux sont bien moins fatigués.

Nous sommes allés, M. Allibert et moi, à Mettray; nous avons regretté de ne pas trouver M. Demetz, fondateur de cette colonie d'enfants repris de justice. Un des employés supérieurs de cet établissement si utile, et qui sert de modèle à bien d'autres colonies du même genre, nous a fait visiter la maison paternelle; on y loge des jeunes gens réfractaires, dont les familles sont assez riches pour payer une pension mensuelle de 200 fr., sans les accessoires.

On y travaille à les ramener à de meilleurs sentiments et à la soumission, que les enfants doivent à leurs parents; d'excellents professeurs leur font rattraper le temps perdu pour leur instruction.

Chaque élève a un cabinet où il couche et une autre pièce où il se tient et travaille; il y a une bibliothèque dont on leur remet les livres; les élèves ne sortent de leur appartement que pour respirer l'air extérieur, mais ils ne se voient pas les uns les autres et leurs noms ne sont pas connus. C'est un établissement qui sera bien utile aux pères assez malheureux, pour avoir de pareils sujets.

Nous avons été ensuite faire une visite à M. Trousseau, fils du médecin bien connu de ce nom. M. Trousseau a étudié l'agriculture pendant plusieurs années chez un des meilleurs cultivateurs des environs de Paris, M. Pluchet, grand fermier et fabricant de sucre à Trappes, près Versailles; il a ensuite passé une année chez de bons fermiers en Angleterre; maintenant il cultive depuis six ans la terre du Plessis-Saint-Antoine, qu'il a louée pour vingt ans; il occupe un joli château et a quatre fermes dont l'étendue est de quatre cents hectares en bonnes terres calcaires; la luzerne y peut prospérer partout, à l'exception d'une trentaine d'hectares, qui ne sont pas assez profonds et qui porteront du sainfoin.

M. Trousseau prétend que les bêtes à laine ne détériorent pas les luzernes en les pâturant.

Il vient de monter une distillerie qui, sans le moteur, ne coûte que 13,000 fr. M. Champonnois l'a lui a fournie après l'avoir simplifiée et beaucoup perfectionnée; elle doit fabriquer vingt mille kilos par vingt-quatre heures.

M. Trousseau, vendant ses belles pailles à Tours, se sert de la machine de Duvoir, quoiqu'il ait une batteuse à vapeur de Lotz aîné, de Nantes; il vend aussi du foin et ramène des fumiers.

Nous avons admiré une pièce de trente-cinq hectares de fort belles betteraves, exemptes d'herbes; la terre en est très-meuble. Des colons de Mettray dont il n'est qu'à deux kilomètres, déposent la semence par poquets, sarclent après que la houe à cheval a passé, éclaircissent, sarclent encore après la houe à cheval, arrachent, étêtent, chargent et mettent en silos pour 70 fr. par hectare.

Il aura du froment après les betteraves fortement fumées, et recommencera de même; il fera aussi du colza qui cependant ne lui a donné cette année qu'une vingtaine d'hectolitres par hectare.

Il sème tous les ans de la luzerne toute seule ; après une récolte sarclée très-propre, la charrue est suivie par une charrue à sous-sol. Semée ainsi, la luzerne ne manque jamais ; elle produit déjà l'année de la semaille et se trouve en pleine coupe dès la seconde année. Il compte détruire ces luzernes à la fin de la cinquième année.

Ses betteraves reçoivent 30 mille kilos de fumier et six cents kilos de guano, ou des engrais Derrien, Robart, etc.; il emploiera comme supplément au fumier les engrais du commerce qui lui seront les plus profitables.

Il a renoncé à sa belle vacherie et lui préfère un troupeau croisé southdown-berry ; il espère pouvoir nourrir dix bêtes à laine par hectare ; il a quelques béliers venus de chez Jonas Webb, et a l'intention d'employer toujours des béliers southdown.

Les attelages de M. Trousseau sont composés maintenant de douze chevaux et de huit bœufs, une partie de ses terres étant encore entre les mains des fermiers du pays. Il a assisté à Fouilleuse au concours des moissonneuses et faucheuses, il n'a pas cru devoir encore en acheter une ; il a une faneuse et un rateau à cheval ; celui-ci est de Ransome, et M. Trousseau en est très-content.

Il a fait mettre tous ses froments en moyettes couvertes, mais contenant des gerbes ; il n'a pas éprouvé ainsi le moindre mal dans sa récolte. Il est décidé à faire dorénavant toujours des moyettes. Pour faire connaître aux fermiers de ses environs le grand mérite des moyettes couvertes d'une double gerbe, il a laissé les premières moyettes faites sur le champ pour ne les rentrer qu'à la fin de la moisson ; malgré l'année très-pluvieuse, elles n'ont pas souffert.

M. Trousseau a monté, il y a déjà quelques années, une petite fabrique d'instruments aratoires ; il va l'augmenter, car il a bien des commandes, se contentant d'un léger bénéfice.

En revenant à Tours, nous avons vu la maison d'un jardinier, dont toutes les murailles étaient littéralement cachées par les branches de pêchers énormes qui eux-mêmes étaient couverts de fort belles pêches ; cela faisait plaisir à voir.

M. Allibert m'a conduit à la ferme école des Hubeaudières, dirigée par M. Daveluy, excellent cultivateur du département du Nord ; il y a trente élèves logés dans un beau bâtiment construit par M. Daveluy. M. le directeur étant absent, le chef de pratique, qui a fait son éducation dans la ferme-école du département de l'Yonne, nous a fait voir une quarantaine d'hectares de belles betteraves.

Il nous a montré ce qui restait encore sur pied des avoines de printemps, très-belles. Une bonne partie de la ferme-école, qui est fort étendue, est en terres calcaires ayant très-peu de fonds de terre et beaucoup de roches fixes. M. Daveluy a dû y adopter la manière de les cultiver en usage dans le pays ; on les laboure le moins mal possible avec des araires attelés de deux bœufs ; on les sème en orge d'hiver, sans fumure, avec du sainfoin à une coupe ; celui-ci dure deux ou trois ans, donnant de bien faibles récoltes ; on le défriche lorsqu'il n'y a plus de quoi nourrir les bêtes à laine, pour recommencer de nouveau ; je suis persuadé que si on donnait trois cents kilos de guano, en semant l'orge, les trois récoltes suivantes payeraient cette dépense avec un gros intérêt.

La porcherie contient des newleicester, des berkshire et des croisements des deux races ; le tout est fort beau.

Le troupeau est beau et bon ; il est croisé charmoist et berry. On ne donne plus que des béliers provenanc de ce croisement, vraiment excellent ; aussi les fer-

miers des environs y prennent-ils des béliers antenais
à 65 fr. et à 35 fr. des brebis de réforme encore en état
de faire un couple d'agneaux ; cette sous-race, ronde
et bien faite, s'engraisse facilement. Des cultivateurs
voulant monter un troupeau feraient bien d'y acheter
les brebis.

M. Daveluy a vingt-cinq vaches achetées dans le pays
pour avoir du lait en été ; il les engraisse en hiver avec
les résidus de sa distillerie de betteraves et de topinambours ; on se plaint ici de la difficulté d'arracher ce tubercule en hiver, dans une terre trop collante, ce qui
rend le lavage très-difficile.

Je crois que la distillation des topinambours ne peut
être profitable que dans des terres d'un sable calcaire , comme nous en avons vu beaucoup dans notre
excursion d'aujourd'hui ; nous avons parcouru le pays
pendant douze lieues, étant allés par un chemin et revenus par un autre. Nous avons traversé des terres
calcaires, les unes très-bonnes, d'autres mauvaises ; ces
dernières pierreuses et manquant de fonds, mais en
général tout est bien mal cultivé. Les bords de l'Indre
et de l'Indrais sont couverts de bons prés et dans les
bonnes terres on voit de superbes noyers. Le potager
de M. Daveluy, outre l'abondance des légumes, nous a
fait admirer une immense quantité des meilleures poires
et pommes qu'on puisse désirer.

Le 10 août, M. Allibert, toute sa famille et moi, nous
sommes allés à Montbazon. C'est une jolie petite ville,
posée au pied d'une colline couronnée par un ancien
château formant une belle ruine, qui domine la large
vallée de l'Indre ; une immense superficie de prés en
bon fonds, sont gâtés par les retenues d'eau qui forment
les chutes de plusieurs moulins ; ces chutes détruisent
des valeurs bien plus considérables que celles qu'elles
peuvent produire. Nous allions voir le concours du
Comice agricole ; je fus très-étonné de trouver tant

de belles et bonnes choses réunies dans une si petite localité. A commencer par les chevaux, il y en
avait un certain nombre de fort beaux, de voiture ou
de selle ; ils appartenaient à un neveu de M. Delaville-
Leroulx de la Guéritaude, portant le même nom et
habitant un château du voisinage.

M. Dracke, propriétaire d'un château de ces environs, exposait une caisse montée sur roues, destinée à
l'arrosement des prés avec des engrais liquides. Cette
machine était venue d'Angleterre, où elle est très-ré-
pandue chez les bons fermiers.

M. Delaville-Leroulx, de la Guéritaude, exposait
trois taureaux courtes cornes et neuf vaches, dont
six durham et trois croisées durham et suisse ; une
vingtaine de brebis, dont moitié mérinos et moitié
southdown-mérinos, deux cochons anglais blancs très-
beaux et deux gerbes, l'une de froment et l'autre d'a-
voine.

Il exposait encore une faneuse, un rateau à cheval,
une charrue Howard, un rouleau Croskill et un moissonneuse Manny, qui, à volonté, se transforme en faucheuse.

M. Allibert exposait une très-belle génisse de race
cotentine, un énorme bélier cotswold, un autre très-
beau bélier southdown et dix brebis, et autant d'agnelles croisées southdown-berry.

Un monsieur dont j'ai oublié le nom avait envoyé
deux très-gros béliers, que je suppose provenir d'un
croisement lincolnshire et southdown et des brebis provenant de ces béliers et de brebis du Berry.

Les autres bêtes à cornes, à laine ou porcines ne mé-
ritaient pas d'être citées.

Ce qui m'a grandement étonné, c'était de voir dans
un concours de comice agricole, treize machines locomobiles à battre, dont presque tous les manéges étaient
montés sur deux ou quatre roues, et dont plusieurs

m'ont paru être fort bonnes, sans coûter beaucoup plus de 700 fr.

J'ai trouvé là une moissonneuse et une faucheuse du docteur Mazier, et une moissonneuse qui paraissait n'avoir pas encore fait ses preuves ; elle était due à un sieur Petit, de Tours, qui exposait aussi une batteuse montée sur quatre roues, dont le prix était de 1,200 fr., et une plus petite estimée 600 fr.

J'ai remarqué beaucoup de bonnes charrues sans avant-train : celles qui me plurent davantage étaient faites par un maréchal de Montbazon, qui les vend 55 fr. la pièce.

Le sieur Renault-Gouin, fabricant d'instruments aratoires à Sainte-Maure, avait exposé un assez grand nombre de charrues bien faites, dont une à trois usages ; elle formait charrue, buttoir, et houe à cheval, le tout en fer ; le prix de l'ensemble est de 95 fr.

La colonie de Mettray exposait des charrues et des herses imitées de l'anglais.

J'ai vu beaucoup de herses Howard, mais elles n'étaient pas assez solides ; des barattes, des tarares, de petites bascules, plusieurs genres de pressoirs, un certain nombre de charrues vigneronnes, etc. Je suis parti enchanté de ce concours de Comice.

En retournant à Montchenin, nous avons aperçu un champ de lupins à fleurs jaunes, qui malheureusement avait été semé trop tard pour porter graine. Nous avons rencontré aussi dans cette course une charrette pleine de sacs de guano ; on voit avec plaisir de tous côtés, dans le centre de la France, des efforts pour y améliorer la culture.

Après avoir quitté cette bonne et très-aimable famille, je me rendis à Blois, pour aller passer quelque temps au château de la Bâsme, chez ma belle-sœur ; je remarquai entre Blois et Contre, un grand et beau champ de luzerne ; j'avais vu semer ce même champ il y a une

trentaine d'années en pins maritimes, tant le fonds de
sable était maigre et improductif ; ces pins ont amélioré
le sol ; on l'a défriché ; on l'a marné, et fumé ; et maintenant la luzerne qu'on y récolte, permet de nourrir du
bétail, de faire du fumier; avec ce fumier on fertilisera
d'autres parties de cette plaine siliceuse et maigre.
En attendant, les lupins à fleurs jaunes y viendraient très-
bien , tout en fournissant beaucoup de nourriture anti-
cachexique, qui serait si utile aux troupeaux de
Sologne ; ils aideraient bien plus à l'amélioration du
pays ; mais il faut bien du temps et de bons exemples,
pour faire adopter en culture, les meilleures choses.

J'ai lu dans un journal de la localité, que le conseil
général du département de Loir-et-Cher, vient de s'a-
dresser à M. le Ministre de l'Agriculture ; il lui demande de vouloir bien aider la pauvre Sologne, en lui
faisant obtenir le transport à prix réduit de la chaux
sur le chemin de fer d'Orléans à Vierzon, comme pour
le transport de la marne ; cette faveur permettrait aux
propriétaires Solognots de chauler leurs terres, surtout
celles qui sont à plusieurs lieues des stations du chemin
de fer. S'il était possible d'obtenir cette réduction de
tarifs, cela transformerait les pauvres terres ou sables
de la Sologne, en terrains productifs. En changeant de
chevaux à Contre, j'entendis dire à un gendarme, que le
fumier de leurs chevaux était vendu 5 fr. par mois et
par cheval ; à Pont-à-Mousson le fumier du régiment
de cavalerie ne trouve d'acquéreurs qu'à 1 fr. 50
pour le mois, ou à 5 centimes au lieu de 16 1/2 par
vingt-quatre heures. Ce gendarme ajoutait qu'à Saint-
Aignan ses camarades le vendaient 8 fr. par mois, ou
à peu près, la charge d'une charrette à un cheval, en
fumier pur décomposé.

J'ai visité un propriétaire de ces environs, qui cultive
deux cent trente hectares ; il désire trouver un fermier
beauceron, sa culture ne lui étant pas profitable. J'ai

vu dans ses très-grandes étables, beaucoup de génisses achetées à l'entrée de l'hiver, entre l'âge d'un et deux ans; il va les chercher dans les foires du Berry; il ne leur donne pour toute nourriture que de la paille d'avoine ou de froment, tout entière; cela dure jusqu'à l'époque où la récolte des foins a été rentrée. Il les envoie alors dans les prés; vu leur nombre, elles n'y trouvent pas grand chose; il les revend au bout de huit à dix mois, et n'a pour tout bénéfice que le pauvre fumier qu'elles ont fait.

Ce M. devrait faire hacher sa paille, et l'arroser avec de l'eau bouillante, contenant en dissolution au moins un kilo de tourteaux de colza par tête; ses pauvres pensionnaires seraient ainsi en bon état au moment de la vente; elles lui donneraient du bénéfice, et leur fumier vaudrait le double de celui qu'il en obtient, en les laissant à moitié mourir de faim.

Je suis allé le 28 septembre, faire une visite à mon bon compatriote et ami, M. Duquesnois. Il cultive depuis vingt et quelques années, une propriété, qu'il a su rendre charmante et profitable; il vient d'ajouter deux hectares et demi à une assez grande étendue de vignes qu'il avait déjà.

Ayant entendu parler des grandes plantations de vignes faites par M. de Saint-Lary, près Levroux, il est allé le voir pour étudier sa méthode; il est allé aussi visiter le père Denys dont je lui avais parlé et qui demeure au village de Bône, près Montrichard. A la suite de ces deux visites, voici ce qu'il a fait.

Il a planté deux rangs de ceps, en lignes séparées par deux mètres; l'une de ces lignes se trouve à un mètre du bord de la terre. Les ceps sont à un mètre dans les lignes; il a recommencé un autre double rang à dix mètres du premier et ainsi de suite; il continuera cet automne pour finir ce champ qui a cinq hectares quarante ares d'étendue, et il m'a dit que ce qu'il a vu chez les deux personnes que je viens de citer, l'ont déterminé à planter ainsi le reste des terres de sa réserve, qui s'étend sur trente hectares de terres labourables.

Voici comment il s'y est pris, pour planter.

Il a d'abord jalonné les deux hectares et demi à planter ; son meilleur laboureur a tiré une raie, là où devait se trouver la première ligne, et la charrue est revenue dans le même sillon ; après cela il a fait passer, aussi deux fois, une forte charrue à deux versoirs dans ce sillon ; puis il a fait passer une charrue à sous-sol deux fois, afin de fouiller la terre le plus profondément possible ; alors il a fait planter à tous les mètres, une bouture de cep de côt ; il plantera aussi un certain nombre de lignes en gros noir, car les marchands de vin demandent du vin chargé en couleur. C'est M. de Saint-Lary qui lui a fourni les ceps ; il les a pris dans le plant venu de Bordeaux ; il le prétend plus productif que le côt ordinaire. Ses deux hectares cinquante ares plantés comme la première ligne, ne lui ont coûté pour le tout en argent déboursé que 60 fr., y compris les piochages de cet été entre les lignes ; il ne compte bien entendu pas le temps employé par les charrues.

M. Duquesnois fait labourer les deux mètres entre les deux lignes de ceps, sans y rien semer ; mais les planches de dix mètres, sont cultivées en assolement quadriennal ; j'y ai vu de fort belles betteraves ; M. Duquesnois est décidé à vendre les terres cultivées par son métayer, au fur et à mesure qu'il se présentera des amateurs voulant planter des vignes ; les vignerons des environs lui payent jusqu'à 2,600 fr. l'hectare de ces terres dont la qualité argileuse convient au cépage, dit le gros noir ; il les a payées en gros, il y a vingt-cinq ans, moins de 200 fr. l'hectare ; il leur donne un long crédit, dont il payent 5 pour 0/0 d'intérêt ; sa propriété est presque complétement entourée de vignobles ; elle est à deux kilomètres de la ville ; il a encore une soixantaine d'hectares à vendre. M. Duquesnois, et un autre propriétaire de ce pays, m'ont dit que l'oïdium avait fort maltraité diverses parties de ce vignoble, et personne n'a encore essayé le soufrage des vignes ; le vin, dit-on, sera fort mauvais ; on en espère cependant un bon prix. M. Duquesnois a planté, lors de son acquisition, un grand nombre d'arbres fruitiers, qui sont couverts de beaux et bons fruits.

Madame Duquesnois a de belles volailles ; elle élève d'énormes canards métis, venant d'un canard de Barbarie avec des canes ordinaires ; mais pour réussir il faut supprimer les mâles d'espèce barbotière. Elle s'est aperçue cette année, que beaucoup d'œufs de canes sont restés clairs ; une personne entendue en fait de basse-cour, lui a fait remarquer que le canard de Barbarie poursuivait aussi les poules ; il faut alors, ou changer le mâle trop ardent, ou bien le tenir avec les canes, éloigné des poules.

M. de Lesseps, qui construit le canal de la Méditerranée à la mer Rouge, cultive une terre qu'il possède non loin de Vierzon ; il a donné à M. Duquesnois une variété de sorgho qu'il a rapportée d'Egypte ; les panaches ont la forme d'une pomme. M. Duquesnois cultive depuis plusieurs années le sorgho de Chine, et en est très-content comme fourrage ; il le fait consommer à partir du quinze septembre, après l'avoir fait passer par le hache-paille ; cette année humide et froide l'a empêché d'atteindre un aussi grand produit qu'habituellement.

M. Duquesnois achète des vaches à des prix peu élevés lorsqu'il en trouve, pour les engraisser ; à leur défaut il prend des génisses d'un ou deux ans ; il les hiverne et les revend prêtes à vêler ; il double ordinairement ainsi leur prix d'achat. Leur nourriture se compose habituellement, lorsqu'il ne distille pas, de paille hachée ou de balles de grains, mêlées de betteraves ou de pommes de terre atteintes de la maladie; on met cela dans des citernes et on l'arrose avec de l'eau bouillante, dans laquelle on a fait dissoudre des tourteaux de noix ou de colza; cette année les tourteaux de noix ne valent que 12 fr. les cent kilos, ce qui est bien bon marché.

Une grande partie des terres entourant la ville de Saint-Aignan et la commune de Saint-Romain, sont couvertes de vignes; les terres argileuses, ou calcaires, nouvellement plantées, le sont le plus souvent en gros noir.

M. Leroy, propriétaire voisin de la Bâsme, a fait venir de Nantes quinze mille kilos de guano, coûtant pris sur place 32 fr. 50 les cent kilos; il faut ajouter 1 fr. 50 de port jusqu'à Blois, le camionnage compris. Il faut encore ajouter pour le transport de Blois à la Presle, distance de sept lieues, une journée de cinq hommes et de dix chevaux, pour les quinze mille kilos. Il en attend autant pour ses semailles de printemps; cela formera un total de dix mille sept cent soixante fr. dépensés pour achat d'engrais, pour une culture d'environ deux cents hectares. M. Leroy a fumé des trèfles; après les avoir labourés, il a semé de l'escourgeon ou orge d'hiver; il met deux cent cinquante kilos de guano pour ses froments et autant pour ses grains de mars.

Il m'a dit que ses terres sont si détrempées, qu'il ne peut y conduire le fumier qui lui reste; puisque sa fortune le lui permet, il devrait bien drainer toutes ses terres; cette dépense lui payerait un gros intérêt. Nous sommes allés le 28 octobre, deux de mes neveux et moi, faire une visite au marquis de Vibray, au château de Cheverny à trois lieues de Blois. Ce sylviculteur des plus remarquables, a commencé à planter des bois dès l'âge de dix-neuf ans, il y a de cela trente ans; il a bien planté depuis lors un millier d'hectares sur cette terre de Sologne; il a remis e bon état une plus grande étendue encore des anciens bois abîmés par les bestiaux. Une vingtaine de fermiers, qui à l'époque actuelle, ne lui payent encore par hectare que 12 fr. de loyer, y faisaient paître leurs animaux. Ces grands travaux ne l'ont pas empêché d'améliorer aussi une grande forêt qu'il possède dans le Perche; j'ai oublié de lui demander s'il améliorait aussi les vingt et quelques métairies qu'il a en Anjou.

M. de Vibray a dans la terre qu'il habite, environ cent cinquante espèces d'arbres résineux, qu'il a fait venir de tous les pays; dans le nombre se trouvent à peu près toutes les plus nouvelles et les plus rares espèces de pleine terre. Il m'a dit que son intention était de faire connaître les espèces les plus utiles, comme bois de construction, afin de les faire propager de préférence à d'autres.

Voici quelques uns des noms qu'il m'a cités et dont je me ressouviens : le Pinsapo, le Cèdre du Liban, celui de l'Atlas, et celui de l'Hymalaya ou cèdre Deodora; le sapin Douglasii, le Benthamiana, le Lambertiana, les pins Laricios et d'Autriche, le Sequoia gigantea, le Thuia gigantea, et bien d'autres dont les noms me sont échappés. Il a fait faire un très grand nombre de boutures de ces deux derniers; au bout de trois ans elles sont déjà belles; il faut greffer le thuia gigantea sur le thuia ordinaire, très-près de la racine; lorsque la greffe est bien reprise, il la recouvre de terre, ce qui lui fait pousser des racines, alors l'arbre devient franc de pied.

Il fait de même pour le Sequoia gigantea, dont un assez grand nombre, venus de boutures, sont fort beaux; ils ont au bout de trois ans, plus d'un mètre de haut. Celui que j'ai vu en mai 1858 avait alors quatre ans, et un mètre de haut; il a maintenant plus de deux mètres ; sa tige, près de terre, a cinq pouces de diamètre; ses branches et son feuillage sont fort épais. M. de Vibray nous a dit que malheureusement le bois de ce superbe arbre n'était pas de bonne qualité. L'avenue qui conduit du parc à la ferme cultivée par M. de Vibray, est planté en partie en sequoia sempervirens, en deodora, en pins laricios, et en pins d'Autriche. Le marquis a en grand nombre, des thuias gigantea greffés et des pinsapo, qu'on plantera bientôt dans ses bois; ces derniers, dans le parc, ont déjà cinq mètres de hauteur, et m'ont paru être encore plus beaux que les deodoras de même taille.

Nous sommes allés ensuite visiter la ferme dont il a entrepris la culture, il y a moins de cinq ans; nous y avons vu une machine à battre de Cumming, avec son manége à quatre chevaux, dont le prix est de 2,500 fr.; le manége sert aussi à faire marcher un hache-paille, un aplatisseur d'avoine, et un tarare de Vilcoq de Meaux. Il s'y trouve une faneuse, et un rateau à cheval; le marquis attend, pour acheter une moissonneuse, de connaître la meilleure.

Cinq hectares de prés qui touchent la ferme, sont irrigués en automne et au printemps.

Une citerne placée sous le fumier, reçoit les urines qui servent à l'arroser.

Les étables sont garnies d'une quarantaine de bêtes à cornes de tout âge; les vaches sont servies par un taureau cotentin; je préférerais un durham bien écussonné.

Le marquis s'occupe de former des prés dans des parties basses de la ferme, après les avoir drainées; il réunira l'eau de plusieurs sources pour les irriguer.

Il a déjà drainé soixante-dix hectares sur les cent vingt d'étendue de la ferme; il en a déjà marné la plus grande partie à quatre-vingts mètres par hectare; cette marne, de nature argileuse, se trouve au milieu de la ferme; elle convient très-bien à ces terres légères; ces deux très-grandes améliorations, font produire de beaux froments et autres récoltes, même dans quelques parties de la ferme, qui sont de véritables terres de Sologne. Nous avons vu cinq hectares de très-beaux choux branchus de Poitou, des betteraves et des carottes très-grosses sur six hectares; une grande étendue de la ferme est couverte de trèfle ordinaire, de trèfle incarnat des deux espèces, et de lupuline; cette dernière sert de parcours à un troupeau de trois cents bêtes solognotes, qui recevront, un peu plus tard, des béliers southdown.

La porcherie est bien établie; mais elle ne contient encore que de vilains cochons du pays.

Ayant vu quelques hectares de colza semés à la volée, trop épais et par suite peu vigoureux, j'ai dit au marquis qu'il trouverait chez M. Bodin, à la ferme école des Trois-Croix près Rennes, où existe une grande fabrique d'instruments et machines agricoles, employant cent vingt ouvriers, un excellent semoir à un cheval pour 120 fr.; ce semoir a le grand mérite de permettre d'éloigner ou de rapprocher les lignes à volonté; j'ai ajouté, que ses colzas semés en lignes auraient une épaisseur convenable, pourraient être sarclés, et produiraient beaucoup plus, tout en laissant une terre nette de mauvaises herbes.

M. Leroy, propriétaire à la Presle, vient de vendre une quantité considérable de peupliers du Canada qui bordaient ses champs, ses chemins, et le ruisseau qui traverse ses prés qui sont en terres excellentes. Quoique dans de si excellentes conditions, ces arbres qui ont de trente à trente-six ans, ne se sont vendus pour la plus grande partie, que 15 fr., et les meilleurs de 20 à 30 fr.; ils ont servi à embellir le pays, mais ils ont fait du tort aux champs, pour bien plus qu'on ne les vend.

Je suis allé de chez ma belle-sœur, au château de Chissay, chez le comte de Baillon, gendre de ma femme,

qui s'y trouvait. Nous avons été faire une visite
au comte de Marolles, au château d'Ayguevive ; il a défriché beaucoup de bruyères, et d'une partie de la bruyère
défrichée il a fait une ferme, après les avoir cultivées
pendant quelques années, pour y mettre son maître
valet, comme métayer. Cet homme n'avait que peu
d'argent, produit de ses économies ; mais ses enfants
pouvaient l'aider dans sa culture. M. de Marolles lui remit la ferme tout emblavée et garnie d'un cheptel vif et mort convenable ; la métairie n'est composée que
de trente-deux hectares, et M. de Marolles en retire en
moyenne plus de 3,000 fr. net de tous frais.

Il cultive lui-même une réserve sur laquelle il nourrit ses chevaux de luxe, et une quinzaine de bêtes
à cornes, les veaux compris ; parmi ces bêtes figurent un
taureau et deux vaches de la grande et belle race garon-
naise ; les vaches labourent car les terres ne sont pas
fortes ; elles vont avoir bientôt pour les aider deux
génisses qu'elles ont élevées ; elles remplaceront deux
bœufs qu'on va engraisser.

J'ai vu de fort beau maïs fourrage, des choux branchus, d'énormes globes jaunes et des carottes blanches
à collet vert. Les treilles de chasselas sont couvertes de
grappes, mais elles sont moins belles qu'à l'ordinaire.

M. de Marolles avait de très-beaux cochons de race
Essex ; ils sont complétement dégénérés, faute d'avoir
pris les verrats dans une autre famille. Un des parents
de madame de Marolles, qui habite Bordeaux, a fait
revenir l'an dernier des cochons de la même race ; il en
a envoyé à M. de Marolles deux jeunes, qui, à six mois,
sont le double en grosseur des anciens du même âge.

M. de Marolles m'a dit qu'il venait de vendre pour
100 fr. la superficie d'une pièce de moins d'un hectare
de petits ajoncs mêlés de bruyères ; les vignerons des
bords du Cher estiment beaucoup ce genre de litière,
destinée à fumer leurs vignes ; cette bruyère avait été

fauchée deux ans auparavant. J'ai fait une visite à M. le curé de Thenay près Pont-Levoy ; il m'a conduit dans l'église qu'il vient de reconstruire presqu'entièrement à neuf ; il n'avait conservé que le maître-autel placé sous l'ancien clocher.

L'église est voûtée en pierres tendres de Bourrée ; elle est assez grande pour contenir les mille cent habitants de cette commune ; elle a coûté 17,000 fr. Les bancs que le curé a payés sur sa modeste fortune, ont coûté 5,000 fr. ; le Chemin de la croix du prix de 800 fr., a été payé par une souscription, que les jeunes gens du village ont mise en train, et que les parents ont complétée ; le gouvernement a fourni 3,000 fr, les 14,000 fr. seront payés par des centimes additionnels.

M. le curé cultive des terres qu'il possède ; il a pour cela, deux petits chevaux bretons ; son laboureur, depuis longtemps à son service, conduit si bien cette culture, qu'il n'est pas obligé de s'en occuper beaucoup.

J'ai vu dans sa petite basse-cour, trois vaches, deux élèves ; il a deux béliers et une demi-douzaine de belles brebis de race charmoise ; il trouve facilement 100 fr. de ses béliers à l'âge d'un an ; il a une chèvre et de gros cochons anglais.

Cette petite culture, bien soignée, sert d'exemple à ses paroissiens ; elle permet à M. le curé de faire travailler les plus pauvres gens du village, et elle l'a mis à même, dans des années de cherté, de faire des soupes économiques pour les plus misérables.

Je me suis rendu de chez ce bon prêtre, chez un de ses voisins, M. Févet, au Roger, même commune.

Ce bon cultivateur, qui est des environs de Lille, est en même temps un industriel fort capable ; il a un étang traversé par un ruisseau, qui fait tourner deux paires de meules ; il a monté une distillerie de seigle et orge, qui produit une pipe ou sept hectolitres d'alcool par vingt-quatre heures. Enfin il rectifie les flegmes que produit M. Thauvin, propriétaire-cultivateur, qui vient de monter une distillerie de betteraves à Pont-Levoy.

M. Févet a dans ce moment cent quinze bœufs ou vaches à l'engrais; il peut compter sur une moyenne de cent têtes pendant toute l'année. L'immense quantité de fumier qu'il produit sert à fertiliser soixante-dix hectares de terre, qui reçoivent tous les deux ans, quarante mille kilos de fumier par hectare; moitié de ses terres est en froment ou en seigle, moitié en prairies artificielles et un peu en caméline.

M. Févet prend des bêtes en pension à raison de 1 fr. ou 1 fr. 25, suivant leur taille; il achète autant que possible des taureaux, que les fermiers vendent vers l'âge de trois ans; à leur défaut il prend, de préférence, des vaches bon marché; il a des marchands attitrés qui lui fournissent ces bêtes, ainsi que des blâtiers qui lui amènent les grains.

Il achète vers la Saint-Jean des bœufs limousins qui font ses travaux, mais ils ne travaillent jamais plus d'une demi journée; ils sont mis à l'engrais lorsque les travaux de culture sont terminés, il n'en conserve que quatre pour conduire les purins dans les champs, ou bien dans un grand verger gazonné, où les vaches achetées, qui ont du lait, vont pâturer.

M. Févet m'a dit, après que je lui eus fait compliment sur la qualité et sur la couleur jaune de son beurre, que les vaches paissant des herbages en terres élevées et saines, donnent de bon beurre, bien coloré; et que les mêmes vaches, mises dans des pâtures basses et froides, donnent alors du beurre blanc, et bien moins bon.

M. Févet, en me faisant visiter son verger, m'a dit qu'il faisait arroser avec du purin, ses jeunes arbres fruitiers. Je lui ai demandé pourquoi le verger contenait plus de pruniers que d'autres arbres, il m'a dit qu'il faisait beaucoup de pruneaux, pour la vente. Je lui conseillai alors, de planter de préférence des golden

drop, qui donnent des fruits excellents à manger ;
M. André Leroy, grand pépiniériste, qui a environ cent
trente hectares en pépinières, dit que le golden drop
donne les meilleurs pruneaux connus.

Les pruniers d'Agen ou Robesergents, sont ceux qui
donnent les pruneaux les plus estimés jusqu'à présent,
mais leurs prunes ne sont pas très-bonnes à manger ;
elles ont le mérite dans le centre de la France, chez des
personnes que je connais, d'avoir donné des prunes tous
les ans depuis une vingtaine d'années, tandis que plusieurs autres espèces de pruniers plantés à côté des pruniers d'Agen, restaient souvent sans produire.

M. Févet m'a montré dans ses étables plusieurs taureaux ayant du sang durham ; il m'a dit que ces bêtes
grandissaient, tout en s'engraissant facilement, tandis
que les taureaux du pays ne grandissaient pas, et pre-
naient la graisse lentement et même difficilement.

Il a planté dix hectares en vignes, peu d'années après
son arrivée dans ce pays : il a fait venir alors des boutures de ceps prises en Médoc ; c'était en grande partie du
côt et du cabernet sauvignon ; il est si content de ce
dernier, qu'il ne plantera plus que ce cépage ; son mérite est de donner plus de vin que le côt.

Ce cépage pousse chez lui avec une extrême vigueur
dans une terre remplie de cailloux et de pierres non
calcaires ; le sous-sol est une mauvaise espèce d'argile,
de couleur blanchâtre ; il demande à être taillé en verges, comme le côt ; sa végétation est de quinze jours
plus tardive que celle du côt, ce qui lui évite souvent
d'être gelé au printemps ; ses yeux sont petits, comparés
à ceux du côt qui sont assez proéminents ; ce qui fait
que celui-ci a beaucoup souffert de la gelée l'hiver
dernier, tandis que le cabernet sauvignon n'en a pas été
atteint ; enfin son vin est aussi coloré et aussi bon que
celui du côt, qui est le meilleur des bords du Cher.

On peut se procurer des boutures de cabernet sauvignon chez M. Févet; il ne les vend pas cher.

Il a aussi fait venir des bords du Rhin des boutures du Risling, qu'on dit produire les meilleurs vins du Rhin. Il en a planté une petite étendue et en a fait trois pièces l'an dernier; ce vin m'a paru très-bon.

M. Févet a une nombreuse et belle famille; sa fille aînée, sortie récemment du couvent de Pont-Levoy où elle a été élevée, aide madame sa mère; deux fils, qui viennent ensuite, terminent leurs études pour entrer dans le commerce; ils ont été passer deux années dans une pension en Allemagne, pour y apprendre l'allemand et y perfectionner leur instruction; ils sont maintenant dans une école de commerce à Manchester; ils y apprennent en même temps l'anglais.

Les trois frères de M. Févet ont fondé une maison de commission; l'un d'eux est à Paris, un autre à Manchester, et le troisième à New-York; ses fils entreront dans la maison de leurs oncles; un autre de ses fils est au collége de Pont-Levoy.

En quittant M. Févet, je suis allé à la Charmoise où je n'ai trouvé ni M., ni Mme Malingié.

J'ai vu dans les étables une douzaine de petites vaches du Morbihan; la meilleure donne dix litres de lait; les autres en donnent de cinq à six.

Une belle truie midlessex était avec ses petits, dans la cour. Etant allé dans une des bergeries, elle était vide. J'ai vu des tiges de topinambours dans les rateliers, les feuilles en avaient été noircies par des gelées blanches, mais les tiges étaient encore vertes; on m'a assuré que les bêtes mangeaient le tout.

Je suis allé faire ma visite annuelle au père Maigny. C'est un excellent cultivateur; après s'être marié et avoir payé les frais de sa noce, il n'avait que 5 fr. de reste pour toute fortune, à part le lit que sa femme lui apportait en dot, il y a de cela une trentaine d'années; eh bien, ces braves gens, qui n'ont eu qu'une fille, qui de même n'a qu'un enfant âgé de huit ans, ont si bien travaillé, si bien économisé, qu'ils ont bien une vingtaine de mille fr. en propriétés.

Le père Maigny m'a dit qu'il venait de récolter sur cent quatre ares de vignes, vingt pièces de mauvais vin peu coloré; mais il espérait cependant en tirer 100 fr. par pièce de deux cent cinquante litres.

Son gendre est tonnelier et gagne de 4 à 5 fr. par jour, à faire des futailles dont le prix est maintenant de 10 à 11 fr.; la plupart des petits propriétaires de vignes sont en ce moment obligés d'acheter des futailles, car ils ont plus de vin qu'ils n'en espéraient.

J'ai fait la connaissance de ce brave homme, il y a bien sept ans; j'avais remarqué qu'il cultivait mieux que ses voisins; il est très-soigneux, et lorsqu'en revenant de mes voyages, je lui rapporte quelques épis des meilleurs froments que j'ai appris à connaître, ou bien de bonnes espèces de pommes de terre, je suis assuré qu'il les multipliera et qu'il en fera part à ses voisins. Il a eu le chagrin de voir tout cela détruit par la fameuse inondation de 1856. Cela ne l'a pas empêché de recommencer, depuis, à multiplier ce que je lui rapporte de loin; ensuite il choisit ce qu'il y a de mieux. Je lui ai fait cadeau il y a quelques années d'un demi sac de guano, pour le lui faire connaître; depuis lors, lui et ses voisins en font venir.

Je suis parti de Chissay pour la Lorraine pour aller voir ma fille qui y est mariée. Je me suis arrêté à la station de Vitry la Ville, pour visiter près de là, un excellent cultivateur champenois, M. Ponsard, au château d'Aumé.

M. Ponsard est président du Comice de Châlons sur Marne; il a commencé à améliorer sa propriété il y a quinze ans. La partie de cette terre qui borde la Marne est des plus fertiles, mais l'autre partie est sur le plateau crayeux de la Champagne. Ces terres situées à portée des villages et bien fumées depuis longtemps, donnent de fort bonnes récoltes de froment, de luzerne, et de trèfle ; en général tout ce qu'on y fume bien, y prospère, mais les terres loin des habitations, qui sont situées habituellement dans les vallées, le long des petits cours d'eau, ne produisent que fort peu ou sont même abandonnées au parcours des moutons.

M. Ponsard, lorsqu'il a hérité de sa propriété, a acheté de ces terres abandonnées, à 50 et 80 fr. l'hectare; mais elles sont devenues de plus en plus chères, à mesure qu'on a vu qu'il savait en tirer un bon parti. Voici comme il s'y prenait pour les rendre productives ; il leur donnait une jachère complète des plus soignées, les fumait à cent mètres, ou avec trois mille kilos de tourteaux de colza; il y semait de l'orge avec de la luzerne, si l'année avait été pluvieuse, et si par suite la terre n'était pas devenue assez propre, il y semait des betteraves, afin d'achever de la rendre très-propre; ensuite il y semait une céréale et de la luzerne, il labourait celle-ci au bout de cinq ans, y mettait une avoine après laquelle il fumait fortement, et semait du froment, et puis du trèfle; ces terres achetées à de si bas prix, arrivent au bout d'une dizaine d'années de bonne culture à se vendre de 12 à 1,800 fr., suivant leur position. Les terres anciennement améliorées et peu éloignées des villages, se payent de 3 à 4 mille fr. et même au-delà.

M. Ponsard a acheté il y a quelques années une étendue dépassant quatre cents hectares, situés à deux lieues d'une grande commune nommée la Chaussée, où se trouvait anciennement la poste aux chevaux. Cette propriété était couverte de pins sylvestres, dont les plus vieux avaient vingt-quatre ans de plantation ; il n'a payé cette terre que 200 fr. l'hectare; depuis lors il a pu y ajouter encore trois cent cinquante hectares de terres en friches, payées de 2 à 300 fr. l'hectare.

Il a construit depuis deux ans, une fort belle ferme, qui contient une jolie maison pour un futur cultivateur; il y a placé un ancien maître valet qui est nourri, et gagne, avec sa femme, 600 fr. Ils sont chargés de diriger et de nourrir les autres domestiques : la ferme est de deux cent cinquante hectares de terres crayeuses. L'attelage est composé de six bons chevaux; un taureau durham, six vaches croisées et des élèves se trouvent dans les étables; les bergeries contiennent quatre cents métis mérinos; des cochons à l'engrais complètent le commencement du cheptel.

M. Ponsard a fait creuser deux puits qui ont trente-cinq mètres de profondeur; dans le premier il a mis une excellente pompe qui fournit beaucoup d'eau, mais comme la pompe pourrait se déranger, il a fait mettre dans le second puits deux énormes seaux dont le fond a une soupape qui permet de les remplir facilement; lorsqu'un seau est arrivé à hauteur, il se vide de lui-même dans un conduit, amenant l'eau dans l'abreuvoir; un homme seul peut faire le service, mais il ne peut pas fournir autant d'eau qu'avec la pompe dans le même espace de temps.

J'ai vu comme essai un petit champ de betteraves et de choux assez bien venus, il va semer des sainfoins avec deux mille kilos de tourteaux par hectare, et il espère pouvoir y nourrir six cents bêtes à laine.

M. Ponsard a une bonne machine à battre, qui ne lui coûte, le manége à quatre chevaux compris, que 1,200 fr. Il se sert d'une charrue champenoise à deux socs, attelée d'un cheval, pour peler les chaumes après moisson; il fait ainsi un hectare par jour. M. Ponsard prétend, comme tous les cultivateurs de cette partie de la Champagne, que les terrains crayeux ne doivent être labourés que très-superficiellement; je l'ai fortement engagé à se rendre sur la commune de Boult-sur-Suippe, près la seconde station de Reims à Sedan. MM. les frères Saint-Denys, les grands planteurs d'arbres résineux en terres de craie, lui feront voir de fort belles récoltes venues sur des terres crayeuses labourées profondément ; cela leur réussit tellement bien, que tous les cultivateurs à plusieurs lieues à la ronde autour d'eux ont renoncé à la culture superficielle. J'ai vu dans la ferme de nouvelle création de M. Ponsard, qu'il a baptisée du nom de Sans-Souci, un rouleau Croskill, plusieurs scarificateurs et autres bons instruments. M. Ponsard y a fait cet été une bonne récolte de seigle, il a eu trois hectares de bons froments, et vient d'en semer encore trois hectares ainsi que quarante-cinq hectares de seigle. Il a mis, il y a déjà longtemps, dans sa ferme d'Aumé, son ancien maître valet comme métayer ; il lui avait donné une certaine étendue de prés et de bétail, dont cet homme jouissait seul ; mais il partageait avec le propriétaire, les céréales, les colzas et les racines, car M. Ponsard avait son bétail à part, mais dont le fumier restait à la métairie.

M. Ponsard a dans son étable particulière, dix bêtes de race durham pure, le taureau, les vaches et élèves compris, autant de vaches et élèves croisés durham et ayrshire ; il avait des ayrshire purs, mais il s'en est dégoûté, comme beaucoup d'autres cultivateurs de ma connaissance ; il vend les veaux croisés à la boucherie. Les mâles durham à l'âge de deux à trois mois, sont vendus de 2 à 300 fr. ; une partie de ses vaches arrivées à l'âge adulte, sont très-belles, et en même temps bonnes laitières.

M. Ponsard a de très-beaux cochons anglais, et d'énormes oies de Toulouse, dont il donne des œufs à ses voisins, pour les répandre dans le pays.

Il s'est créé par des croisemens entre les plus belles espèces de poules, une variété de poules assez grosses, basses sur jambes, bonnes pondeuses, donnant de gros œufs, et couvant bien.

J'ai parlé à M. Ponsard de la manière de cultiver la vigne du père Denys de Bône, et de l'excellent cépage qu'il cultive, le côt; il m'a dit qu'il en ferait venir des boutures, et essayerait ce genre de viticulture, si productif et en même temps si économique.

Il a demandé et obtenu un percheron pour la station d'étalons de Châlons sur Marne; il lui envoie ses juments de labour.

M. Ponsard paye ses laboureurs 400 fr. et les journaliers de 2 à 3 fr. suivant l'époque.

Il m'a conduit chez mon neveu, M. de Lesseville, qui a récemment fait l'acquisition d'une charmante habitation toute neuve avec une dizaine d'hectares de prés, les jardins compris, sur les bords de la Marne; il a en outre une pièce de terre crayeuse, d'environ vingt-six hectares, joignant la route de Châlons à Vitry-le-Français; mais il faut une demi-heure pour arriver de chez lui au commencement de ses cultures qui sont sur le plateau; c'est un immense inconvénient, surtout lorsqu'il s'agit d'y monter le fumier, et même d'y envoyer deux fois par jour ses attelages; aussi M. Edouard de Lesseville a-t-il l'intention d'y construire au moins une écurie et une bergerie, afin d'y loger les chevaux lorsqu'ils devront y être employés, et pour y avoir un troupeau qui lui donnera du bon fumier tout transporté. J'ai vu dans ses étables de jolies vaches, qui feront de beaux élèves avec les taureaux durham de M. Ponsard; il a quatre excellents chevaux percherons fort bien harnachés, une bonne machine à battre avec manége à deux chevaux, qui fait tourner un laveur de racines, un hache-paille, un aplatisseur, et le coupe-racines; il met en mouvement la pompe, et pourra encore faire tourner une paire de petites meules, pour moudre.

Mon neveu m'a conduit chez son oncle le marquis

de Lesseville, dont le château n'est qu'à six kilomètres de Soulanges; cette belle propriété possède un grand parc traversé par une jolie rivière à truites, qui fait tourner un moulin contenant aussi une machine à battre, qui bat pour le public; les arbres du parc, chênes, hêtres, épicéas et frênes, sont d'une grande beauté; ce sol d'alluvion calcaire est frais et convient parfaitement à l'arboriculture. Le marquis, qui cultive une réserve, a de fort belles vaches croisées durham-cotentin; il a planté une grande étendue de terres en pins sylvestres.

La ferme de cent quatre-vingt-cinq hectares, est louée à 50 fr. l'hectare. Ici a fini mon voyage agricole de 1860.

SECONDE PARTIE.

Courses agricoles exécutées pendant l'année 1861.

Le 18 juillet je suis parti de Pont-à-Mousson, où je suis venu me fixer chez ma fille, pour aller faire une visite à mon cousin M. de Scitivaux, au château de Remicurt, près de Nancy; ses récoltes sont fort belles, ses prés fort étendus et bien irrigués, promettent des regains abondants; il vient de construire une très-belle étable, garnie de bonnes vaches et élèves; elles sont cependant bien inférieures aux superbes bêtes, que je voyais dans mes précédentes visites, il y a, de cela, quelques années; cette différence est le résultat de la pleuropneumonie, qui lui a enlevé bon nombre de ses plus belles bêtes durham, ou croisées à plusieurs générations; six mois après avoir bien nettoyé et avoir blanchi à la chaux son étable, il a cru pouvoir la regarnir avec de nouvelles vaches; mais elles furent bientôt atteintes de cette terrible maladie, qui lui a fait perdre encore beaucoup d'animaux ; il a été cruellement puni de son incrédulité dans l'excellence de la découverte du docteur Willems de Hasselt en Belgique. Le docteur Willems a rendu un immense service, en faisant connaître sans aucune rétribution, qu'un peu de pus pris dans le poumon malade d'un animal qu'on abat dans le second degré de la pleuropneumonie exsudative, et inséré au bout de la queue des animaux, prévient l'invasion de la maladie presque sans nul danger pour les bêtes inoculées.

M. de Scitivaux donne depuis plusieurs années à ses brebis dislheys mérinos, des béliers d'Alfort : il est fort content de leurs produits.

Mon cousin continue toujours à élever beaucoup de chevaux, il en a en ce moment plus de cinquante têtes. Comme il avait du monde à déjeuner, nous n'avons pu visiter son haras, ni ses champs ; je fus obligé de le quitter, pour prendre ma place à la diligence de Moyenvic, à trois heures. J'ai trouvé très-soignée la petite culture des environs de Nancy. La culture du tabac a été nouvellement accordée aux environs de Nancy, Pont-à-Mousson et Metz ; je n'y ai aperçu encore que des petits champs de tabac, mais les feuilles en étaient fort grandes.

Je suivais pour la première fois la route de Nancy à Moyenvic, je vis avec plaisir que les terres de cette partie de la Lorraine étaient très-fertiles ; les froments y paraissaient meilleurs que ceux que je venais de voir dans la charmante vallée de Pont-à-Mousson à Nancy. Le pays que j'eus à parcourir l'après-midi, n'est pas beau, on y voit assez fréquemment des bois ; nous avons traversé une terre paraissant considérable, plantée d'arbres et de haies, celles-ci sont bien taillées ; on m'a dit qu'elles étaient à M. Thouvenel, oncle du ministre des affaires étrangères. On voit maintenant en Lorraine

un plus grand nombre de houblonnières que précédemment.

Je quittai, à Vic, la grande diligence contenant dix-
huit places, toutes remplies ; cette voiture ne va cependant qu'à Dieuze, ville de Salines ; à 10 kilomètres
plus loin, elle passe par Marsal, petite place fortifiée.

Je me rendais à Salival, ancien couvent partagé en
trois grandes fermes, lorsque M. Pargon, il y a quinze
ans, en devint le fermier. Il était âgé de trente-cinq ans.
Il n'avait que 45 mille fr. de capital, ce qui est bien
peu, pour prendre à ferme trois cent trente hectares ; dix étaient en vignes et quarante en prés en grande partie marécageux. Il paye 45 fr. de l'hectare, ou
16 mille fr. du tout ; il a encore huit ans de bail et a
l'intention de renouveler, si son fils unique désire le
remplacer un jour.

Les bâtimens de ferme sont très-considérables, il
faudrait y dépenser beaucoup pour les remettre en bon
état, quoique M. Pargon y ait déjà employé bien de
l'argent.

La bergerie, faite pour sept cents bêtes sans y comprendre les agneaux, est fort belle. Les bêtes y sont
partagées en trois lots ; le premier a été formé avec des
brebis métis-mérinos auxquelles on a donné des
béliers anglo-mérinos d'Alfort ; le second lot vient d'un
croisement southdown-mérinos, et le troisième, contient
les moutons à l'engrais, provenant des deux autres troupeaux ; ces derniers sont gras et prêts à être
vendus, ils sont à peu près égaux pour la taille, ils vont
encore en pâture, mais reçoivent des tourteaux et
du fourrage vert à la bergerie. M. Pargon achète tous
les tourteaux de pavots qu'il trouve dans le pays, pour
les mêler aux tourteaux de colzas.

M. Pargon a pris ses béliers southdown dans les bergeries de Fouilleuse et de Vincennes.

Il a parfaitement arrangé plusieurs grandes étables;

les planchers sont faits d'une espèce d'asphalte ; ce sont des escarbilles sortant des cendres de la machine à vapeur, mêlées avec de la chaux et du goudron de gaz; on y a imprimé, en les établissant, des rainures transversales ayant une pente qui favorise l'écoulement des urines ; en même temps ces rainures empêchent les pieds des animaux de glisser.

Les étables contiennent plusieurs taureaux, dont M. Pargon ne compte conserver que les durham, après avoir essayé, comparativement avec eux, des taureaux des races fémeline, du Glâne, de Hollande, et de la Lorraine allemande, connue sous le nom de bêtes de Bouquenôme; les vaches de cette dernière espèce, sont fort jolies, et il les estime. Il donne depuis quelque temps, un beau taureau durham, venu de la vacherie impériale du Pin, à toutes ses vaches, parmi lesquelles il y en a deux de race pure durham venues aussi du Pin.

M. Pargon élève tous les veaux, en les laissant en liberté dans les étables; ils têtent quand ils ont faim ou soif, je l'avais déjà vu faire avec succès chez MM. Salvat, près Blois, et Bonnement, près Auray en Bretagne. Il fait castrer les mâles croisés pour les vendre gras, vers l'âge de trois ans , il trouve cette méthode plus profitable, que de commencer à les faire travailler au même âge, tout en ne leur demandant que peu d'efforts. Au lieu de cela ses attelages de bœufs sont achetés entre les âges de quatre et cinq ans; il peut alors leur demander un bon travail, ce qui est nécessaire dans ses terres fortes et souvent en pentes rapides; elles exigent six bœufs à la charrue et huit pour monter les fumiers sur les plateaux fort élevés; c'est un des grands inconvénients de cette ferme, qui se trouve ainsi forcée d'avoir jusqu'à soixante-dix bêtes de trait, dont une quarantaine de chevaux et le reste en bœufs; ce serait le cas où une charrue à vapeur de Fowler rendrait un service immense, en réduisant de moitié les bêtes de trait, qu'on transformerait en bêtes à l'engrais. Une bonne partie de ces derniers sont engraissés en hiver.

M. Pargon a un étalon percheron, par suite il est bien monté en chevaux. Il en a perdu un très-grand nombre par deux maladies, dont l'une était le vertigo; aussi n'élève-t-il que pour remplacer les chevaux qui ont fini leur temps.

Ses vacheries contiennent près de cent têtes, les veaux compris.

J'ai vu de très-beaux froments parmi lesquels il y en avait plusieurs hectares de celui connu sous le nom de froment géant de la Trehonnais.

Il cultive une très-grande étendue de lentilles, qui sont achetées jusqu'à 30 fr. l'hectolitre, par une maison de Nancy; on pense qu'elles sont destinées aux manufactures de chocolat. M. Pargon m'a dit que les pailles de lentilles donnent une bonne et abondante nourriture. La culture des lentilles est assez répandue en Lorraine. Il cultive vingt-quatre hectares en betteraves pour sa distillerie, qui est d'un nouveau système, celui de Kesler; M. Pargon en est très-satisfait.

M. Pargon cultive une variété de globes jaunes pour sa distillation, le produit en est tellement supérieur à celui des betteraves de Silésie, qu'il obtient beaucoup plus d'alcool d'un hectare de globes, que de la même étendue en betteraves à sucre; cependant ces dernières donnent 1 p. 100 de plus en alcool; les résidus de distillerie si utiles pour la nourriture du bétail, sont presque le double, dans une récolte de globes jaunes, de ce que produisent les silésies venues sur pareille étendue. J'ai été étonné que la culture des betteraves se fît à la journée chez M. Pargon.

Il a de fort belles luzernières, et a transformé ses prairies marécageuses en bons prés, depuis qu'il les a drainées, et qu'il peut les irriguer en automne et au printemps. M. Pargon a dix hectares de vignes dans sa ferme, il en a déjà replanté à peu près moitié, et continue cette amélioration, quoique son bail n'ait plus que huit ans de durée; ses vignes sont parfaitement tenues, ce qui se voit rarement pour des vignes louées.

Il a établi sur sa ferme dix familles qui cultivent chacune un hectare de vignes, et aident dans les travaux de culture de la ferme. Il a entre trente et quarante domestiques à l'année, et trouve dans les communes qui l'environnent à environ deux kilomètres de distance, les tâcherons et gens de journée dont il a besoin.

Il est bien outillé; une machine à vapeur fait fonctionner la machine à battre, la distillerie, le hache-paille, le coupe-racines, le brise-tourteaux, le laveur, et les autres machines de ce genre.

Les vignes de Salival sont bien exposées; elles sont plantées en partie en pineau de Bourgogne, et le reste en gamet de Liverdun; il m'a dit qu'un assez grand nombre de personnes viennent lui acheter du vin; il leur laisse le choix entre les deux espèces, et souvent elles prennent de préférence du gamet. Le vin de gamet de 1858 que j'ai goûté chez lui m'a paru fort bon. Son vin de 1859 se vend 25 fr. les quarante litres. Il m'a conduit dans son pressoir et ses celliers qui sont énormes, et remplis de foudres pouvant contenir une immense quantité de vin; on voit bien en visitant ces lieux qu'ils ont appartenu jadis à une riche abbaye.

M. Pargon m'a dit qu'il était décidé à visiter le premier concours agricole de la Société royale d'agriculture d'Angleterre, ainsi que plusieurs fermes ayant la charrue à vapeur; il est persuadé que cette machine lui rendrait d'immenses services dans ses terres fortes, et surtout si elle peut labourer des terres à pentes raides. Mme Pargon voit les travaux et même les essais de son mari avec plaisir; loin de le retenir, elle l'encourage à faire les dépenses qu'il juge devoir être utiles et profitables ; elle a pleine confiance en son jugement. J'ai vu chez lui une faneuse et un rateau à cheval.

J'ai été enchanté de voir un couple si capable et si actif, ils réussissent à merveille, car le dernier inventaire, annonce que le capital apporté dans la ferme, il y a quinze ans, est à peu près sextuplé. En les quittant, je me disais que M. Pargon devait remporter la prime d'honneur, malgré un assez grand nombre de fort bons cultivateurs, qui me sont connus pour être de redoutables compétiteurs.

Je suis parti de chez moi le vingt août, et me suis arrêté à Vitry-la-Ville, pour aller passer deux jours avec M. Ponsard, au château d'Aumé ; il m'a fait voir les tristes effets d'un terrible ouragan, qui a abîmé ses deux propriétés séparées cependant par une dizaine de kilomètres. La grêle, chassée par la tempête, a écorché du haut en bas, les jeunes pommiers plantés sur les digues dont il a entouré douze hectares de prés pour les mettre à l'abri des inondations intempestives de la Marne ; l'ouragan lui a brisé ou renversé une grande quantité de peupliers de tout âge ; on pourra faire des planches avec les plus gros, mais tous les jeunes ne feront que du mauvais bois de feu. Les quatre cents hectares plantés, il y a une vingtaine d'années, en pins sylvestres, ont tellement souffert, qu'il faudra en faire des cotrets et des fagots, qui se vendront mal par suite de la grande quantité d'autres pins mis dans le même état.

M. Ponsard a eu sur ses deux terres soixante hectares de seigle, et vingt hectares de froment, complétement détruits ; les avoines et les orges ont été détruites aussi : mais étant peu avancées, elles ont repoussé et sont très-belles, mais elles ne donneront que peu de grains ; toutes les premières coupes de ses prairies artificielles ont été également détruites.

Après avoir vu une partie de ces désastres, nous

sommes venus admirer sa très-belle vacherie; elle contient deux taureaux et huit vaches durham, et un taureau et sept vaches ayrshire; M. Ponsard a près de cinquante têtes de bêtes bovines, veaux compris; voilà une couple d'années que le comice agricole de Thionville lui achète à 200 ou 300 fr. pièce par an, trois jeunes taureaux durham âgés de quelques mois; ils sont donnés en primes aux meilleurs fermiers de l'arrondissement; il serait bien à désirer que beaucoup d'autres comices voulussent imiter ces bons exemples.

M. Ponsard m'a fait voir une vache durham qui donne, après vélage, pendant trois mois, vingt litres, et une autre qui à son premier veau en donne douze litres. Ses vaches ayrshire sont bonnes laitières; mais elles me paraissent trop grandes et trop lourdes, pour ne pas me laisser supposer qu'elles ont du sang durham.

Il a quatre fort belles et grandes truies anglaises, il en vend à 20 fr. les porcelets âgés de six semaines.

J'ai vu dans le hangar aux instruments, deux faucheuses et moissonneuses de Wood, un rouleau Croskill, un gros rouleau en pierre pour rouler ses prés, une faneuse et un rateau à cheval venus d'Angleterre, et un rateau à cheval américain dont le prix est de 50 fr.

M. Ponsard a sept cent soixante-dix bêtes à laine métis-mérinos; il a aussi des dishleys-mérinos. Son berger a 600 fr. et logé, est chauffé; mais il n'est pas nourri; il a des bénéfices sur les agneaux, béliers, et bêtes vendues grasses.

M. Ponsard a loué l'an dernier pour dix-huit ans et pour servir à sa nouvelle ferme, dix hectares de prés; ils sont bordés par un ruisseau, qui les inondait en hiver et les couvrait de glaces, et venait en outre souvent envaser les foins; il a drainé les prés et les a mis à l'abri des inondations au moyen d'une petite digue; ils lui coûtent annuellement 1,200 fr., il les a disposés pour les irriguer par submersion.

Les domestiques d'Aumé gagnent, le jardinier 400 fr. et nourri, la cuisinière 250 fr., les laboureurs 300 fr., les filles de cuisine et de basse-cour 200 fr.

Pour faucher et faner les prés, le prix est de 18 fr. et deux bouteilles de vin par homme; pour les prairies artificielles, 12 fr., pour le moissonneur à la faux, lier et mettre en douzaines, 16 fr., et deux bouteilles par homme.

Le beau-frère de M. Ponsard, M. Georges, est fixé à Châlons; il est propriétaire de vignes à Pierrie et fait du vin de Champagne; je l'ai trouvé bon à 3 fr. 25, et excellent à 4 fr. Il m'a dit que pour avoir de bons ouvriers, on était maintenant forcé de les prendre au mois, ce qui coûte 60 fr. et deux bouteilles de vin par jour; il ajoute qu'on perdait à donner les vignes à la tâche, car alors cette culture est mal faite.

Il m'a dit qu'il y avait quatre-vingt-dix mille ceps par hectare, aux vignes à vin de Champagne. Les ceps sont taillés très-court et tenus près de terre. M. Georges pense que c'est pour cela que l'oïdium n'attaque pas les vignobles de Champagne.

Il dit aussi qu'il faut fumer les vignes, mais pas trop fort; M. Georges met de la craie dans les terres argilo-siliceuses.

Il m'a dit qu'il fait un genre de vin à part, pour la Russie, ils ne le veulent pas fort, afin de pouvoir en boire davantage; mais la Russie a énormément diminué ses commandes, depuis l'émancipation des serfs.

Je me suis dirigé de là, sur la Motte-Beuvron. J'allais voir M. Lecouteux, au château de Cercey; il m'a dit que M. Pichelin, fabricant d'engrais à la Motte, lui fournit du phosphate natif, bien pulvérisé, à 7 fr. les cent kilos rendus à la station du chemin de fer, qui n'est qu'à trois kilomètres de son habitation. Il l'emploie à raison de cinq cents kilos par hectare sur ses défrichements de bruyères ; il a obtenu l'an dernier pour une dépense d'engrais de 35 fr. vingt-cinq hectolitres de seigle, et cette année 23 qu'il a vendus 15 fr. l'hectolitre. Sa paille, sortant de la machine à battre de Gérard de Vierzon, est vendue 50 fr. les mille kilos prise chez lui ; il en a récolté deux mille cinq cents kilos par hectare en moyenne.

Le produit brut d'un hectare de seigle est donc de 485 fr. la paille comprise, et le phosphate de chaux, en guise d'engrais, ne lui a coûté que 35 fr. par hectare ; tandis que le noir de M. Pichelin, qu'il employait avec les mêmes résultats, lui revenait à 13 fr. l'hectolitre ; il en mettait de quatre à cinq hectolitres, comptons-en quatre, ce qui lui faisait la somme de 52 fr.

Le noir de M. Pichelin est composé de noir de fabriques de sucre, pulvérisé fin, et mélangé avec du sang des abattoirs d'Orléans et de Vierzon ; il pèse de quatre-vingt-huit à quatre-vingt-douze kilos, l'hectolitre.

M. Lecouteux achète du guano qui lui revient à la gare de La Motte à 38 fr. les cent kilos, en en prenant un wagon entier ; il sert à suppléer le fumier, dans les anciennes terres.

Son cheptel se compose de quatre chevaux, seize bœufs et huit cents moutons ; ceux-ci ne reçoivent à la bergerie que de la paille et ce qu'ils trouvent dans les champs, quelque temps qu'il fasse. Ils sont renouvelés deux fois par an ; ils lui produisent l'engrais et 8,000 fr. par an. La terre de Cercey s'étend sur cinq cents cinquante hectares ; deux cent cinquante sont en bois, cent étaient en terres et deux cents en bonne bruyère, dont cinquante restent à défricher ; six bœufs attelés à une charrue Dombasle renforcée labourent jusqu'à quarante ares de bruyère lorsque le rayage a mille cinq cents mètres de longueur.

M. Lecouteux n'a cette année que douze hectares

d'avoine d'hiver ; dix-huit hectares de cette céréale ont été tellement maltraités par les gelées de l'hiver, qu'il a été forcé de les labourer ; il les a resemés en avoines de printemps , mais celles-ci ne produisent guère que trente hectolitres, tandis que celles d'hiver en donnent au moins dix de plus ; il les a vendues dix fr. l'hectolitre.

Il paye la marne 2 fr. 50 le mètre cube pris à deux kilomètres de chez lui ; il en met quarante mètres. Lorsqu'il chaule, ce qu'il fait sur les terres les plus éloignées de la station, il met cinquante hectolitres de chaux, payée 1 fr. 50 au four à chaux de La Motte.

M. Lecouteux fume autant d'hectares de ses vieilles terres qu'il peut, à raison de quatre-vingts mètres, après avoir marné ou chaulé ; il y sème vingt kilos de graine de luzerne et vingt-cinq de raygrass d'Italie ; lorsqu'il sème celui-ci seul, il met soixante kilos de semence, payée à Paris cinquante centimes. Il sème vingt-cinq kilos de thimoty seul, par hectare, il le paye 1 fr. 50. Je lui ai dit que ces deux plantes fournissent énormément de graines, on sème la seconde dans les plus mauvais sables de Prusse ; elle n'y donne que fort peu de fourrage, mais beaucoup de semence. Le thimoty ne se sème que dans les trèfles qui doivent durer deux ans, car il ne produit bien que dans la seconde année ; il se plait dans les sols frais et humides.

Voici l'assolement projeté par M. Lecouteux ; 1re année jachère dont les parties qui ne sont pas sales, sont semées en navets, colzas, devant être pâturés par les moutons, et trèfle incarnat ; ces plantes reçoivent sur terre défrichée, cinq cents kilos de phosphate natif, coûtant 35 fr. ; il est remplacé dans les bruyères défrichées depuis cinq ans, ou dans les vieilles terres, par du fumier ou par du guano. 2me année, céréales d'hiver, seigle ou froment ; il y sème au printemps un mélange composé de trèfles de diverses espèces, ray-grass d'Italie, d'Angleterre, lupuline, dactyle, fétuque ovine, etc.; cet herbage dure trois ans, la première année il est fauché, les autres années, il est pâturé par le troupeau. 6me avoine d'hiver.

M. Lecouteux compte défricher aussi des bois abîmés par le pâturage; quand cette opération sera faite, il aura en culture trois cent cinquante hectares dont cinquante en terres basses et avoisinant le ruisseau, seront mis en prés; deux cent cinquante seront soumis à l'assolement ci-dessus indiqué, et le reste, traité en culture intensive.

Il a cinquante hectares semés en pins, à partir de trois ans jusqu'à vingt-cinq ans.

Voici le produit des pins suivant les différents âges : on les éclaircit à 8 ans, ce qui produit si la levée a été bonne, trois mille bourrées valant 3 fr. le cent; mais il faut en déduire 2 fr. de façon; à l'âge de dix ans ils donnent trois cordes de charbon à 6 fr. et six cents bourrées à 3 fr. ; à douze ans, six cordes et mille bourrées; à quinze ans, deux cents cotrets à 28 fr. le cent moins 8 fr. 50 de façon, et trois cents bourrées; à dix-huit ans, quatre cents cotrets et cinq cents bourrées; à vingt-cinq ans, mille six cents cotrets et mille six cents bourrées.

Il est fort heureux pour la Sologne de posséder un cultivateur aussi instruit et aussi capable, qui se rend compte de tout ce qu'il fait, et qui donne de si bons exemples.

Je me suis rendu, du château de Cercey, à Bois-d'Habert, près de Lignières, département du Cher, chez mes bons amis MM. Durand. Ils viennent de former un nouveau domaine en ajoutant 26 hectares de terre et des prés, à une locature occupée par un de leurs anciens laboureurs, qui cultivait avec deux jolies petites vaches; ils ont construit à côté de la locature une grange, dont le rez-de-chaussé forme outre la batterie, une bouverie, une vacherie, et une bergerie; ils ont fourni à ce brave homme, quatre bœufs, deux jeunes bœufs bons à être liés au joug, six vaches et autant d'élèves, enfin soixante moutons; il est à moitié perte et profit et se trouve enchanté d'être métayer. Ces messieurs remettent un domaine qu'ils faisaient valoir, à l'ancien chef de culture de cette ferme, qui devient aussi leur métayer; il leur reste une culture de soixante hectares, auxquels ils vont joindre des bruyères à mesure qu'ils les défricheront.

Leurs quatre métayers comprennent depuis quelques années comme tous ceux de ces environs, que la chaux améliore singulièrement leurs terres; aussi voit-on de tous côtés de petits fours à chaux; les petits propriétaires ou locaturiers qui cultivent, font de la chaux même sans fours.

Une sécheresse extrême, a duré dans ce pays cinquante-cinq jours de suite au printemps, on est maintenant le 5 septembre, et il y a plus de deux mois que la terre n'a pas été trempée; de telles conditions ont bien diminué les récoltes habituelles qu'on fait ici, on n'a guère rentré que moitié des foins qu'on a obtenus l'an dernier; cette année la moyenne du froment est chez eux de vingt hectolitres, l'année dernière elle a été de vingt-huit. Leurs récoltes sarclées ne sont pas mal, et les pommes de terre n'ont pas eu à souffrir de la maladie.

Heureusement que des sources peu éloignées de leur habitation, ont résisté à cette terrible sécheresse; elles abreuvent tout le voisinage.

La paille hachée, arrosée d'une décoction de racines et de tubercules, qui contiendra aussi du tourteau, suppléera à la rareté du foin; les bruyères fauchées, remplaceront la paille pour litière.

Leurs métayers défrichent à la charrue pendant la mauvaise saison, des pâtureaux dont MM. Durand ont fait arracher le bois ; ils consentent volontiers à payer moitié du noir animal qu'on y met comme fumure ; ils sont tenus par bail à faire au moins un hectare de bet— teraves, et ces MM. leur donnent 50 fr. par hectare, si la récolte a été bien soignée et bien sarclée.

M. Gohin, habitant de Paris, a acheté, il y a quelques années, une terre en fort mauvais état ; il y a construit une charmante habitation, et y fait, dit-on, de grandes améliorations et embellissements. Ce monsieur vient d'acheter la terre de Lômois d'une contenance de trois cents hectares, pour 300,000 fr. ; elle est louée 14,000 fr., car les terres sont fertiles ; il s'y trouve un moulin et beaucoup de prés.

M. Gohin a aussi acquis près de là, pour 80,000 fr., une ferme mal bâtie, et contenant cent hectares. Il y a construit une grande et belle ferme et un moulin, et il la fait valoir, quoique habitant à plusieurs lieues de distance.

Nous sommes allés visiter un brave homme nommé Duprix ; je vais chez lui chaque fois que je viens dans ce pays, aimant à voir de petits propriétaires, intelligents et actifs, s'occuper d'améliorer leur bien, en s'éloignant d'une sotte routine.

Duprix a acheté, il y a sept ans, une locature, avec treize ou quatorze hectares de terres qui ne sont pas mauvaises, et ne sont pas trop sablonneuses. Il a payé cela 2,000 fr. à une pauvre veuve qui avait laissé tout dépérir, faute d'argent. Les bâtimens ne valaient pas grand chose ; mais ayant été brûlés, Duprix les a reconstruits, et il les augmente peu à peu ; il vient de terminer une bergerie pour une quarantaine de brebis et agneaux, où logent aussi une ânesse et son ânon ; cette bergerie est faite de poteaux entrelacés de gaules flexibles, qu'il a garnis d'un torchis de glaise mêlée de paille hachée ; le tout est recouvert de bruyères ; son petit cheptel se compose, en outre, de deux bœufs, deux vaches, une génisse, un veau, et un cochon : ces bêtes vont pâturer sur un communal voisin, lorsqu'il est obligé de ménager le fourrage récolté par une année comme celle-ci.

Duprix ayant remarqué que mes amis chaulaient leurs terres avec succès, voulut aussi faire de la chaux, il y a de cela cinq ans; il n'est qu'à une lieue de terres calcaires, pleines de pierres; sa propriété est près de la route de Linières à Saint-Amand ; beaucoup de charretiers conduisent de la mine de fer des environs de la première de ces villes à la seconde, et reviennent à vide; il en a profité pour faire venir du charbon de terre; il va chercher la pierre avec ses bœufs, et nous a dit qu'il lui fallait pour 8 fr. de pierres de rebut, prises dans des carrières, pour produire cent quarante hectolitres de chaux; il la fait dans un trou qu'il a creusé dans un tertre, à peu près comme cela se fait chez M. Bernier, à Argy; l'hectolitre de charbon, ou pour bien dire, d'anthracite, lui coûte 2 fr. 37 1/2 rendu chez lui : il lui en faut pour cuire la fournée, douze hectolitres, ou 28 fr. 50; il dit qu'en ne comptant ni son travail, ni celui de ses bœufs, ses cent quarante hectolitres de chaux lui reviennent à 36 fr. 50 ou 26 centimes l'hectolitre.

Je lui ai demandé combien de temps il fallait pour amener la pierre à chaux d'une fournée; il m'a dit qu'il mettait trois journées pour approcher les douze mètres de pierres nécessaires, pour faire cent quarante hectolitres de chaux, et trois journées pour enfourner, et autant pour défourner; il lui faut une voiture de fagots de bruyères pour allumer son four, qui brûle pendant deux semaines; il met bien encore trois journées à le surveiller. Les fours de M. Bernier terminent leur cuisson en sept jours. En comptant les journées de Duprix à 2 fr. cela fait 24 fr.; trois journées de deux bœufs à 6 fr. font 18 fr.; 36 fr. 50 d'anthracite et pierres; deux

journées pour faucher et faire les fagots de bruyère ;
total de la dépense pour avoir cent quarante hectolitres
de chaux, 82 fr. 50 ou 59 centimes par hectolitre ; celle
de M. Bernier lui revient à 63 centimes, mais il est loin
de Montluçon. Duprix met cent trente hectolitres de
chaux par hectare. Il en avait conduit nouvellement
dans un champ, nous avons pu nous y assurer, qu'elle
était bien cuite, et sans ce qu'on nomme des pigeons
ou pierres non cuites. Duprix n'a plus qu'un hectare et
demi à chauler.

Il a entouré toute sa propriété, qui est d'un tenant,
ou à peu près, de fossés ; là où ne se trouvaient point de
haies, il a planté les ados des fossés en arbres fruitiers
ou forestiers. Il emploie tout l'argent qui lui reste au bout
de l'année, en améliorations.

Il avait une vigne avant d'acheter sa propriété ; il a
hérité de 5,000 fr., qui ont servi à payer un taillis
coûtant 1,800 fr. et un pré de 3,000 fr. ; il estime avoir
employé sur son bien pour environ 3,000 fr. d'argent
gagné, pour se monter en bétail, et faire ses améliorations. Il s'est creusé un puits qui n'a que dix pieds de
profondeur, et qui a, malgré la sécheresse de l'année,
conservé assez d'eau pour fournir sa maison et celle de
son voisin.

Duprix était occupé, lorsque nous sommes arrivés
chez lui, à faire sécher au soleil du trèfle pour semence,
qu'il bat au fléau ; deux de ses filles en détachaient les
têtes, pour pouvoir les piler, afin d'en faire sortir la
graine.

Son pré acheté seulement de l'an dernier n'est pas
encore amélioré, et ne lui a donné que peu de foin ;
mais cet ajouté, lui permettra d'hiverner son bétail
dans de meilleures conditions ; il a fait avec les branches des tétaux d'ormes qui sont dans ses haies, des
feuillards pour ses agneaux. Sa grange n'a pas pu contenir toute sa récolte, il a une assez forte meule d'avoi-

ne, bien couverte; Duprix a une bonne charrue sans avant-train, façon Dombasle, pas trop forte pour deux bœufs de quatre ans, elle ne coûte que 30 fr., une bonne herse en fer, une autre en bois, une charrette dont les ridelles sont garnies d'osier, ce qui permet de charger de la terre ou du sable.

Sa fille aînée est en service, et la plus jeune n'a que seize ans; il lui faudrait un gendre, bon ouvrier, pour l'aider dans ses travaux.

J'ai conseillé à Duprix de prier MM. Durand de lui céder un sac de guano, et de l'essayer sur un froment, à raison de deux kilos par are, et sur son pré à raison de quatre kilos, sur la même étendue; car sa culture est beaucoup trop grande pour le fumier qu'il peut obtenir de son bétail : il m'a promis de le faire.

Messieurs Durand m'ont conduit chez M. Augier, qui s'occupe de sa culture avec suite et intérêt; il y a pris goût seulement depuis quelques années. Son bétail, en grande partie de race charolaise, a été fort bien choisi, mais a été payé fort cher; il a tout près d'une grosse bête par hectare, ses terres étant d'une grande fertilité; on peut encore en trouver dans ces environs de semblables à 1,000 fr. l'hectare lorsqu'on ne tient pas à les avoir près d'une commune populeuse, et en les achetant par domaine.

M. Augier a des carrières de belles et grandes pierres de taille, de nature calcaire, à grains très-fins et qui se taillent fort bien; comme il est près d'une station de chemin de fer, il est possible que cette pierre puisse se placer à Paris avec avantage. Il a construit en attendant, trois fours à chaux, pour employer les moellons de ses carrières.

Ces fours lui ont coûté chacun 500 fr. et ne font, par vingt-quatre heures, que trente à quarante hectolitres de chaux, il la vend 1 fr. ; les chaufourniers des environs qui viennent prendre de la pierre chez lui vendent la chaux à 1 fr. 25 l'hectolitre.

M. Augier a acheté une pompe à purin chez Perrot, rue de M. le Prince, près le Panthéon à Paris ; elle lui coûte toute posée, 126 fr. ; à la vérité elle n'a que quatre mètres de tuyaux ; il en est très-content.

M. Augier a fait venir de chez Legendre, de Saint-Jean-d'Angely, un rouleau Croskill de dix-sept disques d'un grand diamètre et pesant mille kilos ; il a coûté, pris à la fabrique, 300 fr. plus 65 fr. de port ; il est monté sur deux roues, qui servent à le transporter aux champs. Son maréchal lui a très-bien copié un rateau à cheval de Howard, qui est bien plus solide que le modèle, ayant été fait avec d'excellent fer du Berry ; il a coûté 140 fr., c'est 40 fr. de moins que l'autre.

J'ai questionné le nommé Jean Doux, ancien laboureur de MM. Durand, il était devenu leur fermier pour une locature, à laquelle avaient été plus tard joints six hectares de terre et un très-petit pré, le tout pour 200 fr. par an ; ces MM. lui avaient fourni une vache, trois ans après il put en acheter une seconde, et c'est alors qu'il leur demanda les six hectares pour les cultiver.

Au moment d'entrer dans la métairie, sa famille se composait de sa femme, une fille âgée de quinze ans, un fils de treize, un de onze, et deux plus jeunes encore ; son cheptel pour les six hectares était, outre les deux jolies vaches qui labourent, de deux génisses d'un an, un veau, un cochon, et trente bêtes à laine ; il ne récoltait, pour tout cela, que mille kilos de foin, n'ayant pu semer du trèfle, faute de fumier et de chaux.

Il m'a dit que pour nourrir son ménage, il lui fallait par mois deux cent soixante litres d'un méteil composé d'un tiers de froment et deux tiers de seigle. Lorsqu'il a commencé son troupeau, il a acheté quinze brebis ayant chacune un agneau pour 180 fr. ; il les a revendues pour 360 fr. ; les toisons pesant chacune sept cent cinquante grammes, avaient été revendues 23 fr.; ce petit troupeau lui avait donné 202 fr. de bénéfice, il l'a remplacé par trente brebis achetées 7 fr. la pièce; ses deux vaches labourent deux fois par jour, mais seulement trois heures par attelée; elles avaient, avec cela, élevé chacune son veau, la première année; il n'a conservé la dernière année, qu'un veau, et la vache dont le veau avait été vendu à un mois, a donné ensuite pendant deux mois neuf litres de lait par jour; une fois les veaux sevrés, ses vaches donnent ensemble de quatre à cinq livres de beurre par semaine; lorsqu'il ne fait ni trop humide, ni trop sec, elles labourent 25 ares par jour.

Il avait un bout de pâtureau rempli d'épines et de quelques têtaux; il l'a défriché, à la pioche d'abord, l'a labouré deux fois avec ses vaches, et y a mis du noir; il a pris aussi du guano pour venir au secours d'un méteil qui avait mauvaise mine; aussi a-t-il récolté la seconde année vingt-quatre hectolitres de méteil sur un hectare et demi, au lieu de douze la première année; il n'espère que quatorze ou quinze hectolitres en 1861, à cause de la grande sécheresse.

Il a été si content de l'effet du noir sur son défrichement, et de celui du guano, qu'il a prié MM. Durand de lui avancer de ces deux engrais, ainsi que de la chaux; il sera content d'en payer la moitié avec l'augmentation des produits.

Sa femme a hérité de 1,200 fr., il a acheté son mobilier, et a 1,500 fr. pour entrer comme métayer chez ces Messieurs.

M. Benoît Durand ayant été à la foire d'Issoudun, y a rencontré un de mes anciens laboureurs, Michel Vanderscheit qui est Luxembourgeois; il est métayer chez Madame Pradet, au château de la Ferté-Reuilly; lorsqu'il a su que j'étais à Bois d'Habert, il est venu m'y voir, il a fait ainsi un voyage de dix-huit lieues; ce brave homme ayant eu beaucoup d'enfants à élever, n'avait pu faire d'épargnes; comme on le savait très bon cultivateur et honnête homme, M. Pradet l'a pris comme métayer, et lui a tout avancé, maintenant il est à son aise ; il a mis son dernier fils en pension à Issoudun, ce qui lui coûte 5 ou 600 fr. par an. J'ai été bien reconnaissant à ce brave homme, de s'être dérangé de ses affaires et de n'avoir pas reculé devant la dépense, pour me témoigner son attachement.

J'ai enfin pris congé de mes bons amis, et l'un d'eux m'a conduit chez M. Auclerc, à Bruère, près de Saint-Amand-Montrond ; cet habile et persévérant agriculteur, cultive et améliore ses propriétés depuis plus de trente ans. Il a un magnifique bétail durham, qu'il a commencé à former d'abord par croisement. En 1835 il a acheté au haras du Pin un beau taureau durham, puis il a envoyé M. son fils, bon connaisseur en bétail, chercher en 1856 en Angleterre, deux vaches prises chez un des fameux éleveurs, M. Tanqueray ; le prix de ces deux vaches a dépassé 6,000 fr. Un fait des plus remarquables est d'avoir amené six métairies du Berry, à lui donner un revenu de 25 à 30 mille fr ; leur étendue peut former de soixante à quatre-vingts hectares chacune ; les produits ne dépassaient guères 800 à 1,200 fr. ; tous ses métayers berrichons ont un bétail croisé durham, se servent de béliers charmoises, et de verrats anglais ; ils ont des oies de Toulouse et des poules de Crèvecœur ; chaque domaine a deux juments poulinnières et des élèves produits par de bons étalons.

Les bons exemples que M. Auclerc donne depuis si longtemps, ont fini par être imités par un grand nombre de propriétaires qui ont aussi travaillé à améliorer leurs métairies.

Les vaches de M. Auclerc dont les mères étaient principalement des charolaises, très-peu laitières, sont arrivées par le croisement durham à donner beaucoup de lait ; les vaches les moins bonnes, donnent à nouveau lait une douzaine de litres et les meilleures arrivent à plus de vingt litres; mais elles sont bien nourries; elles mangent en été des tiges de maïs, en automne de la moutarde blanche et du sorgho de Chine et cela en abondance; en hiver elles ont des navets, des betteraves et du tourteau, on obtient ainsi de bon fumier; et avec des suppléments de guano, on a, même dans des terres caillouteuses et sablonneuses, de très-belles récoltes en tout genre; la ferme que cultive M. Auclerc contient au moins moitié de cette sorte de terre.

M. Auclerc vend des taureaux de pur sang de 1,000 à 2,000 fr.; ses taureaux croisés n'ayant que du sang durham, mais ne pouvant figurer sur le Herdboock, sont vendus de 6 à 800 fr.; ceux-ci peuvent fort bien convenir à des cultivateurs qui veulent croiser.

Il cultive, comme MM. Durand et Augier, des pommes de terre Chardon et en est très-content. Il a une grande carrière de pierres de taille, de nature calcaire; elle est louée de la manière suivante : les entrepreneurs lui payent 40 fr. par an pour chaque ouvrier qu'ils emploient dans la carrière. Il vient des noyers énormes et très-hauts, sur les terres peu profondes couvrant des carrières qui ont jusqu'à quinze mètres de profondeur.

M. Auclerc paye maintenant, fin septembre, les ouvriers, 1 fr. 50; les laboureurs gagnent de 150 à 300 fr., et les servantes 80 fr.

Le fils unique de M. Auclerc était absent; il marche sur les traces de son père.

Je suis allé, de Bruères, chez Messieurs Lalouel de Sourdeval, dans la très-fertile terre de Laverdine; ils viennent d'orner cette propriété d'un magnifique château situé au milieu d'un beau parc; il est à quatre kilomètres de la station de Néronde entre Bourges et Nevers; l'étendue de la terre est d'environ neuf cents hectares, composés de cent quinze en prés, cent trente-cinq en bois, et six cent cinquante en terres labourables, dont une partie considérable sont des étangs desséchés.

M. de Sourdeval, le père, a acheté cette terre en 1840 : mais il ne vint l'habiter qu'en 1848 ; ces Messieurs ont si bien fait, que le revenu primitif de 25,000 fr. est presque quintuplé ; ils ont trouvé les bâtiments d'une grande sucrerie qui n'avait pas réussi ; ils y ont remonté une nouvelle sucrerie d'après les meilleurs procédés ; le prix d'établissement en est d'environ 200,000 fr., y compris une distillerie ; ces usines leur permettent de nourrir un cheptel très-considérable, composé de vaches charolaises et de race bretonne, qui reçoivent des taureaux durham ; ils ont encore huit cents bêtes à laine, provenant du croisement de béliers cotswold avec brebis du Berry ; une partie du troupeau a reçu deux fois du sang cotswold ; le reste des bêtes a pris des béliers cotswold-berry ; ces Messieurs ont aussi un bélier southdown, pour comparer les résultats de ces divers croisements. Enfin, M. de Sourdeval a choisi il y a deux ans dans un troupeau du pays trente brebis et un bélier, il a pris de préférence les brebis les moins hautes sur jambes, qui se trouvaient en même temps les plus rondes ; le fermier vendeur a été charmé de ce choix, car ces braves berrichons admirent surtout les troupeaux haut montés. MM. de Sourdeval veulent essayer si la bonne nourriture et la sélection ne leur donneront pas un troupeau aussi productif que leurs bêtes provenant de béliers anglais ; je suis persuadé d'avance que ces Berrichons bien soignés, ne payeront pas aussi bien leur nourriture que les croisés cotswold et surtout que les bêtes qui proviendront du bélier southdown, avec des brebis de demi-sang cotswold et berry. Ce triple croisement donnera de meilleurs marcheurs, qui supporteront aussi mieux la chaleur de nos étés que les demi-sang cotswold.

M. de Nathuzins, un des meilleurs cultivateurs de toute l'Allemagne, a essayé de bien des espèces de bêtes à laine et de bien des croisements; il se loue infiniment de celui en question. Les bêtes demi-sang cotswold-berry, ont produit ici des toisons pesant en moyenne sept livres; elles ont été vendues en 1860, le même prix que les toisons du Berry, c'est-à-dire 1 fr. 40 les cinq cents grammes.

J'ai vu à la bergerie de MM. de Sourdeval, qui occupe seule, une des anciennes fermes, soixante brebis choisies qui ne vont pas en pâture, afin d'être luttées par le plus beau bélier.

Il s'y trouvait un lot de vingt moutons de deux ans, et trente bêtes d'un an, destinés à concourir à Poissy; un autre lot était formé de vingt jeunes béliers, enfin un autre encore se composait de quatorze belles antenaises du triple croisement. Toutes ces bêtes avaient du trèfle dans leurs rateliers; celles destinées au concours, avaient en outre, cinq cents grammes de tourteau de colza et une poignée d'orge. Le berger, que j'ai été rejoindre dans les champs, préfère les bêtes de trois sangs, aux cotswold-berry; il me les désignait pour me les faire admirer. On vend ici des béliers croisés de 100 à 150 fr.

Ces Messieurs ont construit de grands et nombreux hangars, qui servent pour rentrer les grains et les fourrages; ils en sont fort contents.

M. Menton ancien élève et chef de pratique à Grignon, est devenu, depuis cinq ans, leur régisseur; je n'ai pas eu l'occasion de causer avec lui, ce que je regrette; il est nourri et a 2,000 fr. d'appointements. Leur berger est bourguignon; il a 600 fr. de fixe, 50 centimes par agneau arrivé à la Saint-Jean, et enfin 40 fr. pour chaque chien qu'il nourrit.

Ces Messieurs ont fait des canaux très-étendus, larges et profonds, pour écouler l'eau des trois immenses étangs qui existaient du temps de l'ancien propriétaire;

ils ont fait des drainages sur une étendue considérable et je pense qu'il leur en reste encore à faire.

Ils ont construit une grande et belle ferme, occupée par un fermier du pays, qui cultive en partie l'emplacement des étangs; il paye 70 fr. par hectare, et doit leur fournir le produit de cinquante hectares, ensemencés en betteraves; pour les faire bien réussir, il a suivi leur conseil, en faisant venir des environs de Lille, un homme expert en cette culture; ces Messieurs font environ cent hectares de betteraves et payent celles qu'ils achètent, 18 fr. les mille kilos.

Avant d'arriver à Laverdine, je n'ai vu que prés et prairies artificielles, brûlés par le soleil; ici j'ai vu une immense étendue de luzerne qu'on fauchait pour foin, et de grands et beaux champs de trèfle; on en labourait une partie avec de nombreuses charrues attelées de quatre bêtes, qui avaient grand peine à retourner cette terre desséchée; sur d'autres parties du trèfle, on fauchait en vert pour les bêtes à l'étable, ou à la bergerie. J'ai remarqué aussi de très-beau sarrasin mêlé de maïs-fourrage. Un très-grand bâtiment contient une des deux machines à vapeur, qui met en mouvement la distillerie, la machine à battre, une scie rotative, un moulin, enfin toutes les machines servant à préparer la nourriture du bétail.

En quittant Laverdine, je suis allé visiter la colonie pénitentiaire fondée par M. Lucas, inspecteur général des prisons de France; il l'a établie dans un marais tourbeux desséché à moitié, par la société générale de desséchement, qui malheureusement n'a pas réussi et a cessé d'exister.

M. Lucas a fait drainer une bonne partie de ce terrain tourbeux, ayant d'un à deux mètres de profondeur; on y obtient au moyen de fumures, de fort belles récoltes de colzas, de choux énormes, de haricots, de racines, et de citrouilles de bien des variétés; le ray-grass d'Italie y vient à merveille; j'en ai vu une grande étendue dont on avait laissé une partie pour semence; cette excellente plante avait 0^{m}75 de haut; j'ai vu plus loin, environ un hectare de garance dont les fanes étaient des plus vigoureuses. Cet essai date de deux ans; on m'a dit qu'on allait en arracher la moitié, et laisser l'autre une année de plus, afin de voir celle qui produirait le plus de bénéfice; M. Michel, le chef de culture, m'a dit qu'il avait l'intention de la faire faucher pour les vaches; je lui ai dit qu'il ferait bien de n'en faucher que la moitié, afin de vérifier si l'enlèvement de ce fourrage, ne ferait pas perdre aux racines plus que la valeur du fourrage.

On me fit voir plus loin un grand champ partagé en planches : l'une était plantée en haricots ramés, et l'autre en pommes de terre, ce qui m'a semblé une bonne idée.

Le potager est parfaitement dirigé; il est placé sur le bord du marais, dont une partie est ainsi en terrain moins froid. La culture des melons s'y fait en grand, et je crois très-bien; il s'y trouve plusieurs espèces de melons, mais M. Michel préfère aux autres, le cantaloup prescote de deux variétés, la grande et petite espèce; ils étaient chargés de beaux fruits.

Il préfère la culture des melons en buttes à celle en planches, voici sa manière de les former; il commence par tracer un cercle de 0^{m}50 de diamètre, le creuse à la même profondeur, le remplit de fumier qui doit s'élever aussi à 0^{m}50 au-dessus de terre; on couvre le fumier de terre de manière qu'il y en ait au moins 0^{m}15; sur le faite cette butte doit avoir rez terre de 1^{m}50 à 2 mètres de diamètre; après avoir châtré le plant on ne lui laisse que deux branches, dont on supprime les bouts quatre ou cinq fois; cette opération lui fait pousser une quantité de branches latérales qui viennent ainsi à couvrir entièrement la butte, on élève le plant sous un châssis, en déposant la graine sur un petit carreau de gazon, ce qui permet de l'enlever en motte.

M. Lucas a construit sur le bord du marais une petite maison de campagne qu'il habite lorsqu'il vient passer quelques jours à la colonie.

Il fait entourer maintenant son petit parc, le potager, et les immenses bâtiments de la colonie qu'on augmente chaque année d'un canal ayant de 4 à 5 mètres de largeur ; cela lui procure, en ce moment où l'on creuse sur le bord du marais, une immense quantité d'excellente marne, qui sert à couvrir les parties du marais qu'on draine et qu'on défriche à mesure ; une fois qu'on a couvert le défrichement de marne, on y sème des graines de prés qui font une belle et bonne prairie, mais qui au bout de trois ans se dédit ; il lui faudrait alors tous les ans de deux à trois cents kilos de guano par hectare, comme cela se fait avec le plus grand succès dans la Campine belge ; l'augmentation du produit en foin, y paye le prix du guano avec un gros intérêt. On a ici un petit chemin de fer qui sert à rouler la marne sur les défrichements ; M. Michel m'a dit que lui et trois des colons âgés de quinze à seize ans, déplacent et replacent par jour cent mètres de ce chemin de fer portatif ; on le change de place toute les fois qu'on a marné, à $0^m,15$ d'épaisseur, une certaine étendue des deux côtés du chemin de fer ; la longueur de ce petit chemin de fer est de cinq cents mètres. J'en ai vu de pareils dans plusieurs sucreries en Belgique, et dans des fermes anglaises ; ils servent comme ici à remblayer des terres, et surtout à sortir les betteraves des terres par des temps humides, pendant lesquels le piétinement des chevaux et les roues des tombereaux abîment la terre.

M. Lucas a fait construire une jolie chapelle à sa colonie, depuis que j'y étais venu ; il construit maintenant un énorme hangar, et doit, l'année prochaine, établir un moulin sur le canal qui emmène la trop grande quantité d'eau qui gâtait toute cette vallée, de douze à quinze kilomètres de longueur jusqu'à Bourges. M. Michel m'a dit que le nombre des colons ne dépassait guère trois cents; on a maintenant de la peine à les recruter, beaucoup de colonies pénitentiaires s'étant établies en France.

Il m'a dit qu'on était généralement content des colons; comme je m'étonnais qu'il pût conserver ses beaux melons, et les nombreux fruits dont ses arbres sont couverts, il m'a assuré qu'il n'avait nullement à se plaindre de détournements.

Il a un certain nombre de colons attachés à ses jardins; ils deviendront sous lui, de bons jardiniers.

Il y a, à la colonie, dix-sept chefs de main-d'œuvre, qui dirigent chacun un certain nombre de colons; leurs appointements sont de 4 à 600 fr.; deux frères et un beau-frère de M. Michel, sont placés ainsi à la colonie.

On a ici une vingtaine de vaches ou élèves, dont les mères avaient été importées des marais de la Vendée; elles ne sont pas belles, on devrait leur donner un taureau durham, si on a de quoi bien les nourrir; j'ai vu cinq belles truies et deux jeunes verrats de race berkshire, on les a fait venir de Grignon ; on vend les jeunes 20 fr. après sevrage.

On tient dans une ferme que M. Lucas a achetée de l'autre côté de la rivière, et qui est hors de la vallée, un joli troupeau de bêtes berrichonnes; on vend beaucoup d'agneaux mâles à 30 fr. la pièce.

Ayant couché à Bourges, je suis allé le matin, visiter la petite ferme que le marquis de Vogué cultive depuis six ou sept ans; elle est derrière le haut fourneau que le marquis a construit, ainsi que le charmant village de Mazière; celui-ci est formé d'une trentaine de maisons contenant chacune deux ménages d'ouvriers qui ont chacun leur jardin. M. de Vogué a acheté, l'an dernier, une ferme et un moulin touchant les terrains de son haut fourneau ; il y a construit une belle bergerie pouvant contenir trois cents têtes, pour loger ses brebis croisées, depuis plusieurs années, par des béliers southdown ; il a une douzaine de brebis southdown et leurs produits entretiennent le troupeau de béliers. On a construit dans l'ancienne ferme une vacherie qui contient, outre les bêtes croisées, un taureau, trois vaches durham et trois vaches ayrshire, récemment importées d'Angleterre.

Le marquis tient cette vacherie, afin de pouvoir fournir à ses ouvriers du lait pur.

En retournant en ville, je passai à côté d'une grande forge, qui avait cessé de travailler depuis longtemps ; comme j'y vis des feux allumés, je questionnai un propriétaire voisin, qui m'apprit que M. de Vogué avait acheté l'an dernier cette forge, ainsi que les deux forges de Rosières qui sont à seize kilomètres de Bourges ; il avait loué pour dix ans cet emplacement avec une des machines à vapeur qui s'y trouvaient, à un fabricant de pointes, qui emploie quatre-vingts ouvriers.

Je suis arrivé chez ma belle-sœur, au château de la Bâsme, le 29 septembre : ses métayers belges ont fait d'assez bonnes récoltes de froment, et ils vendent leurs plus beaux, bien nettoyés pour semence, 34 fr. l'hect. ; mais les vignes ont été tellement gelées, qu'on n'a récolté au château que dix-neuf pièces sur douze hectares de vignes ; ce n'eût pas été une grande récolte sur un hectare.

Ma belle-sœur vient de louer à 50 fr. par bail de dix-huit ans, à un fermier des environs de Blois, cent soixante hectares qui n'ont pas coûté 500 fr. chacun, il y a trente-cinq ans ; voilà comme les terres du centre de la France prennent de la valeur.

M. Duquesnoy, mon ami et compatriote, a acheté

pour 70,000 fr. il y a vingt et des années, une propriété à trois kilomètres de la ville de Saint-Aignan (Loir-
et-Cher); il y a dépensé depuis lors, à peu près autant
en bâtiments et en améliorations agricoles; il vient de
vendre pour 80,000 fr. de terres susceptibles d'être
plantées en vignes ; il lui reste deux maisons habitées
par lui et la famille d'un de ses fils, une basse-cour
considérable avec distillerie, une ferme, trente-six hectares de terres labourables, cinq hectares de bonnes vignes, six hectares de prés, son charmant parc, et
un grand potager et verger. Je ne pense pas qu'il estime trop cher cette propriété, à 220,000 fr. Il a refusé
17,000 fr. pour quatre hectares et demi de prés qu'il
possède sur les bords du Cher.

Il avait acheté pour 19,000 fr. une petite ferme mal
bâtie, il l'a revendue il y a déjà plusieurs années,
40,000 fr., sans y avoir fait aucune amélioration.

Je suis arrivé le 1er octobre au château de Montchenin chez mon ami M. Allibert. Il a eu aussi beaucoup
à souffrir de l'extrême sécheresse; ses froments ayant
mûri en peu de jours, sont retraits, et ne donneront qu'une vingtaine d'hectolitres à l'hectare, ses betteraves sont cependant fort belles; on lui repique huit
hectares en colza. Il se sert depuis cinq ans, de béliers
southdown avec des brebis du Berry; il a acheté il y a
deux ans, des brebis mérinos qui ont reçu aussi des béliers southdown; il a fait venir à la même époque
un beau bélier cotswold acheté 200 fr. chez M. Lane,
un des deux meilleurs éleveurs de cette race; M. Lane
demeure dans les environs de la ville de Cirencester,
le port du bélier a été de 60 fr. Ce bélier âgé maintenant de trente mois, pesait quatre-vingt-quatorze kilos
après avoir fait sa seconde lutte. M. Allibert l'a donné
à de petites brebis du Berry. Deux agneaux de dix mois
élevés pour faire des béliers, qui proviennent de
ce croisement, pèsent ensemble cent huit kilos. Le plus

lourd des béliers southdown, pèse soixante-dix-neuf kilos.

M. Allibert compte donner le bélier cotswold aux brebis qui auront du sang southdown, et des béliers southdown à celles qui viendront du bélier cotswold.

Pendant une de nos promenades, M. Allibert et moi avons eu l'occasion de questionner un petit cultivateur qui labourait de bonnes terres avec un petit attelage composé d'un cheval et d'un mulet; il nous a dit qu'il avait ces bêtes depuis quatorze ans, et qu'elles commençaient à marcher lentement. La charrue était bonne et sans avant-train ; elle ne coûtait que 34 fr.

Ce brave homme, d'une taille élevée et ayant une bonne figure, nous a dit qu'il avait neuf bêtes à cornes de divers âges, et trois ou quatre cochons, et qu'il achetait malgré cela chaque année pour 4 ou 500 fr. de guano, afin d'avoir de belles récoltes, sur ses six hectares de terre. Il a été fortement grêlé cette année ; il parlait fort bien agriculture.

M. Allibert m'a conduit le 8 octobre chez M. Touchard, médecin et propriétaire habitant la commune d'Evres ; c'est un bon horticulteur qui s'occupe avec entendement de ses vignes; il nous a dit qu'il n'avait fait que trois pièces de vin par hectare de vignes, bien soignées, la gelée les ayant fort maltraitées.

M. Touchard fume ses vignes avec un kilo de chiffons de laine pour chaque cep, ce qui lui coûte 500 fr. par hectare, ou 5 centimes par cep, il dit que cette fumure fait son effet pendant dix ans; il fait grand cas du côt, mais dit que s'il avait connu, il y a dix ans, les gamets, il aurait fait sa fortune avec ces cépages. Il y a plusieurs espèces de gamet ; mais il préfère celui de la Dolve et celui de Liverdun ; M. Touchard est assez proche voisin du comte Odard et a profité des conseils de ce savant viticulteur.

Nous sommes allés ensuite chez M. Charles André,

maire de cette très-grande commune; il possède près de trente hectares de vignes, dont environ moitié ont été plantées par lui depuis cinq ans, de la manière suivante : il met les ceps en lignes séparées par un mètre dix centimètres et les espace de 0m90 dans les lignes; il leur donne quatre cultures avec une charrue attelée d'un bon cheval, deux en long et deux en travers; il fait déchausser les ceps par un homme qui fait cette besogne en trois jours pour un hectare; il a récolté cette année onze pièces de vin par hectare planté depuis quatre ans ; il a planté sur de bonnes terres calcaires, ayant de 0^m,66 à un mètre de profondeur sur la marne; mais il devrait drainer, le fond étant imperméable. M. Charles André a cinq vignerons, qu'il ne loge ni ne nourrit ; ils ont de 500 à 550 fr. par an, pour cultiver ses vignes. Il paye 40 fr. le mille d'échalas de chêne, et 60 fr. ceux de châtaignier.

Beaucoup de personnes plantent maintenant des vignes, de manière à les cultiver à la charrue.

M. Charles André a une grande quantité de champs en luzerne.

Les journaliers gagnent ici 2 fr. 25 en été et 1 fr. 50 en hiver.

Étant revenu au château de Chissay , je suis allé visiter M. Févet , près Pont-Levoy; la gelée l'a si maltraité, qu'il n'a récolté que sept pièces de vin , sur huit hectares quarante ares ; il regrette de n'avoir pas planté des raisins blancs qui gèlent plus difficilement, parce qu'ils sont plus tardifs, et parce qu'ils repoussent après avoir été gelés.

M. Févet garnit ses vignes de fils de fer , ce qui lui revient à 250 fr. par hectare.

Il a engraissé pendant une année entière, un taureau croisé durham, qui avait été castré à l'âge de trois ans; il avait appartenu à un des fermiers belges de la Bâsme, qui l'avait vendu à un des premiers bouchers de Blois ;

9

celui-ci en a fait un bœuf de carnaval, en le laissant en pension à 1 fr. 10 par vingt-quatre heures ; ce bœuf a donné six cents kilos de viande nette.

M. Févet ne distillera pas l'hiver prochain ; le seigle et le sarrasin sont à un trop haut prix, et l'alcool est trop bon marché, pour pouvoir le faire sans perte. Je suis allé le même jour, faire une visite à M. Paul Malingié, à la Charmoise ; sa récolte de froment a été très-mauvaise ; elle a mûri trop vite ; de plus, une forte partie de la sole de froment se trouvait sur terres nouvellement louées pour être jointes à celles de la Charmoise, améliorées depuis longues-années. Ces dernières donneront encore de vingt-trois à vingt-cinq hectolitres par hectare, tandis que les nouvelles n'en donneront que de douze à quinze. Ses avoines ont été fort belles ; ses huit hectares de pommes de terre chardon n'ont pas mal produit pour l'année ; il les vend 6 fr. l'hectolitre. Il a une grande étendue en topinambours ; on en coupe depuis quelque temps les tiges, pour en nourrir le bétail ; M. Malingié prétend, que les couper un peu prématurément ne nuit pas aux tubercules lorsque les tiges ont bien fleuri ; cela ne me paraît pas probable, si on en juge par analogie avec les pommes de terre ; on assure qu'il faut supprimer les fleurs de celles-ci, pour augmenter leur produit. Mais il reste à vérifier si les tiges fort longues, juteuses et sucrées, qui fournissent énormément de nourriture au bétail qui les mange fort bien, n'ont pas, étant consommées, une valeur supérieure à la diminution que les tubercules ont pu éprouver. M. Mauduit, habile cultivateur du Berry, m'a assuré que son troupeau croisé southdown, mange fort bien les tiges de topinambours desséchées, après avoir été gelées ; les personnes qui cultivent cette plante, feraient bien de vérifier ce fait par elles-mêmes.

Lorsqu'on veut détruire un champ de topinambours, on ferait bien je pense, après en avoir arraché les plus gros tubercules, de laisser en terre le reste qui poussera très-serré ; ensuite on les faucherait comme fourrage vert ; on saurait ainsi si la chose est profitable.

M. Malingié dit qu'il ne donne, en commençant, que deux cent cinquante grammes de topinambours à ses bêtes à laine, et qu'il n'ose pas dépasser un kilo par tête ; mais il ajoute à cette quantité, cinq cents grammes de betteraves par brebis pleine ; il ne donne qu'un demi-kilo de topinambours à ses antenaises, qui sont avec cela, en fort bon état. Le maître berger de la Charmoise est belge ; il est arrivé ici il y a 5 ans ; M. Malingié en est très-content ; il m'a dit qu'il préférait à poids égal, les topinambours aux betteraves. Ce berger n'est pas marié, il est nourri et blanchi, et gagne 300 fr., il a en outre les pourboires des bêtes à laine qu'on peut estimer de 150 à 200 fr. ; M. Malingié lui donne depuis 1 an, 10 pour 0/0 des primes remportées, qu'il m'a dit être montées cette année, à 1,900 fr., ce qui a produit au berger une somme de 190 fr. M. Malingié a reçu plus de soixante médailles, dont une bonne partie en or, et m'a dit, que son troupeau de quatre cents brebis, s'élève à peu près à mille têtes, en comptant les agneaux ; il lui donne un produit brut d'environ 25,000 fr. ; il vend une cinquantaine de béliers à 200 fr. la pièce, en moyenne.

Ses moutons de concours, mangent du maïs et de l'orge. Il donne à ses brebis trois livres de foin et des racines. M. Malingié cultive deux cent huit hectares dont il paie 50 fr. de loyer par hectare, pour les terres de la Charmoise ; les terres qu'il a récemment ajoutées à la ferme, lui coûtent de 60 à 70 fr. ; car il n'en a pris que des meilleures, à sous-sol calcaire, pour avoir de bonnes luzernes.

Il vient de repiquer douze hectares de colzas, sur billons qui contiennent le fumier ; toutes ses récoltes sarclées sont cultivées de la même manière, qui est la meilleure connue. Il sème ses froments à la volée sur planches ; on les enterre avec un triple hersage à dents de fer ; le bineau passe ensuite dans les raies, entre les planches ; on roule, on passe une fouilleuse dans les raies que l'on vide à la pelle, pour recouvrir les planches avec la terre qui sort des raies ; ce soin évite qu'une pluie batte la terre, il égoutte en même temps mieux la terre, qui aurait besoin d'être drainée ; M. Malingié n'a pu obtenir du propriétaire cette dernière amélioration, tout en s'engageant à lui payer 6 pour %, de la dépense. Ses trèfles incarnats sont bien levés, ainsi que ses hivernages, et les terres semées d'un mélange des diverses espèces de trèfle, lupuline et ray-grass d'Italie, formant la pâture de ses bêtes à laine, pendant deux années. Je suis très-étonné que M. Malingié qui a une comptabilité bien tenue, ait conservé une ancienne habitude du pays ; c'est de faire faire la moisson et le battage par des entrepreneurs, à raison de la septième partie du produit ; cette année sa récolte est mauvaise et ne donnera que quatorze hectolitres par hectare ; les moissonneurs n'en auront que deux hectolitres, qui vendus à 30 fr. l'hectolitre, leur feront 60 fr. ; lorsque M. Malingié aura vingt-un hectolitres par hectare, l'entrepreneur aura trois hectolitres qui se vendront de 20 à 22 fr. ; cela fera pour le tâcheron de 60 à 66 fr. ; si la récolte produit vingt-huit hectolitres, l'entrepreneur en prendra quatre qui vaudront 18 fr. et aura 72 fr. ; tandis que la moisson à la faux ne dépasse pas 20 fr. ; et le battage avec une bonne machine qui fait de quarante à cinquante hectolitres par jour, ne revient qu'à 60 ou 75 centimes au plus l'hectolitre. Je trouve que sa moisson et son battage lui reviennent à un prix exorbitant. M. Malingié loue sa machine à battre à son entrepreneur pour 5 fr. par jour ; il reçoit pour chaque cheval aussi 5 fr.

Pendant que j'étais chez lui, on lui amenait de belles betteraves qu'il payait 16 fr. les mille kilos.

Je suis allé voir le père Maigny, au Port de Saint-Georges ; il m'a dit qu'on n'avait généralement récolté, dans sa commune, que trois pièces de vin à l'hectare ; mais il se vend 120 fr. ; quant à lui, il en a récolté six pièces, sur un hectare trente ares ; son gendre en a eu quatorze pièces sur deux hectares.

Ce brave homme ne craint pas ses peines, quoiqu'il soit loin d'être jeune ; il revenait, ainsi que son gendre, des environs de la petite ville d'Écueillé, qui est à plus de dix lieues de Saint-Georges ; ils étaient partis l'avant-veille au soir, chacun dans leur petite charrette, pour aller chercher des litières de bruyères et d'ajoncs ; la charge de leurs petites voitures ne leur coûtait que 5 f., tandis que dans leurs environs, à quelques lieues de chez eux, elle leur eût coûté trois fois autant ; mais ils ont passé deux nuits et un jour et demi pour faire cette économie.

M. de Baillon a récolté soixante-dix pièces de vin sur neuf hectares ; il l'a vendu 130 fr. la pièce ; il n'avait pu vendre son vin de l'année si pluvieuse de 1860, après la vendange, il a fini par le vendre cet été à 70 f. la pièce. M. le curé de Chissay, qui est des environs de Blois, m'a dit qu'on y avait récolté cette année, jusqu'à quarante pièces par hectare ; le raisin de ces environs qui donne le plus est du gamet ; mais le vin qui en provient ne se vend que 80 fr. au lieu de 120 fr. que vaut celui des bords du Cher ; celui-ci est en partie fait avec du côt et il est très-chargé en couleur, ce qui lui donne toujours de la valeur.

Je suis allé le 23 octobre par le plus beau temps, revoir les très-grands et très-utiles travaux, que fait exécuter M. Mirel, régisseur de M. Faure, grand industriel habitant Lille ; ces travaux commencés depuis longues années, agrandissent et améliorent chaque année cette terre, maintenant composée de plus de trois mille hectares. M. Mirel y a joint encore dernièrement environ deux cents hectares ; il paie de 1,000 à 1,200 fr., et quelquefois même jusqu'à 1,500 fr., les terres qui se rapprochent du vignoble bordant la vallée du Cher ; tandis que celles qu'il peut acheter du côté qui s'en éloigne le plus, ne lui coûtent que 5 ou 600 fr. ; cependant elles sont de même qualité. M. Mirel préfère les bruyères aux terres cultivées qu'on lui offre ; il fait d'abord exécuter un labour par quatre bons bœufs, qui, en hiver, versent un hectare en trois ou quatre jours ; ensuite, il fait donner trois ou quatre coups d'une grosse herse de fer attelée comme la charrue ; enfin, il fait piocher menu, une tranche de bruyère, à tous les deux mètres, ce qui coûte 48 fr. par hectare ; alors il fait répandre cinq hectolitres de noir animal venant d'une raffinerie de sucre de Paris ; puis il fait semer du colza, ou une avoine d'hiver, ou bien un seigle, suivant l'époque à laquelle la terre est prête à recevoir la semence ; il l'enterre à la herse, et fait ensuite jeter sur les planches, les petites mottes de bruyères qu'on a piochées en faisant bien creuser et vider le fond de ces rigoles ; on obtient ainsi une vingtaine d'hectolitres de colza, ou de seigle, ou bien une quarantaine d'hectolitres d'avoine d'hiver ; ces récoltes peuvent être répétées pendant quatre ans en les intercalant, et en leur donnant chaque fois, trois ou quatre hectolitres de noir animal. M. Mirel a maintenant seize métayers, et s'occupe de la construction de cinq nouvelles fermes ; elles lui coûteront chacune 5,000 fr., en ne comptant pas les bois de construction, pris sur la terre. Il a au nombre de ses métayers sept familles flamandes, qui cultivent trèsbien et servent de modèle aux autres.

M. Mirel prend de préférence, des familles sans fortune, mais qui ont beaucoup d'enfants pouvant travailler ; cela lui permet d'imposer ses conditions ; il

leur fournit tout ce qu'il faut pour existe jusqu'au
moment où ils récolteront, et ne leur fait que des baux
de trois ans ; puisqu'il les prend sans capital, il devrait
pouvoir les renvoyer tous les ans, en les prévenant six
mois d'avance, s'il ne veut pas les conserver, comme le
fait M. Liazard, au château de Tréguel, près Redon,
en Bretagne.

M. Mirel fournit à ses métayers le noir animal et le
guano qu'il leur faut en supplément du fumier, pour
faire de bonnes récoltes ; ils consentent volontiers à en
payer la moitié ; ils comprennent bien, que les bonnes
fumures assurent les bonnes récoltes, et que celles-ci
font la fortune des métayers comme celle des propriétaires.

Tous les produits des métairies sont partagés entre
le propriétaire et le métayer, excepté les fourrages et
racines qui doivent être consommés par le bétail.
M. Mirel exige que chaque vache élève son veau ; le
métayer est obligé de donner un kilo de beurre par
vache qui n'a pas de veau ; il serait préférable d'accorder à chaque métairie deux vaches, dont on vendrait
les veaux âgés d'un mois, afin que le ménage ait du
lait ; ces deux bêtes seraient tenues dans une étable à
part ; les veaux seraient lâchés dans l'étable des vaches
mères, cela leur permettrait de teter tout le lait et empêcherait ainsi les fermières de voler les veaux. J'ai vu
cette manière de faire adoptée avec succès dans plusieurs
fermes, entr'autres chez M. Salvat et chez M. Bonnement près d'Auray, Morbihan.

Les métayers paient moitié de l'impôt, et M. Mirel
paie moitié de l'entretien des instruments d'agriculture ; il paie aussi moitié de l'avoine que mangent les
deux juments poulinières, qu'on tient dans chaque domaine. Il paie encore à ses métayers, 100 fr. par chaque hectare qu'ils ont marné à raison de cinquante mètres. Chaque métayer est seul chargé de faire la mois-

son , et M. Mirel vient avec sa locomobile à vapeur et sa machine à battre, pour faire le dépicage dont le produit se partage ensuite.

M. Mirel a monté une paire de meules qui sert à moudre à bon marché la farine servant à la nourriture de toute la colonie ; sa locomobile à vapeur dessert ce petit moulin.

Il a construit un four à chaux qui a coûté 1,500 fr.; il s'y trouve deux petits chemins de fer, l'un pour monter à la gueule du four la pierre à chaux et l'anthracite ; l'autre , pour approcher les wagons contenant un mètre cube de chaux des tombereaux venant la chercher ; un treuil les enlève et les verse dans le tombereau, un seul homme suffit pour faire cette manœuvre. Le chaufournier reçoit 30 centimes par mesure contenant deux cent cinquante litres de chaux , pour casser la pierre, faire la chaux, et la livrer.

La pierre vient par bateaux de Selle-sur-Cher, jusqu'à une distance de huit kilomètres du four , mais il y a une très-forte montée depuis les bords du Cher, et de mauvais chemins pour joindre le four. Cette pierre revient par suite de ces difficultés, rendue au four, à 40 fr. les huit mètres cubes ; M. Mirel m'a dit que la chaux lui coûtait 1 fr. l'hectolitre ; il la vend 1 fr. 80 ; il a gagné ainsi dans l'année , les 1,500 fr. que le four lui avait coûté.

M. Bernier, administrateur de la terre d'Argy, près Buzançay, fait la chaux à 66 centimes l'hectolitre, sans avoir fait la dépense d'un four.

M. Mirel a amené à cent hectares , l'étendue de ses prés faits sur des bruyères ; il les a établis dans les petites vallées de son plateau ; il en attache cinq hectares à chaque métairie. Il a de grandes meules de foin avec lesquelles il viendra au secours des métayers que l'extrême sècheresse a le plus maltraités.

Il cultive du froment de Kent, qui est très-estimé

dans ses environs ; il a été importé par feu M. Malingié, qui n'en avait rapporté d'Angleterre que quelques épis. M. Mirel cultive aussi un grand froment blanc et barbu, qui produit beaucoup ; il se vend moins bien que le précédent ; mais il convient bien à ses métayers, car il fait de très-bon pain bis.

Il ne cultive en grand que la pomme de terre chardon, que ses gens trouvent bonne à partir du mois de janvier ; elle produit beaucoup plus que les autres variétés, et n'est pas sujette à la maladie. On en cultive cependant une autre espèce, pour être consommée jusqu'à l'époque où la pomme de terre chardon est devenue bonne.

M. Mirel m'a fait voir de très-beau replant de colza, venu sur une bruyère défrichée depuis huit ans, il n'a reçu qu'un fort chaulage, sans fumier ; il chaule ses terres à raison de cent-vingt hectolitres par hectare.

Il ne fait de trèfle qu'à la cinquième ou sixième année, après le défrichement ; il y ajoute du ray-grass d'Italie, du trèfle blanc et de la lupuline, afin de faucher le trèfle la première année, et de faire pâturer ensuite le mélange par les bêtes à laine.

M. Mirel achète chaque année des brebis en Sologne, avant l'époque de la lutte ; il les paie ordinairement 20 fr. la paire, il leur donne des béliers de race charmoise, ou des béliers southdown ; il vend les agneaux après les avoir sevrés, 20 fr. la paire ; il engraisse ensuite les mères qu'il peut vendre environ 30 fr. la paire sans autre nourriture que la pâture ; en outre, il a profité de la laine.

Il change tous les 2 ou 3 ans ses bonnes espèces de froment, avec des fermiers cultivant des terres calcaires, et auxquels il a fourni des froments de semence ; cela lui réussit bien.

Ses métairies sont fournies de bons taureaux, provenant de taureaux durham.

Il borde ses chemins de châtaigniers; pour éviter qu'ils ne soient abîmés par les charrues ou les charrettes, il fait faire des fossés de chaque côté des lignes de châtaigniers; il ferait bien de donner la jouissance de l'intervalle entre les fossés, à ses journaliers, à condition qu'ils les bécheraient et sarcleraient bien en y cultivant des légumes ou des pommes de terre; cela empêcherait ces terrains de se garnir de mauvaises herbes qui, par leurs semences, salissent les champs voisins. Il sème dans ses plus mauvaises terres caillouteuses ou par trop sableuses, du grand ajonc, qui se vend bien aux vignerons des bords du Cher; ils lui en donnent jusqu'à 90 ou 100 fr. l'hectare, après trois ans de semis. Il y a sur la terre de M. Faure, environ huit cents hectares de bois plantés ou semés; les plus anciens peuvent avoir une vingtaine d'années d'existence; des acacias ont été plantés en lignes simples sur des planches bombées fortement, ayant environ trois mètres de largeur; ils sont coupés tous les six ans après la première coupe, qui ne s'est opérée qu'après dix ans de plantation; ils font d'excellents échalas recherchés dans les vignobles voisins. D'autres plantations faites en lignes alternatives de châtaigniers et de bouleaux, sont aussi d'un fort bon produit; M. Mirel vient d'en vendre une première coupe âgée de dix ans, pour 450 fr. l'hectare, il dit que les coupes à venir seront mieux vendues.

M. Mirel plante en général en bois ses moins bonnes terres; il plante aussi des vignes en chintres, c'est-à-dire, à la manière du père Denys, de Bône, près Montrichard. M. Mirel ne laisse que cinq mètres entre les lignes de ceps de côt, afin de les cultiver à la charrue, sans rien semer entre les lignes.

Il m'a dit qu'il récoltait dans ses plus anciennes métairies de 20 à 22 hectolitres de froment par hectare.

Il m'a dit aussi, que les terres convenables à la plantation de vignes, près de la grande commune de Mareuil dans la vallée du Cher, se vendent de 5 à 6,000 f. l'hectare. Un M. Chénot, venu de Paris, y a planté une grande étendue en vignes ; il les cultive à la charrue. J'ai quitté M. Mirel enchanté de sa manière d'administrer cette immense terre, qui n'était qu'une espèce de désert ; entre ses mains elle prendra une très-grande valeur.

Avant de retourner à Paris, je suis encore allé visiter le père Denys, dans une belle maison toute en pierres de taille, qu'il s'est fait faire à petite distance de son ancienne habitation. Il n'a récolté cette année que trente pièces de vin de deux cent cinquante litres ; l'année dernière il en avait soixante-six pièces, sur trois hectares un tiers ; il n'a pas encore vendu le produit de ses deux dernières récoltes ; il a fait passer le vin de 1860 sur les marcs de cette année, pour le rendre moins mauvais ; je lui ai demandé quelle avait été sa plus forte vendange ; il a récolté cent pièces, mais une seul fois. Il m'a dit que le vin qu'il a vendu le moins cher, depuis plus de 30 ans, n'avait produit que 33 fr. ; encore fallait-il en défalquer 10 fr. pour le fût ; son prix de vente le plus élevé, a été de 125 fr.

Le père Denys m'a dit, que toutes les vignes qui se plantent maintenant dans ses environs, l'étaient en lignes séparées au moins par cinq mètres ; beaucoup de vignerons arrachent les ceps de leurs vignes, de manière à les avoir en lignes séparées par quatre mètres, pour les cultiver à la charrue. Cette visite a été la dernière de cette excursion ; je suis ensuite rentré chez moi à Pont-à-Mousson.

TROISIEME PARTIE.

Courses agricoles exécutées pendant l'année 1862.

Je suis allé le 26 mai 1862, passer quelques jours à Nancy, où se tenait le concours régional du département de la Meurthe.

On l'a établi à la Pépinière, très-belle promenade qui touche les deux magnifiques places Stanislas et de la Carrière. L'exposition chevaline était nombreuse et belle ; celle des bêtes à cornes comptait quatre cent cinquante-huit têtes : cent quarante-cinq étaient de race durham pure ou croisée, vingt-six figurent sur le herd-boock français.

Il s'y trouvait cent quarante-quatre lots de bêtes à laine : dont trente-huit de métis-mérinos ; trois de dish-leys ; huit de southdown ; cinq de charmoises ; enfin, cinquante-six de bêtes croisées provenant de béliers anglais.

J'ai compté vingt-un lots de cochons anglais de pure race, et cinquante de croisements anglais ; enfin, dix lots de cochons du pays, qui étaient là sans doute pour faire ressortir le mérite des autres.

Les produits comptaient quatre-vingt-quinze exposants, voici ce que j'ai remarqué. En pommes de terre : la belle marianne, la rouge tardive de Danemark, la grosse vitelotte, la pomme de terre des Iles, celle dite chardon et la pomme de terre Ledoux.

Les énormes betteraves globes jaunes de M. Pargon, de Salivale, s'y trouvaient en grand nombre. J'ai remarqué une belle glane d'épis de froment d'Australie, rouge barbu ; le grain n'en est pas beau, mais il produit énormément ; une autre, du froment géant de la

Tréhonnais, et une du froment du prince Albert ; ils venaient de chez M. Brice , fermier à Jarville.

M. Hamet , qui fait un cours d'agriculture au jardin du palais du Luxembourg , exposait sa ruche simple et celle à compartiments ; elles sont faites de tresses de paille ; on ferait bien de les copier.

Les instruments et machines agricoles n'étaient pas présentés par beaucoup de fabricants ; MM. Meixmoron et Noël , exposaient un grand nombre de bonnes charrues et de machines très-bien et solidement établies ; il n'y avait que trois ou quatre machines à battre ; celle de Damey a reçu la première prime. Trois fabricants présentaient des faucheuses et moissonneuses ; c'étaient Peltier jeune, Lallier, Club et Smith.

J'ai vu plusieurs faneuses, dont celle de Nicholson, arrivant d'Angleterre ; M. Lapointe , propriétaire , qui cultive en grand des terres très-fortes , à Maizeric près Metz , l'a fait venir pour la joindre à trois charrues de Hornsby , dont il est fort content. Un râteau à cheval très-bien fait venait de chez MM. Heyland et Sitter , fabricants à Colmar ; un rouleau Croskill, fabriqué à la forge de Frouard près Nancy, avait des disques de 0^m66 de diamètre , il pèse quatre cents kilos ; son prix est de 220 fr.; c'est un excellent instrument, qui devrait être dans toutes les grandes fermes; il y remplacerait avec grand avantage, les rouleaux squelettes, qui avaient leur mérite avant l'invention de celui de Croskill, qui est à peine connu en Lorraine.

J'ai assisté à un concours d'instruments fort peu nombreux, j'y ai surtout admiré une charrue Dombasle un peu modifiée, qui a fait assurément le meilleur labour de toutes les charrues présentes, elle n'a cependant obtenu que le second prix ; elle est sans avant-train et est armée d'une forte et longue barre de fer, placée comme celle de la charrue Armelin ; elle coûte 70 fr.; elle conviendrait partout, mais surtout dans des terres pierreuses ; au moyen de sa forte barre elle extrairait, ou au moins rangerait les pierres à côté des sillons. Son fabricant se nomme Hacquard Cadet ; il travaillait, étant fort jeune, à la forge de M. de Dombasle, à Roville. Lorsque le bail du savant agriculteur prit fin, Hacquard a suivi l'ouvrier qui lui montrait à forger et qui l'emmena à Nismes ; ce brave homme y a monté avec le temps, une petite fabrique d'instruments agricoles ; il a profité du concours régional de Nancy, pour prouver qu'il n'avait pas oublié le lieu où il a reçu sa première éducation. Les outils de jardinage et de drainage fabriqués par le nommé Serrière, à Malzéville près Nancy, étaient très-bien faits.

Deux moissonneuses ont été essayées à ce concours : celle de Lallier, mécanicien à Venizel, près Soissons, et celle de Peltier jeune, à Paris ; elles ont bien marché ; mais leur inconvénient, à toutes deux, est d'exiger un cocher et un homme par derrière ; celui de la machine Lallier, suit sa moissonneuse à pied, car elle fait elle-même l'andain ; mais elle a besoin d'être réglée au moyen d'un levier par l'ouvrier qui la suit.

Celle de Wood, modifiée par Peltier, porte un ouvrier chargé de faire la javelle ; mais il ne peut la bien faire, lors même que le froment n'est ni long, ni épais ; dans le cas contraire, cet homme est trop fatigué et fait mal la javelle, à moins que la moissonneuse ne soit très-étroite ; alors elle ne coupe que deux hectares par jour ; tandis qu'une machine bien faite, comme celle de Bell, ou comme celle de Morgan et Seymour, n'ont besoin que du cocher ; elles font elles-mêmes l'andain ou la javelle.

On a essayé les faucheuses de Peltier ; elles ont bien rempli leur besogne, ainsi que les faneuses et les râteaux à cheval, et coupent quatre hectares par jour.

Je suis allé visiter un jardinier maraîcher, M. Vulmont ; il cultive à Boudonville, faubourg de Nancy ; ses

deux jardins lui ont coûté, il y a fort longtemps, à raison de 10,000 fr. l'hectare. M. Vulmont m'a dit que les
terrains convenablement placés pour y construire des
maisons, valent jusqu'à 50,000 fr. l'hectare. Il a de
très-grandes et très-belles treilles de chasselas, elles lui
donnent habituellement pour 800 à 1,000 fr. de raisin.

M. Vulmont, préfère les boues de ville au fumier; ils
les paie 2 fr. 50 le mètre cube rendu à la porte de son
jardin ; il se plaint beaucoup des courtillières ; je lui ai
indiqué un moyen que j'ai vu employer avec succès
près de Lyon ; on enfonce en terre un pot à fleurs,
dont on a bouché les trous ; on le remplit à moitié d'eau,
on pose quatre briques de manière à former un carré
autour du pot ; on place deux fortes lattes en croix sur
les briques ; on les recouvre ensuite de fumier long,
qu'on arrose de temps en temps ; les courtillières qui
craignent beaucoup la chaleur, viennent se cacher sous
le fumier humide ; comme il fait obscur sous le fumier,
elles tombent dans le pot et s'y noyent. Il y a un autre
moyen ; lorsqu'on peut se procurer des résidus d'huile,
on en met un peu dans des arrosoirs pleins d'eau, et on
verse de cette eau dans les trous de ce terrible insecte,
ce qui le fait périr.

J'ai appris avec plaisir que M. Pargon, fermier de
l'ancienne abbaye de Salival, avait obtenu la prime
d'honneur ; je l'avais prévu lors de la visite que je lui
avais faite, une année auparavant. Si M. de Seitivaux
s'était mis sur les rangs, il eût été pour M. Pargon un
concurrent redoutable. J'ai voulu voir les cultures de
plusieurs des concurrents, qui ne demeurent pas loin de
Nancy. J'ai commencé par M. Gœtzman, qui après
avoir aidé son père, fermier alsacien, à cultiver ses terres, vint servir dans un café à Nancy ; longtemps après,
il en devint le propriétaire, et y a fait fortune ; mais
ayant conservé le goût des occupations agricoles, il a
acheté, il y a de cela vingt-quatre ans, des terres de la

commune de Nancy. On en faisait si peu de cas alors, qu'elles étaient restées en friche, vu leur peu de profondeur et la grande élévation de leur position ; elles étaient au haut de la côte où les deux routes de Toul, l'ancienne et la nouvelle, se rejoignent. M. Gœtzman y a construit une ferme qu'il habita plus tard ; il a pu réunir, à la longue, à peu près tous les petits champs qui l'entouraient, en les payant de 400 à 600 fr. l'hectare. Il a pu encore récemment, acheter un bois de quinze hectares qui touchait ses terres ; il l'a défriché, y trouvant de la terre blanche et profonde.

M. Gœtzman fait labourer le plus profondément possible ses terres, dont l'étendue s'élève à environ cent hectares, il en arrache les pierres ; il vend ou emploie les plus grosses pour construire, et avec les autres il comble des carrières peu profondes, qu'il finit par rendre à la culture, en y apportant une suffisante couche de terre, qu'il se procure en ville, chez les personnes qui en sont embarrassées. Il a des chevaux destinés à descendre des pierres en ville et à en remonter des fumiers, des boues de ville et des terres ; ils en remontent au moins cinq mètres par jour, pendant les trois cent soixante-cinq jours de l'année, et toutes les fois qu'on ne peut travailler dans les champs, ses attelages de culture vont aussi chercher des engrais ou de la terre. M. Gœtzman tient huit chevaux et huit bœufs de travail, il a un bel étalon de pur sang et de beaux poulains.

Il achète des vaches pour les engraisser, il en a habituellement dix. Les cochons et cent cinquante métismérinos ayant du sang de Mauchamp, lui forment un nombre d'environ quarante-cinq têtes de gros bétail permanent ; les engrais de ville, environ trois mille mètres cubes, mêlés à ses fumiers, sont partagés aux cent hectares de la ferme : cela forme une des meilleures doses de fumure, que j'aie entendu citer, même en Angleterre ; aussi M. Gœtzman a-t-il de belles récoltes sur des terres très-pauvres naturellement, aussi entretient-il un nombreux cheptel, sans avoir de prés naturels.

Il a douze hectares de bonne luzerne, huit de trèfle, et quelques pièces de sainfoin ; il cultive huit hectares en récoltes de racines bien sarclées, à la main et à la houe à cheval ; j'y ai vu de bons colzas ; il cultive aussi des topinambours, et ses chevaux en mangent deux fois par jour en hiver. Ses instruments viennent de la manufacture de M. Meixmoron Dombasle.

J'ai demandé si on avait essayé le guano, on m'a répondu que non.

Lorsque je fis cette visite, toute la famille était allée en ville ; c'est un neveu de M. Gœtzman, venu d'Alsace, où il cultivait avec son père, qui m'a servi de guide ; il m'a paru fort intelligent et bon agriculteur.

Je suis allé passer quelques jours chez M. de Scitivaux, mon cousin, près de Nancy. J'y ai vu comme à l'ordinaire, ses vastes écuries pleines de beaux et bons chevaux, tous élevés par cet excellent cultivateur ; il m'a dit en avoir vendu récemment quatre pour 8,500 fr.

Une fort grande et belle étable, contient un taureau et plusieurs vaches durham ; le reste est croisé durham, M. de Scitivaux ayant eu il y a plus de vingt ans son premier taureau de cette race inappréciable.

Son troupeau a été commencé, il y a longues années, par des brebis mérinos et des béliers dishleys ; mais il y a longtemps aussi que M. de Scitivaux lui donne des béliers d'Alfort.

L'habitation de mon cousin est charmante et dans une position délicieuse, d'où la vue plonge sur la ville de Nancy ; elle est entourée d'un grand parc garni d'é-normes arbres, et de prés fort étendus et très-bien irrigués. Un grand enclos de vignes très-bien soignées, donne de fort bon vin d'ordinaire.

M. de Scitivaux a beaucoup drainé, ce qui a été des plus utiles à ses terres argileuses.

Il est fort bien monté en instruments d'agriculture; j'ai vu chez lui, avec plaisir, un rouleau Croskill; il regrette qu'il ne soit pas plus pesant et n'ait pas des disques d'un mètre de diamètre.

Il m'a conduit chez un bon fermier des environs, M. Brice, que nous n'avons pas trouvé chez lui. Mme Brice nous a dit que son mari louait cent cinq hectares, il les paie 70 fr. l'hectare et acquitte les impôts. Il tient trente chevaux compris les poulains. Il a acheté chez mon cousin, un taureau et quelques génisses croisées durham; il en est très-content.

Nous avons visité dans la même promenade, un concurrent à la prime d'honneur; c'est M. Rollin, fermier de la ferme de Brichambaut, qu'on estime comme la précédente, être des meilleures terres des environs de Nancy; ce cultivateur sème une partie de ses froments au semoir, et nous a dit récolter ainsi de trente à quarante hectolitres suivant les années.

M. Rollin a une vacherie nombreuse dont il vend le lait en ville; elle contient aussi un taureau et des vaches croisées durham, qu'il trouve très-bonnes laitières; il les a eus également chez M. de Scitivaux. On voit par là, combien il serait utile, que beaucoup de propriétaires riches et instruits, voulussent s'occuper de culture et donner, comme mon cousin, de bons exemples; ils amélioreraient la culture du pays, et amèneraient ainsi les fermiers à cultiver mieux, à gagner plus, enfin à payer des loyers plus élevés.

J'ai demandé à M. de Scitivaux comment il monterait ses écuries, s'il avait une nouvelle ferme à établir. Il me répondit, qu'il achèterait de belles et bonnes jumens percheronnes ou boulonnaises, il leur donnerait un étalon de pur sang, le plus étoffé qu'il pût trouver. Il prendrait des vaches schwitz avec un beau taureau durham bien écussonné; et il formerait un troupeau pareil au sien.

Mon cousin voulut me reconduire jusqu'à la station de Frouard afin de faire une petite visite à deux autres concurrents à la prime d'honneur; nous allâmes d'abord chez M. Brice, fermier à Champigneule, un des meilleurs cultivateurs du département de la Meurthe. Il nous fit voir sa distillerie placée sur une chute d'eau, à environ deux cents mètres de sa grange; M. Brice voulant supprimer le manége de sa machine à battre qui fatiguait beaucoup ses chevaux, a établi une transmission de force, de la chute d'eau à la grange; il a suffi d'un câble de fil d'acier, moins gros que le bout du petit doigt d'une femme. Il a fait marcher devant nous sa machine à battre, son hache-paille et son coupe-racines; tout allait fort bien.

M. Brice a une fabrique de sucre et une distillerie, mais la première ne marche pas, la seconde peut distiller vingt-cinq mille kilos de racines par vingt-quatre heures. M. Brice engraisse lorsqu'il distille, et tout le fourrage passe par le hache-paille.

Il a un troupeau de sept cents bêtes dishleys–mérinos.

Il nous a fait voir de beaux champs de betteraves et des céréales de printemps, mais les grains d'hiver ont été en grande partie gelés; il a beaucoup de belles luzernes.

Nous l'avons quitté pour aller visiter M. Henrion, habitant une grande et belle ferme nouvellement reconstruite, la station du chemin de fer s'étant emparée du terrain occupé par l'ancienne ferme.

M. Henrion étant absent, madame nous donna son fils qui aide son père, pour nous piloter; il nous fit voir de belles étables contenant cinquante vaches, que M. Henrion était allé chercher en Belgique, et une bergerie logeant six cents bêtes à l'engrais; il y a une petite distillerie de betteraves; comme le moment du passage du train approchait, nous ne vîmes pas les champs, et je quittai ces Messieurs, pour revenir à Pont-à-Mousson.

Peu de temps après, je me rendis dans la petite ville de Thiaucourt, pour y faire la connaissance de M. Rollet; c'est un grand propriétaire cultivateur, éleveur de chevaux, de bêtes à cornes et de moutons; il cultive, avec cela, trente hectares de vignes. M. Rollet est maire de la ville qu'il habite; il eut, malgré ses nombreuses occupations, l'extrême complaisance de me consacrer une grande partie de la journée.

Nous commençâmes par visiter les caves, garnies de foudres pouvant contenir six mille hectolitres de vin; ces foudres ou énormes tonnes cerclées en fer, sont tenus avec une propreté et un soin, que je n'avais encore vu nulle part; on les brosse et frotte de manière à empêcher que le bois ne se couvre de petites mousses destructives, on les soufre et on les bouche lorsqu'ils restent vides; on les soufre de nouveau lorsqu'on doit les remplir. Une de ces caves se trouvant placée sous une autre, elle conserve en été, comme en hiver, une température à peu près égale; il n'y a jamais deux degrés de différence. Cette cave à basse température, convient pour la conservation prolongée du vin; les autres conviennent aux vins nouveaux, qui ont besoin de se faire.

Il y a dans les caves des casiers formés de lattes entaillées d'une certaine manière, facile à imiter, avec lesquelles on range les bouteilles pleines à une hauteur à peu près de cinq pieds; c'est si solide, qu'on peut les ébranler assez fortement sans aucun danger; on ferme le dessus pour éviter qu'on puisse les enlever, sans la permission du maître; c'est une chose digne d'être imitée, car les excellents casiers en fer sont fort chers.

M. Rollet m'a dit que ses vins se consomment principalement en Lorraine, ils voyagent assez difficilement;

on lui en demande cependant encore une assez grande quantité à Elbeuf

Nous avons visité les trois pressoirs; le dernier acheté, est le plus perfectionné; aussi sert-il plus que les autres qui pressent bien, mais exigent beaucoup plus de bras. Ses vastes greniers bien planchéiés, contiennent de l'orge chevallier pesant soixante-douze kilos, elle convient à ses terres légères et calcaires; il y a des avoines pesant cinquante kilos l'hectolitre, provenant de ses bonnes terres fortes de la Vœvre, qui occupent la rive gauche du Rudma, c'est une petite rivière qui coule au pied du grand vignoble de Thiaucourt; la rive droite de la rivière, porte le nom de la Haie, pays composé de plateaux dont les terres sont généralement peu profondes, légères et calcaires; ce côté manque de prés naturels.

Les vignes de M. Rollet couvrent trente hectares et sont cultivées avec un soin extrême; les différentes dépenses réunies, s'élèvent de 350 à 400 fr. l'hectare; M. Rollet nous a dit que le peu de profondeur du sol des côtes raides qui portent ces vignes, ne permet pas aux ceps dits des grosses races, de réussir dans ce vignoble; il n'est par conséquent garni que de pineau de Bourgogne, ce qui donne la qualité des vins de Thiaucourt; aussi les vignes bien cultivées et bien exposées, se vendent-elles 10,000 fr. l'hectare; leur vin bien fait, atteint des prix assez élevés; M. Rollet vend 80 fr. l'hectolitre celui qui lui reste de la récolte de 1858. Je lui ai demandé quel était le revenu moyen du capital de 10,000 fr. employé à l'achat d'un hectare de vignes sur au moins dix récoltes de vin, les frais déduits; il m'a répondu que ses comptes portant sur une longue série d'années, le faisaient ressortir à 6 p. 100 de la valeur de 10,000 fr. attribuée à chacun de ses trente hectares de vignes; il a ajouté qu'il avait récolté une année pour 90,000 fr. de vin.

Je lui ai demandé encore s'il préférerait les cépages produisant peu mais donnant de bon vin, à ceux qui donnent beaucoup, mais dont le vin est médiocre, dans le cas où, changeant de propriété, il se trouverait placé dans une localité convenant aussi bien aux ceps des grosses races, qu'au pineau de Bourgogne. Il m'a dit qu'il planterait de préférence les grosses races, et surtout les gamets. M. Rollet m'a fait boire à déjeuner, du vin blanc de l'année 1818, il m'a paru parfait; nous avons bu successivement, des vins rouges des récoltes 1834, 1840 et 1846, ils étaient réellement excellents. Je fus très-surpris, qu'on pût récolter en Lorraine, des vins d'une aussi haute qualité.

M. Rollet possède et cultive cent soixante-quinze hectares de terres, la plupart très-fertiles; j'ai vu de grands champs de luzerne bien venue, et de beaux grains de mars; ceux d'hiver avaient aussi souffert de la gelée.

Ses écuries sont garnies de bonnes juments qui reçoivent un bel étalon percheron, ayant un peu de sang, que M. Rollet a payé 2,500 fr.

Sa vacherie occupant le même bâtiment nouvellement construit, est aussi très-bien établie; elle loge des vaches et des élèves âgés au moins d'un an ; ces bêtes sont issues d'un taureau ayant quinze seizièmes de sang durham que M. de Scitivaux lui a vendu ; depuis lors, il a eu un taureau hollandais qu'il vient de remplacer par un jeune taureau durham, de couleur blanche, acheté à la ferme impériale de Fouilleuse, pour 1,000 francs.

M. Rollet construit en ce moment une grande bergerie; il a commencé, depuis deux ans, à former un troupeau, en achetant, de M. Paul Malingié, trois béliers et vingt brebis de race charmoise. Ce nombre est déjà presque doublé par les antenais et les agneaux de même race. Il a ajouté une centaine de brebis allemandes, à figure rousse et noire ; elles ont produit, avec les béliers charmoises, d'assez bons agneaux, mais M. Rollet ne les a pas assez bien nourris jusqu'à cette heure ; je l'ai engagé à les mieux traiter dorénavant.

M. Rollet, m'a dit avoir hérité de cette grande et excellente propriété, de M. Antoine, notaire à Thiaucourt, dont il dirigeait la culture, et dont il était parent éloigné. M. Antoine plaçait, depuis longues années, tous ses fonds disponibles, en acquisition de terres et de vignes ; il cultivait ses terres et les semait en luzerne ou sainfoin et en trèfle, le plus possible ; il n'avait en fait de cheptel, que des chevaux, deux vaches laitières, enfin des cochons à l'engrais ; il vendait tous les fourrages dont ses attelages n'avaient pas besoin ; les fermiers des environs étaient si arriérés en culture alors, qu'ils ne faisaient point de prairies artificielles ; ils manquaient cependant à peu près complétement de prés naturels ; ils étaient donc obligés d'acheter du foin, et comme ils n'avaient pas beaucoup d'argent, ils vendaient à M. Antoine leur fumier, de 2 fr. 50 à 4 fr. 50 plein le chariot avec lequel ils remmenaient le foin qu'ils lui achetaient. M. Rollet, ajoutait qu'alors il ne manquait point d'engrais comme maintenant ; mais depuis, ces braves gens ont suivi l'exemple que leur donnait M. Antoine ; ils ont fait des prairies artificielles et ne vendent plus leur foin.

J'ai quitté à regret ce très-intelligent propriétaire ; j'ai vu chez lui non-seulement des journaux et des livres d'agriculture, mais encore la Revue des Deux-Mondes et une bibliothèque, dans laquelle figuraient les vingt volumes si intéressants et si instructifs du Consulat et l'Empire, par Thiers.

Ce qui manque à la majeure partie de nos fermiers ayant reçu une certaine éducation, et étant dans l'aisance, c'est le goût de la lecture ; la plupart ne lisent pas même un journal d'agriculture. Une autre chose qu'ils devraient faire et qu'ils ne font pas, ce serait d'aller visiter les autres cultivateurs, surtout ceux qui passent pour bien cultiver, ou pour faire des améliorations agricoles; ils ne se doutent pas qu'on fasse ailleurs mieux que chez eux, et ils persévèrent dans leur routine.

Je suis allé le 4 juin, à Metz; j'ai voulu voir les pépinières d'un des messieurs Simon; elles s'étendent sur une quarantaine d'hectares fort bien tenus; j'y ai vu de belles serres et une quantité de bâches, destinées à greffer et à faire des boutures d'arbres rares; de longues et hautes murailles se trouvaient garnies de très-beaux espaliers. Enfin, j'eus à admirer encore un fort beau jardin fleuriste, garni de bien des fleurs que je n'avais pas encore remarquées ailleurs; un jeune jardinier allemand qui m'accompagnait, m'a fait voir et m'a expliqué bien des choses; il m'a paru fort instruit et fort capable.

J'ai pris ensuite une voiture pour me rendre à Maizerie, chez M. La Pointe, fils d'un général de ce nom, et neveu d'un colonel. M. La Pointe cultive depuis une trentaine d'années. Il avait commencé du temps de son père, à cultiver la propriété de Maizerie, composée de cent quatre-vingts hectares de terre forte, dont quatre en vignes, quatorze en prés et une petite étendue en bois d'agrément. Le sous-sol est imperméable, et formé dans bien des parties de pierres et de roches à chaux hydraulique; malheureusement cette chaux ne convient pas au chaulage des terres, qui tireraient un grand avantage d'une telle opération. M. La Pointe, après quinze années employées à améliorer la terre de Maizerie, l'a louée à un fermier des environs; il est allé alors se fixer dans une terre de quatre cents hectares, dont moitié est en bois, et moitié en terre sablonneuse et prés; cette terre fait partie du duché d'Oldenbourg, quoique située à peu de lieues de la frontière de France du côté de Forbach. La terre d'Impsbach est placée dans un lieu fort élevé, d'où partent trois petites rivières, dont une se jette dans la Sarre, et les deux autres dans le Rhin, où l'une d'elles le joint près de Bingen.

J'ai fait la connaissance de M. La Pointe, il y a au moins quinze ans, au congrès agricole à Paris ; je suis allé le voir à Impsbach, où il a construit une belle habitation et une ferme convenable ; il m'a dit avoir essayé d'élever de bons chevaux de labour ; mais les poulains ne réussissaient pas ; il avait une bonne vacherie, mais sans bon débit de son beurre, dans ce joli pays perdu ; enfin, il a monté un troupeau qui est devenu fort intéressant, depuis qu'il a fourni à ses brebis des béliers southdown.

M. La Pointe a envoyé son fils aîné, M. Albert La Pointe, passer une couple d'années à l'école Royale d'agriculture de Honhenheim, près de Stuttgard en Wurtemberg ; il l'a mis ensuite à la tête de sa terre d'Impsbach, il y a maintenant quatre ans ; à cette époque, M. La Pointe le père, est revenu à Maizerie ; il y est tout seul, n'étant pas marié.

Son troupeau s'élève au chiffre de sept cents têtes ; ce qu'il y a de particulier à ce troupeau, c'est que M. La Pointe comptant acheter deux béliers southdown et n'ayant pu s'en procurer, a laissé un seul bélier croisé southdown, avec ses deux cent cinquante quatre brebis, depuis le 24 août jusqu'au 24 octobre ; ce remarquable lutteur a produit en deux mois, avec cent quatre-vingt quatorze brebis, deux cent neuf agneaux, dont deux cent cinq existent maintenant. M. La Pointe le père, en revenant à Maizerie, trouva sa belle ferme usée et salie par la mauvaise culture. Son fermier, étant à la fin de son bail, fut renvoyé, et le propriétaire s'est mis de nouveau à cultiver ; il veut remettre les choses sur un meilleur pied. Son second fils, beau jeune homme, après avoir fini ses études, fait marcher sous les ordres de son père, cette assez grande et difficile culture, en terre forte et à sous-sol imperméable; le fermier payait 55 fr. par hectare. Si l'on drainait et chaulait, cette ferme vaudrait le double.

M. La Pointe a fait drainer une partie des terres et des prés qui en avaient le plus besoin ; cela lui revient à 300 fr. l'hectare ; il craint que des tuyaux posés même avec leurs manchons, ne puissent suffire à évacuer l'humidité surabondante ; il fait donc ajouter pardessus les tuyaux des pierres et des épines, ce qui augmente beaucoup la dépense ; il ne draine donc plus que les places à sources et à suintements, tandis qu'il faudrait drainer complétement les champs les plus humides, les uns après les autres ; une fois qu'on en aurait vu le résultat, M. La Pointe serait j'espère entraîné malgré lui, à faire la chose comme il faut, à mesure que ses économies le lui permettraient. M. La Pointe a de belles luzernes, et compte en faire là où les terres ne sont pas très-humides ; ses céréales de mars sont superbes sur les froments gelés qu'il a retournés ; mais il en a conservé malheureusement beaucoup qu'on est obligé de faucher ; les mauvaises herbes y étouffent le peu de froment que la gelée n'avait pas détruit ; les trèfles ne sont pas beaux, ayant aussi souffert de la gelée, mais il a de fort belles vesces de printemps.

Un taillis trop clair-semé vient d'être défriché par M. La Pointe ; il l'a loué pour douze ans à raison de 45 fr. ; le sol inégal n'en est pas des plus fertiles, en outre, il est assez loin de chez lui. Il a vingt chevaux, pas très-forts, et en met quatre à ses charrues anglaises de Hornsby, dont il est fort content. M. La Pointe a construit une belle vacherie qu'il a le désir de remplir de bêtes sans cornes, de la race des comtés de Norfolk et Suffolk. On en avait fait venir il y a quarante ou cinquante ans, pour la bergerie de Rambouillet, et le marquis de Pange, en avait importé dans ses environs ; il en a réuni quatre ou cinq ; mais s'il veut avoir quelque chose de bien en ce genre, il faudrait en faire venir du comté de Suffolk, où cette belle et bonne race de vaches laitières, a été singulièrement perfectionnée depuis quelque temps ; elle donne beaucoup de lait, et s'engraisse facilement, une fois qu'elle est tarie.

Mme La Pointe est fort aimable ; elle aime l'agriculture, et apprécie les belles et bonnes volailles. Son mari lui a fait faire des compartiments contre les grandes croisées de la vacherie ; elle y tient quelques belles poules cochinchinoises, pour pondre et couver ; mais elle élève principalement des Crèvecœur ; son espèce a le mérite d'être très-basse sur jambes, et de donner une chair exquise.

Nous sommes allés, M. La Pointe et moi, dans la commune de Pange, pour y voir les grandes constructions qu'y fait établir un agriculteur élève de M. Brice d'Etain, un des frères de M. Brice de Champigneul, dont j'ai parlé dans ce voyage ; ce Monsieur dont le nom est Belleville, a acheté une ferme dans cette commune ; il y a construit une très-grande et belle maison sur un point élevé, d'où l'on jouit d'une très-belle vue ; cette habitation est flanquée de chaque côté, d'un très-grand bâtiment contenant écuries, vacheries, bergeries, granges et hangars. M. Belleville a de fort belles juments percheronnes, et beaucoup de vaches, dont une partie sont des flamandes. Nous avons aperçu des récoltes sarclées, et un champ de froment semé au semoir ; M. Belleville était absent. Nous avons donc abrégé notre visite. Nous sommes allés de là, dans la commune de Maizeroy, faire une visite à M. Louis Durand, oncle de mes amis MM. Durand de Bois-d'Habert, en Berry ; M. Louis Durand avait été en même temps que moi, capitaine au 3e régiment de la Garde Royale ; nous le trouvâmes prêt à monter en voiture, ce qui nous empêcha de prolonger notre visite ; il voulut cependant nous faire voir une jolie habitation qu'il a achetée, il y a peu de temps, avec une réserve de six hectares, qu'il s'amuse à cultiver ; Mademoiselle sa fille qui aime beaucoup la campagne, tient sa maison.

Nous fûmes ensuite chez M. Robert, propriétaire cultivateur, habitant la même commune ; il cultive cinquante hectares, à ce qu'il m'a paru fort bien ; il a une vacherie contenant vingt bêtes, achetées comme bonnes laitières. M. Robert a su acquérir la réputation de faire d'excellent beurre pour la table ; il se vend par petits pains, au prix de 1 fr. 75 les cinq cents grammes ; il fait des fromages maigres avec le lait écrémé doux ; sa laiterie lui rapporte 5,000 fr. brut, par an. Il a une grande étendue de très-belle luzerne ; il a sept bons chevaux ; il voudrait faire castrer ses vaches, afin d'avoir du lait plus gras, et de pouvoir engraisser plus facilement ses bêtes quand elles ne donnent plus beaucoup de lait. Il se sert pour litière, d'une terre assez légère, espèce de marne. Sa maison étant située sur un terrain fort en pente, il prend la terre à côté de ses bâtiments de ferme ; il gagnera de la place à mesure qu'il emploiera davantage de litière ; il fait consommer en hiver sa paille, en la faisant hacher en même temps que du foin ; il arrose le mélange d'eau bouillante, dans laquelle il a fait dissoudre des tourteaux de colza ; étant bouilli, le tourteau de colza perd son mauvais goût et donne de meilleur beurre, que celui de tourteau de lin ; celui-ci au contraire, est de beaucoup supérieur, pour engraisser du bétail.

M. Robert m'a dit qu'il allait faire une petite tournée agricole en Belgique, et qu'il visiterait M. Decrombecque, à Lens (Pas-de-Calais). Nous sommes repartis le lendemain matin, M. La Pointe et moi, pour joindre une station du chemin de fer de Metz, allant à For-

bach ; nous avons quitté le chemin de fer à Fauquemont, et nous avons pris un cabriolet qui nous a portés
à dix kilomètres de là, vis-à-vis du grand étang du
Bitshwald, dont l'étendue est de deux cent dix hectares ;
il est la propriété de M. Curé-Spol, chez lequel nous
venions. Ce Monsieur a deux fils, dont il a fait des agriculteurs ; ils ne sont pas encore mariés et cultivent ensemble ; M. Curé leur a construit une grande et belle
ferme à côté de l'ancien moulin, que M. et Mme Curé-
Spol se sont réservé comme pied à terre, lorsqu'ils
viennent passer quelque temps dans cette propriété ;
cette terre est très-productive depuis qu'elle est entre
les mains de M. Curé. Il a loué à ses deux fils, soixante
hectares de l'étang, soixante hectares de terre en dehors
de cette espèce de lac et vingt hectares de prés. Je n'ai
pas vu ces deux jeunes gens ; ils venaient de partir
pour Londres, afin d'y visiter l'exposition ; mais comme
ils seront forcés de revenir ici pour leur fenaison, ils ne
pourront voir l'exposition agricole. M. Curé a acheté il
y a trois ans, une espèce de marais de seize hectares
d'étendue pour 20,000 fr. ; on y fauchait des joncs lorsque le temps le permettait ; mais à chaque pluie un peu
forte, il était inondé ; M. Curé le fit entourer d'un large
et profond fossé, dont les terres servirent à faire des
digues partout où cela fut jugé nécessaire ; le reste des
terres fut employé à niveler et aplanir le marais. Cela
fait, M. Curé fit partager les seize hectares en cinquante portions aussi égales que possible, en étendue ;
chaque parcelle est donc d'à peu près trente ares ; elles
sont séparées les unes des autres par de petits fossés,
dont l'eau s'écoule dans le grand fossé de ceinture ;
tout cela s'est fait avec un billet de 1,000 fr. ; M. Curé
a fait mettre en adjudication la jouissance pendant une
année, de chacune de ces parcelles de prés ; il a obtenu
ainsi en 1861, la somme de 5,125 fr., ce qui forme un

bel intérêt du prix d'achat et de la dépense de l'amélioration.

Il nous a fait pénétrer dans ce pré, quelques jours avant le jour de la nouvelle adjudication ; l'herbe y était de bonne qualité et si haute et épaisse, que nous avions beaucoup de peine à la traverser.

M. Curé nous a fait l'historique de la terre du Bitshwald de la manière suivante. Cette espèce de vallée plate, entourée de coteaux sur lesquels se trouvent un assez grand nombre de villages populeux, était occupée par une forêt, par un grand étang, par un autre étang d'environ sept hectares, enfin, par un grand moulin et sa culture de soixante-seize hectares de terres et prés ; tout cela était la propriété d'un comte d'Helmstadt, qui, trop amateur des plaisirs de Paris, se ruina, et mourut. Ses créanciers vendirent la terre après avoir détruit les bois. On y créa treize grandes fermes et une autre plus petite ; le moulin resta comme il était, avec les deux étangs et sa culture.

Les premiers fermiers se ruinèrent tous ; il est probable qu'ils avaient loué ces grandes fermes sans avoir le capital nécessaire pour pouvoir en tirer bon parti ; ces braves gens ne connaissaient pas les merveilleux effets du noir animal, ni ceux de la chaux ou de la marne, pour les terres nouvellement défrichées ; les défrichements lorsqu'ils ne sont point de nature calcaire, ne peuvent bien produire sans un de ces trois amendements, par suite du tannin et de l'acidité qu'ils contiennent. Les fermiers qui remplacèrent ceux qui avaient été ruinés, étaient aussi sur le point de succomber, lorsqu'on leur fit comprendre que ces terres si mal menées depuis longtemps, pourraient devenir avec de la chaux et du fumier, très-productives ; M. Lacretelle, habitant de Pont-à-Mousson et propriétaire de trois de ces fermes, dépensa quelques milliers de francs en chaux, pour remettre ces trois fermiers en état de continuer la culture de sa propriété. Les fermes étaient louées 35 fr. par hectare ; maintenant que la chaux les a rendues très-productives , elles sont louées 45 fr.

Les étangs furent desséchés, cultivés pendant plus de vingt ans, et finirent par ne plus rien produire. M. Curé en devint alors propriétaire, avec le moulin, sa culture, et deux autres fermes , il y a de cela onze ans. Il commença par réparer l'immense chaussée du grand étang. Il empoissonna le petit étang, de manière à avoir l'année suivante cent mille carpettes pour empoissonner le grand étang ; pendant ce temps, il l'avait remis en bon état ; voici comment M. Curé administre ses étangs. Il laisse le petit étang toujours en eau, pour former l'allevin nécessaire. Le grand étang reste deux ans en eau ; après cela il le cultive pendant quatre ans ; lorsqu'il l'empoissonne, il y met la première année, les carpettes en quantité convenable , et y ajoute au commencement de la seconde année , six mille petits brochetons longs comme le doigt ; ils sont ainsi trop petits pour nuire aux carpes , leurs aînées ; ils croissent si vite , qu'ils sont bons à pêcher au bout d'une année, au moment où l'étang est mis en culture.

Les deux cent dix hectares du grand étang sont loués pour quatre ans aux habitants des villages voisins, dans les prix de 50 à 120 fr. par hectare , suivant le plus ou moins de fertilité des parcelles ; quatorze hectares n'avaient pu être cultivés avant son acquisition, parce que cette partie était pleine de sources ; M. Curé les a drainés , et ils sont loués en parcelles, comme chénevières ou potagers, à raison de 225 fr. l'hectare ; toutes ces locations ont lieu sous condition que toutes les récoltes soient enlevées pour le 15 octobre ; le propriétaire ferme alors la bonde, et remplit l'étang au moyen des pluies qui tombent à cette époque ; la moitié des écluses sont garnies de planches de chênes superposées et se joignant bien, mais disposées de manière à pouvoir être enlevées les unes après les autres ; cela se fait, une fois que l'eau trouble, provenant des plateaux environnants, qui sont en terres assez argileuses et fertiles, s'est éclaircie, après avoir déposé la vase dont elle était chargée. On enlève la planche supérieure, ce qui abaisse le niveau de l'eau ; ensuite la seconde planche est ôtée, et ainsi de suite, jusqu'à la dernière. Lorsque toute l'eau s'est écoulée, on remet les planches, et l'étang se remplit ; puis on le vide encore, et quand le mois de février est arrivé, on assèche l'étang, afin de pouvoir faire les blés de mars ; cela se pratique ainsi quatre ans de suite, et puis on remet l'étang en eau pendant deux ans. Ce colmatage fertilise si bien le sol de l'étang, qu'il est toujours bien loué, et il donne de belles récoltes sans qu'on soit obligé de fumer.

M. Curé possède une tuilerie où il fait toute la chaux dont il a besoin pour chauler ses terres à raison de quinze à vingt mètres cubes à l'hectare ; il y fait aussi ses tuyaux de drainage ; il paie 12 cent. 1/2 le mètre de drains. Il va chercher à deux lieues la pierre à chaux grasse ; le charbon maigre lui coûte à la station de Fauquemont, 15 fr. les 1,000 kilos. En ne comptant ni le prix du transport de la pierre, ni celui du charbon, le mètre de chaux ne lui revient qu'à 5 fr. On vend la chaux dans les environs à 10 et 11 fr. le mètre cube. M. Curé m'a dit que cette propriété lui coûte d'achat et de dépenses d'améliorations, environ 400,000 fr.

Il nous a fait visiter quelques-unes des fermes les plus rapprochées de sa propriété. M. Levillier, habitant de Metz, en possède deux qu'il a payées 700 fr. l'hectare ; après les avoir chaulées, fumées, et cultivées pendant une couple d'années, il en a revendu vingt hectares en détail, de 1,700 à 2,500 fr. par hectare ; on voit sur ces terres de superbes récoltes de céréales. M. Gouvernel, autre propriétaire d'une ferme, y a mis un jeune fermier anabaptiste, qui aidé par son proprié-

taire, m'a paru très-bien cultiver, il fait beaucoup
de composts de terre mélangée de chaux, il les arrose
avec les urines de son bétail ; ses récoltes nous ont paru bien plus belles que celles d'autres fermiers, qui
n'ont pas de cheptel assez considérable pour faire beaucoup de fumier. Ils font des colzas de la manière suivante : ils mélangent soigneusement cinq cents grammes
de colza par hectolitre de poudrette ; ils font alors de
petits trous sur chaque troisième raie de labour, et y
déposent une poignée de cette poudrette, ils rebouchent
le trou, et obtiennent ainsi d'assez belles récoltes ; ils
emploient une vingtaine de sacs de poudrette par hectare.

Nous fîmes aussi une visite à M. Serz, à Urville ; il y
occupe une délicieuse habitation, entourée d'un parc
charmant qui couvre dix-sept hectares. M. Serz possède
sur le bord d'une riche vallée, quatre fermes contenant
beaucoup de prés, il ne les loue que 50 fr. l'hectare,
un de ses fermiers a soixante chevaux ou poulains.
Plus je vois de fermes en Lorraine, plus je suis persuadé que ce qui retarde la culture dans ces terres
naturellement si fertiles de bien des parties de ce bon
pays, c'est l'habitude des fermiers d'avoir une grande
quantité de chevaux ; ils en mettent six à huit à leurs
grosses et lourdes charrues Dombasle ; ces nombreux
chevaux ne mangent que peu d'avoine, sont mal soignés, et n'atteignent qu'une bien faible valeur vénale.
Les grandes fermes de Lorraine n'ont par suite que peu
de bêtes à cornes, rarement un troupeau ; s'il y en a un
il est toujours peu nombreux. Comme le cheptel est le
plus souvent onéreux, on force en céréales mal fumées,
et on est obligé de persister dans la jachère morte, toujours très-mal faite. Toutes ces terres fortes auraient
besoin d'être drainées, chaulées, et bien fumées ; eh
bien ! on ne connaît ni le guano, ni le nitrate de soude,
ni le phosphate de chaux, en Lorraine. Les propriétaires

dédaignent ou craignent de s'occuper de leurs terres, qu'ils connaissent à peine, il s'ensuit, que les fermes en bonne terre de ce pays, sont louées de 50 à 60 fr. par hectare ; tandis que de pareilles terres sont louées de 100 à 150 fr. dans le nord de la France.

Je suis allé de Metz à Thionville, les froments n'y ont pas autant souffert de la gelée ; la culture m'a paru mieux soignée, en suivant cette ligne de chemin de fer.

En arrivant à Thionville, je voulus faire une visite à M. Gallois, président du comice agricole ; il était absent, mais devait rentrer dans la journée. J'avais fait sa connaissance ainsi que celle de M. Poulmer, au concours régional de Nancy. Je cherchai alors ce dernier, que je trouvai chez lui ; il me dit qu'ayant vendu son habitation avec quelques hectares aux frères de la Doctrine chrétienne, il s'arrangeait une petite ferme pour s'amuser à la cultiver.

M. Poulmer me fit voir un très-beau poulain de luxe qu'il a élevé, puis de bons chevaux de culture, quelques belles vaches et des cochons anglais ; tout cela est fort bien logé. Il me proposa de me faire visiter l'établissement des frères, qui lui ont payé 140,000 fr. sa très-belle maison, des bâtiments considérables qui étaient occupés par la sucrerie et la ferme que M. Poulmer faisait valoir. Cette communauté est composée de plus de quarante frères, elle a un pensionnat de deux cents jeunes gens ; elle a dépensé depuis son acquisition, environ 400,000 fr. en bâtiments et arrangements divers ; les jardins sont très-grands et fort beaux ; ils sont pleins d'arbres à fruits des meilleures espèces. M. Gallois étant arrivé, il proposa de nous conduire M. Poulmer et moi, au château de Bétange. M. de Gargan, le propriétaire, en était absent, ainsi que sa famille ; mais il nous proposa de voir une très-belle ferme que M. de Gargan venait de faire construire. Cette course me fit voir une partie de la riche vallée de la Moselle, dont les terres, aux environs de la ville, se vendent de 3 à 4,000 fr. et dont les côtes qui la bornent, portent d'assez bons vignobles.

Nous n'avons pas trouvé M. Mangin, fermier de M. de Gargan, mais son fils nous a fait visiter de belles écuries contenant un grand nombre de bons chevaux; une vacherie assez nombreuse pour le pays, avec un taureau durham et une belle bergerie, dont nous avons été dans les champs voir les habitants, ce troupeau est croisé southdown; j'ai regretté de voir qu'il pâturait dans des terres ayant grand besoin de drainage.

M. Gallois m'a confirmé ce que j'avais déjà entendu dire ailleurs, c'est que le comice de Thionville était fort zélé pour les améliorations agricoles; il a, depuis quelques années, importé des animaux de races perfectionnées, de bons instruments, ainsi que des plantes utiles; voici sur ces faits quelques détails, que j'ai trouvés dans le compte-rendu du comice agricole de Thionville; ils me semblent bons à faire connaître. Cet arrondissement a six cent quarante kilomètres de chemins vicinaux bien entretenus, et dont cent soixante-douze ont été faits pendant les dix années séparant 1851 de 1861. Le comice a distribué depuis cinq ans comme primes, cinquante-trois instruments perfectionnés d'agriculture, qui lui ont occasionné une dépense dépassant 5,000 fr. Ces distributions de bons instruments ont amené les cultivateurs de l'arrondissement, à se procurer de ces instruments ou machines pour plus du double de cette somme.

Il a fait venir sept jeunes taureaux de pure race durham, ils ont été donnés comme primes à des fermiers soignant bien leur bétail à cornes; cela a décidé quelques-uns de ces cultivateurs, à se procurer aussi des génisses de pure race.

Les conseils du comice, et les bons exemples donnés

par plusieurs de ses membres, ont fait faire des drainages dans les six années se terminant en 1860, sur une
étendue de cent cinq hectares ; dans les deux années
qui ont suivi, cent vingt-trois hectares ont été drainés.

Le comice a importé et distribué des pommes de terre
chardon ; maintenant les deux tiers des champs plantés
de ce tubercule, le sont en espèce chardon.

Le trèfle hybride a été aussi introduit dans la culture
du pays par le comice, ainsi que le seigle multicaule qui
convient comme fourrage.

Le Comice engage beaucoup les cultivateurs à res-
treindre leurs jachères mortes en y faisant des betteraves pour leur bétail.

Il prêche pour l'augmentation des prairies artificielles
et pour l'irrigation des prairies naturelles, partout où
cela est possible.

Il serait à désirer que tous les Comices ou sociétés
d'agriculture en France, imitassent le Comice de Thionville, et fussent aussi bien dirigés.

Etant revenu à Metz, je m'y arrêtai, pour faire une
visite à M. Carny le fils ; j'avais été le voir avec M. Gé-
not, très-bon cultivateur, qui a malheureusement renoncé à la culture.

M. Carny est un des élèves agriculteurs d'un homme
de grand mérite, de M. Villeroy, propriétaire du Rittershof en Bavière rhénane. M. Carny fait honneur à
son maître, car il cultive à merveille une très-jolie et
excellente propriété à la Grange-le-Mercier, à deux kilomètres de Metz. Sa ferme est située sur les bords très-fertiles de la Seille, elle contient cinquante-cinq hectares
d'un seul tenant ; ses trois hectares plantés en tabac,
comme ses récoltes sarclées, sont d'une propreté exem-
plaire, il ne cultive, depuis plusieurs années, que des
froments anglais ; ils n'ont pas souffert de la gelée chez
lui, même l'année où l'on a été obligé d'en retourner
une si grande quantité, qu'on a eu grand tort de ne pas

doubler. Les froments de M. Carny sont de toute beauté.

Il engraisse des vaches ; c'est dommage qu'un si bon agriculteur, n'élève pas un beau troupeau de durham qui, entre ses mains, devrait bien réussir.

Ses étables et son écurie sont on ne peut plus commodément arrangées.

Il a fait construire en planches un grand séchoir à tabac qui lui a coûté 10,000 fr. ; c'est une construction des plus essentielles lorsqu'on cultive le tabac en grand.

M. Carny est très-bien monté en instruments aratoires. Il a des charrues, des herses, et des houes à cheval de Howard, et un scarificateur Coleman ; il en est fort content.

J'ai quitté M. Carny, enchanté de sa ferme et de son excellente culture, pour retourner à Pont-à-Mousson.

J'en suis reparti le 20 juin, et j'arrivai le lendemain matin chez M. Vallerand, fermier à Mouflaye, à deux kilomètres de Vic-sur-Aisne, bourg situé entre Soissons et Compiègne. Cette ferme d'une contenance de deux cent quatre-vingts hectares, mal bâtie, est posée sur le versant d'un grand plateau très-fertile ; elle domine une délicieuse vallée, dans laquelle M. Vallerand possède une ferme de plus de cent hectares qu'il fait aussi valoir ; elle est en terre légère et donne d'aussi belles récoltes que celle sur le plateau que M. Vallerand cultive depuis plus de vingt ans ; en y entrant, il a été obligé de construire plusieurs bâtiments qui, à fin de bail, lui seront remboursés à dire d'experts, il n'a plus que cinq ans de bail. On m'a dit depuis, que son propriétaire, dont il a si grandement amélioré la ferme, lui demande 135 fr. par hectare loué précédemment 55 fr. Je ne voudrais pas être aussi ingrat.

M. Vallerand a inventé une énorme charrue défonceuse, à versoirs changeants, attelée ordinairement de douze énormes bœufs charolais ; elle retourne de quatre-vingts ares à un hectare par jour, à 0^m35 et même à 0^m40 de profondeur, en enterrant une fumure de soixante-cinq à soixante-dix kilos, le défoncement forçant la charrue de prendre une grande largeur de raie. - M. Vallerand a bien voulu faire atteler une de ces formidables charrues pour m'en faire voir le travail ; on n'y attela que huit bœufs, choisis parmi les plus beaux du Charolais ou du Nivernais ; la paire lui revient ordinairement de 12 à 1,400 fr., et il en a suivant la saison, de trente à quarante paires. Il ne fait pas de jachères mortes et toute la ferme était couverte des plus belles récoltes en tous genres ; nous fûmes donc obligés de nous rendre dans le champ d'un petit propriétaire voisin, pour voir fonctionner la charrue dans une terre qui n'avait pas encore été défoncée ; aussi ramenait-elle un mauvais sous-sol par-dessus l'excellente terre ; cela n'empêche pas les petits cultivateurs du voisinage de demander en grâce, à M. Vallerand, d'essayer dans leurs champs les nombreuses défonceuses qu'il expédie dans toutes les parties de la France ; celle que j'ai vu essayer, était pour M. Massé, au château de Marteau, près la Guerche (Cher) ; le labour a été parfaitement exécuté ; le laboureur ne prend les mancherons que pour commencer et finir le sillon ; une fois que la charrue est en terre, elle fonctionne sans l'aide de personne.

M. Vallerand a une soixantaine de bœufs qui n'ayant rien à faire, sont en assez bon état pour être emmenés par de bons bouchers ; ce serait le cas de les vendre, et de les remplacer par une locomobile à vapeur de la force de dix chevaux ; celle d'Aveling et Porter, à Rochester en Angleterre, lui coûterait 10,500 fr. ; elle ferait marcher parfaitement ses défonceuses ; elle transporterait ses betteraves à la sucrerie qui les achète, et en ramènerait les pulpes destinées aux bœufs et aux bêtes à l'engrais ; cette machine des plus perfectionnées, traîne sur les routes dix mille kilos, en montant des hauteurs dont le niveau change de un sur dix ; elle descend les pentes les plus raides ; elle laboure ou scarifie parfaitement, et bat très-bien en grange ; enfin , lorsqu'elle n'est pas employée , elle ne dépense rien excepté l'intérêt à 10 pour °/₀ du capital d'achat ; le prix de vente de huit paires de ses bœufs, suffirait à M. Vallerand, à réaliser une énorme économie dans ses dépenses de cultures.

C'est un fabricant du voisinage qui lui construit ses fameuses charrues à défoncement ; mais M. Vallerand ne veut pas qu'elles soient expédiées aux personnes qui lui en demandent, avant qu'elles n'aient été essayées chez lui , et qu'elles n'aient passé par les mains de son maréchal ; elles coûtent 400 fr., plus 25 fr. pour une seconde paire de roues servant à les transporter au champ. M. Vallerand ne donne son labour de défoncement , qu'à la première de ses cinq soles , cette sole est destinée à produire des betteraves qui reçoivent trois cents kilos de guano , en sus de l'énergique fumure enfouie à 0ᵐ35 ; la deuxième sole produit encore des betteraves , et ne reçoit que du guano , après un labour de 0ᵐ20 ; les troisième et cinquième soles produisent les plus beaux froments que j'aie vus cette année , même chez les meilleurs cultivateurs du Nord ; la quatrième sole est partagée entre le trèfle et des féverolles ; le tout est parfaitement beau , ce qui est d'autant plus remarquable, que jusqu'alors je n'avais encore vu que de mauvais trèfles.

M. Vallerand n'a qu'une dizaine de gros chevaux ; dans le nombre plusieurs sont âgés de dix-huit à vingt ans ; leur nourriture est de treize kilos de trèfle sec , et de dix-sept litres d'avoine ; ils sont gras. Ses bœufs mangent un mélange de trèfle vert et de paille passés par le hache-paille, deux kilos de tourteaux pulvérisés, et de la pulpe de betteraves pressée ; toutes les nourritures sont un peu salées. La pulpe lui coûte 10 fr. les 1,000 kilos, plus le port d'une distance de cinq ou six kilomètres.

M. Vallerand assure que son labour de défoncement tous les cinq ans est si utile, qu'on ne voit pas de différence dans la beauté de ses récoltes, quelle que soit la nature, bonne ou mauvaise du sous-sol ; cependant, ce sous-sol souvent si mauvais, se trouve ramené à la surface en assez forte quantité. M. Vallerand m'a donné une petite brochure, d'après laquelle beaucoup de cultivateurs se servent de sa défonceuse, et s'en louent infiniment, même en terres légères et caillouteuses. M. Vallerand n'ayant pas de fils, a chez lui un de ses neveux, qui a bien voulu me conduire chez M. Carette fils, l'habile rapporteur de la visite des fermes des candidats à la prime d'honneur, dans les départements du Pas-de-Calais et du Nord, en 1862 et 1863. Il habite une ancienne et fort belle abbaye près Coucy-le-Château ; il a construit assez récemment et à un kilomètre du château, une grande et très-belle ferme ; un grand hangar, lui sert de grange ; tous les fourrages, verts ou secs, passent par le hache-paille ; on mélange de la pulpe et des tourteaux aux fourrages destinés au bétail, à la nourriture des chevaux on ajoute de l'avoine aplatie ou des féverolles cassées ; chaque laboureur ou bouvier, a un coffre fermé à clef pour serrer la provision de ses animaux. La bergerie est séparée en compartiments. Les instruments et les machines tous d'un bon choix, sont bien rangés sous des hangars qui leur sont destinés ; les charrettes et les tombereaux sont remisés, lorsqu'ils ne sont pas employés.

La machine à battre est mue par un manége, qui fait marcher aussi le hache-paille et les autres machines destinées à la préparation de la nourriture du bétail ou au nettoyage des grains.

Une ancienne ferme, plus rapprochée du château, a

été convertie en vacherie ; il s'y trouve des places à fumier couvertes, et plusieurs hangars sous lesquels les bêtes à cornes sont élevées en liberté ; aussi sont-elles fort belles ; il y a quelques durham de pure race, et des charolais, taureaux et vaches. M. Carette tenant à élever ses bœufs de trait, à sa place je donnerais mon taureau durham à des vaches flamandes ou hollandaises ; les bœufs croisés travailleraient aussi bien que les charolais, et les vaches croisées ainsi, donneraient beaucoup de lait et de beurre, tandis que les charolaises sont de mauvaises laitières.

Au reste, ce ne sont pas des attelages de bœufs que les riches et bons cultivateurs doivent avoir ; ce sont des charrues et scarificateurs à vapeur qu'il leur faut ; la culture à vapeur ne coûte guère que moitié de celle faite avec des attelages, tout en comptant 20 pour %, d'intérêt du capital déboursé comme intérêt, usure et amortissement. La culture de M. Carette s'étend sur cent quarante hectares, dont une partie sont des bois défrichés en terre légère ; il a drainé une centaine d'hectares et les a chaulés à raison de vingt mètres cubes par hectare ; il s'occupe du drainage de ses quarante hectares de prés marécageux, mais en bon fonds ; il est obligé de faire un canal large et profond, afin d'emmener les eaux à une grande distance. Son troupeau formé de cent vingt brebis métis-mérinos, reçoit des béliers dishley.

Il fait beaucoup de betteraves pour la sucrerie et la distillerie de Monsieur son père, dont il est le seul fils.

Les environs de son château sont fort beaux ; les ruines gigantesques du château de Coucy, posées sur un mamelon fort élevé, forment un magnifique point de vue. M. Carette étant forcé de s'absenter le lendemain, me conduisit chez Monsieur son père, dont la jolie habitation est placée au pied de la montagne qui porte les énormes tours de l'ancien château d'Enguerrand de

Coucy ; ces Messieurs me firent parcourir en voiture, une partie de la grande culture de M. Carette père, qui s'étend sur trois cent quatre vingts hectares, formant sa propriété ; les terres de la vallée sont excellentes ; celles du plateau sont d'une nature calcaire, légères et peu fertiles.

Une fort belle écurie loge vingt chevaux, dont le prix moyen est de 1,000 fr., quarante ou cinquante bœufs suivant l'époque de l'année, ont coûté par paire la même somme ; ce sont des charolais. La bergerie est remarquable, ses nombreux compartiments contiennent comme l'étable, des abreuvoirs où l'eau arrive au moyen de robinets.

M. Carette père ne nourrit pas ses domestiques de ferme ; ils sont mariés, reçoivent seize hectolitres de méteil et 500 fr. en argent ; ils sont logés et la maison avec jardin qu'ils occupent, vaut d'après lui 100 fr. de loyer.

Une forte chute d'eau dessert près l'habitation de M. Carette, un moulin et une sucrerie ; celle-ci contient en outre une machine à vapeur.

Une partie des terres de la vallée qui avoisine le village, se loue à des maraîchers à raison de 500 fr. par hectare.

Un omnibus m'a conduit de Coucy-le-Château à la station du chemin de fer la plus rapprochée, et je suis allé coucher à Donay. J'ai visité le lendemain M. Pilate qui a, comme à l'ordinaire, de très-belles récoltes en tous genres ; son troupeau dishley-mérinos de demi sang est vraiment excellent de formes et de toisons ; celles-ci valent de 8 à 10 fr. ; il ne se sert que de béliers de son troupeau ; il en vend un assez grand nombre de 150 à 300 fr. la pièce.

M. Pilate n'est pas marié, deux de ses frères vivent avec lui ; leurs parents vivent encore. Ils ont une sucrerie ; sa culture s'étend sur cent quarante-cinq hectares, dont une partie est à lui ; il a encore douze ans de bail, et son loyer, compris les impôts, est de 200 fr. Il loue une autre partie de ses terres à 250 fr. l'hectare.

Un de ses parents vient de payer 400,000 fr. un lot de quarante hectares ; il ne s'y trouve point de bâtiment.

L'après-midi, une petite diligence m'a fait parcourir un pays très-peuplé, annonçant une grande aisance ; on y voit beaucoup de pièces d'eau ou petits lacs.

Je quittai la voiture dans un gros bourg du nom de Loisy, à quatre lieues et demie de Douay ; j'eus deux kilomètres à faire pour arriver chez M. Hary, à l'ancienne abbaye du Verger ; il en est le propriétaire, avec un lot de terre ; il cultive cent cinquante hectares, qui sont loin d'être aussi fertiles que les terres avoisinant le chef-lieu du département ; cependant les froments de M. Hary sont de toute beauté, de même que ses betteraves et ses pommes de terre.

Ses étables sont des mieux organisées ; elles peuvent loger jusqu'à trois cents bêtes à cornes à l'engrais. En été, son troupeau s'élève à deux cents têtes ; il en double le nombre en hiver lorsqu'il distille, ce qu'il fait sur une assez grande échelle ; il fabrique cinquante mille kilos de betteraves par vingt-quatre heures ; il en cultive soixante-cinq hectares et il en achète beaucoup. M. Hary fait soixante-cinq hectares de froments mêlés des meilleures variétés ; ils sont semés au semoir ; ils lui ont donné depuis dix ans un produit moyen de trente trois hectolitres par hectare, il leur donne au moins cent kilos de guano par hectare. Quoique venant à la suite de betteraves fortement fumées, ses betteraves sont arrivées, depuis la même époque, à la moyenne de soixante-cinq mille kilos ; il fait chaque année douze hectares de pommes de terre chardon ; il en a récolté l'an dernier trente-six mille kilos par hectare, et les a vendues 10 fr. les cent kilos, embarquées à sa porte sur le canal, pour aller à Bruxelles.

Il a fait l'an dernier avec les betteraves de sa récolte, 7 pour %, d'alcool ; il les fume moins depuis qu'il les distille.

M. Hary a une chute d'eau près de son habitation ; elle dessert un moulin, ainsi que sa distillerie, avec laquelle il distille en été du grain, lorsque son prix le lui permet ; sa récolte de froment est moulue chez lui, et le son est consommé par son bétail ; il tient maintenant plus de deux grosses têtes à l'engrais par hectare, et il espère, dit-il, en nourrir bientôt deux et demie sur la même étendue.

Comme il est reconnu généralement, que ce sont les bouchers seuls qui bénéficient sur le bétail, M. Hary a l'intention de monter une boucherie, dans une des grandes villes qui sont à sa portée, afin de tirer un meilleur parti du grand nombre de bêtes qu'il engraisse chaque année. Sa place à fumier est très-profonde, elle est couverte d'un toit en chaume, très-bien fait ; son troupeau y est parqué chaque jour, pendant quatre heures, pour le tasser. Il a essayé dernièrement du défoncement des terres à la Vallerand, sur une petite étendue, en divers points de sa ferme ; il veut voir si cela réussit chez lui, avant de le faire en grand. Il a eu jusqu'à cent quatre-vingts cochons, lorsqu'il distillait du grain ; ses toits à porcs sont bien et solidement établis. M. Hary trouve qu'on n'estime pas assez haut la valeur du guano, en comparant cent kilos de ce merveilleux engrais, à dix mille kilos de fumier ordinaire de ferme. D'après des expériences qu'il a répétées et suivies très-exactement, l'équivalent serait de seize mille kilos de fumier ordinaire, et de douze mille kilos de fumier de bêtes à l'engrais, mangeant du tourteau et des grains.

M. Hary eût remporté la prime d'honneur du Pas-de-Calais, cette année, si M. Decrombecque n'eût pas été sur la liste des concurrents ; aussi a-t-il obtenu la

première des grandes médailles d'or, qui ont été données à l'occasion de ce concours.

Le frère de M. Hary, depuis trois ans est devenu son
élève en agriculture ; il va louer une ferme de cent
quatre-vingts hectares à 130 fr. l'hectare, près la ville
de Bouchain, à quelques lieues de l'abbaye du Verger.

Je me rendis de là, à trois kilomètres de Montigny,
première station du chemin de fer de Douay à Valenciennes, chez M. Févet, à Masny ; je l'avais visité
il y a douze ou quinze ans. M. Févet a, depuis
lors, construit d'abord une fort belle habitation, et
récemment, une ferme magnifique qui lui a coûté
plus de 100,000 fr. ; la toiture de ses bâtiments principaux avance suffisamment sur la cour, pour qu'en cas
d'orage, on puisse y remiser des chariots chargés de
foin ou de gerbes.

Il a construit une tour carrée, fort élevée, qui contient quatre grands cylindres en tôle ; ils sont destinés
à conserver à l'abri des rats, des souris et des insectes,
les grains battus et nettoyés ; cela ressemble fort en
grand, au grenier Pavie. La contenance de ces quatre
cylindres est de cinq mille hectolitres. Cette tour et l'appareil qu'elle contient, ont coûté 12,000 fr. Les écuries, vacheries et bergeries, sont arrangées de la manière la plus commode pour les animaux et pour ceux
qui les soignent ; les bêtes, quoique attachées, ont à leur
portée de l'eau qui se renouvelle continuellement, ce
qui est une grande amélioration.

M. Févet est grand partisan de ce qu'on appelle dans
ce pays une crinoline, c'est une espèce de paillasson
servant à couvrir en un instant les meulons de foin, et
les grandes moyettes de gerbes qu'on fait dans le Nord.
Il a cinq mille crinolines. M. Févet est un des grands
fabricants de sucre de ce pays ; sa sucrerie est à une
certaine distance de la ferme.

Ses champs de betteraves sont très-beaux et fort bien

sarclés ; une partie a été atteinte par la grêle. Toutes ses récoltes sont fort belles, et surtout ses quinze hectares de lin ; il vient de le vendre sur pied 1,400 fr. par hectare. Il n'a de vaches que pour la consommation du ménage ; son taureau et ses vaches sont d'espèce flamande.

Les bouchers des environs mettent des vaches en pension chez lui ; ils ne paient que 45 cent. par tête pour la pulpe et la paille qu'il leur faut ; les tourteaux et farines sont fournis par les propriétaires des bêtes ; ils améliorent le fumier.

M. Févet ne sème qu'un hectolitre de froment par hectare, chez lui, tout étant semé au semoir. Ses beaux hivernages sont semés avec trois quarts de seigle et un quart de vesces. Lui ayant demandé quelle somme il lui fallait par hectare pour faire marcher une culture aussi perfectionnée, il m'a dit que 1,200 fr. n'étaient pas de trop. M. Févet n'est pas marié ; il a trois frères, dont un est son associé ; il dirige une grande sucrerie et raffinerie près de Douay ; un autre de ses frères est lieutenant-colonel d'un des deux régiments d'artillerie de la garde ; un autre encore, est conseiller à la Cour Impériale de Douay.

Arrivé de bonne heure à Lille, j'allai faire une visite à M. Casier, fermier à Marc ; sa ferme s'étend sur trente-cinq hectares, employés de la manière suivante :

3 hectares en vergers pâturés, ou fauchés.

2 h. en tabac, fumés chacun avec cent mille kilos de fumier, huit mille kilos de tourteaux, et trois cent soixante hectolitres de vidanges liquides.

3 h. 50 ares de lin, fumés chacun, à deux cent cinquante hectolitres de vidanges liquides.

4 h. de betteraves dont deux faits après tabac, n'obtiennent rien ; les deux autres reçoivent chacun cent mille kilos de fumier.

3 h. 50 ares avoines, rien.

14 h.   de froment, reçoivent chacun cent kilos de guano.

2 h.   trèfle, rien.

1 h. 50 ares en hivernages, rien.

1 h.   en escourgeon, ou orge d'hiver ; on sème, après sa récolte, des navets fumés à deux cent cinquante hectolitres de vidanges.

0   50 ares en chemins et fossés.

Ce qui fait un total de 35 h. 50 ares.

M. Casier paie 215 fr. de loyer, et gagne autant par hectare. Il a payé à la veuve de M. Cornille, son prédécesseur, 49,000 fr. pour son train de culture ; il faut ajouter à cette somme, le capital nécessaire pour les dépenses courantes de l'année. Son cheptel se compose de six gros chevaux, vingt-cinq vaches hollandaises et flamandes, conservées rarement plus d'un an ; on compte sur seize à dix-huit litres, en moyenne, sur toute l'année ; il y a des vaches qui donnent jusqu'à trente-cinq litres, à nouveau lait et en bonne saison ; une de ses vaches donne vingt litres, après deux ans de vélage ; mais on n'en voit pas souvent de pareilles.

Ses vaches hollandaises lui coûtent, rendues à Lille, environ 500 fr., chaque bête de la vacherie dépense 1 fr. 25 par vingt-quatre heures : elles reçoivent pour 20 centimes de pulpe de sucrerie, pour 40 c. en résidus de distillation de genièvre, pour 50 c. de drèche et 15 c. pour un kilo de tourteau de colza fondu dans l'eau qu'elles boivent ; il ne compte ni la valeur du fourrage consommé, ni celle de la litière, ni ses soins.

Son étable est infectée de la cocote.

Son tabac est très-beau ; le quart de son produit appartient à l'ouvrier qui en entreprend la culture à bras, la récolte, et les soins de séchage.

Ses froments ont plus de cinq pieds de haut, mais comme il en a de versés, il ne compte que sur une récolte de trente-trois hectolitres, les avoines sont superbes en hauteur et épaisseur ; je n'avais pas encore vu de si belles betteraves ; les premières, semées le 6 avril, sont les plus remarquables.

Il achète de trois à quatre mille barriques de vidanges liquides ; elles contiennent cent vingt litres, et coûtent 30 centimes.

Je suis allé à trois kilomètres plus loin chez M. Lecat-Butin, excellent cultivateur, que j'ai l'avantage de connaître depuis longtemps. Il cultive quarante-deux hectares, dont cinq en prés, deux en chemins, haies, pièces d'eau et fossés, dix en froments, trois et demi en tabac, trois en betteraves, trois et demi en pommes de terre, quatre en lin, cinq en avoine, un et demi en féverolles, deux et demi en hivernage et deux en trèfle.

Voici l'assolement de M. Lecat :

Première sole ; tabac fumé à cent vingt mille kilos de fumier, et dix mille tourteaux de colza à l'hectare ; de betteraves et pommes de terre, recevant trois mille cinq cents kilos de tourteaux à 16 f. les cent kilos.

Deuxième sole ; froment sans engrais venant après tabac, après racines et tubercules de 250 à 300 kil. de guano.

Troisième sole ; trèfle vieux, hivernage vieux, escourgeon avec quatre cents kilos de guano, lin avec deux mille kilos de tourteaux, colza avec trois mille kilos de tourteaux par hectare.

Quatrième sole ; avoine avec deux cents kilos de guano, lin avec deux mille kilos de tourteaux.

Les récoltes moyennes, en froment, depuis dix ans, ressortent ici à trente-deux hectolitres l'hectare ; celles d'avoine à soixante-dix hectolitres.

Quand les pommes de terre sont bien levées, M. Lecat fait passer la fouilleuse à une profondeur de 0^m25, et il butte deux fois ; le produit de l'espèce chardon va jusqu'à trente mille kilos, celui des autres variétés n'arrive au plus qu'à vingt mille kilos.

Il défonce ses terres avec le brabant sans roues, à 0^m26; il le fait suivre d'une charrue pareille, dont on a ôté le versoir, et qui fouille le sous-sol à 0^m,11.

Le chaulage produit d'excellents résultats sur toutes les récoltes, excepté sur le tabac et sur le lin, qui le craignent.

Le trèfle sans engrais ni amendement, produit de quinze à vingt mille kilos de fourrage sec. Le colza qui donnait anciennement de vingt-cinq à trente hectolitres, n'en donne plus que de quinze à vingt depuis une douzaine d'années; cependant cette récolte, par exception, sera cette année d'une trentaine d'hectolitres. Le tabac et le lin, n'usent que moitié de l'engrais qu'on leur donne.

Les vingt-sept bêtes à cornes, les bêtes d'un an comprises, consomment des résidus de distillation de betteraves râpés et pressés, qu'il paye 15 fr. les mille kilos; les vaches en mangent pour 45 centimes par jour, les génisses de deux ans, en ont pour 30 centimes, et celles d'un an pour 20 centimes; un taureau d'un an qui fait le service, en mange pour 25 centimes; celui de deux ans qu'on engraisse, en obtient pour 75 centimes. On met pour 1 fr. 50 de tourteau dans l'eau qui est bue par ces vingt-sept bêtes.

Une de ses vaches qui n'est cependant pas de grande taille, lui donne pendant trois mois après vêlage, plus d'un kilo de beurre par vingt-quatre heures; il faut de vingt à vingt-deux litres de son lait, pour faire un kilo de beurre.

Les bons chevaux dans ce pays, se payent ordinairement 1,000 fr., ceux de premier choix vont jusqu'à 1,200 fr.; on leur donne dix litres d'avoine, lorsqu'ils sont nourris au vert, et de vingt à vingt-cinq litres en hiver, lorsqu'ils sont au sec et travaillent fort.

12

Les charretiers de M. Lecat ne gagnent que 250 fr.;
les servantes de choix arrivent au même prix.

Les hommes de journée ont 75 centimes et la nourriture estimée 80 centimes; les femmes gagnent 60 écus;
leur nourriture est estimée à 50 centimes; on donne
9 fr. pour piqueter un hectare; la nourriture consommée pendant les quatre jours employés à couper ainsi
l'hectare, est estimée à 4 fr.

J'ai pris le soir, le chemin de fer pour Calais, et me
suis embarqué sur le bateau à vapeur pour Douvres.

QUATRIÈME PARTIE.

Voyage en Angleterre, en 1862.

Je suis arrivé le 26 juin 1862 de bonne heure à
Maidstone, d'où je me rendis à pied au château de Preston Hall. Cette magnifique habitation a été construite il
y a dix ans, par M. Betts, au milieu d'un parc garni
d'arbres énormes et très-beaux, de bien des espèces;
M. Betts étant absent, je me rendis comme à ma première visite, à la ferme, où je trouvai M. Freeman,
régisseur; quoique jeune encore, il est un des bons cultivateurs d'Angleterre.

Il venait d'acheter un superbe taureau durham, dans
une vente chez un éleveur renommé. Sa vacherie de
même, m'a paru fort belle et assez nombreuse. On pourrait donc s'y procurer de bons jeunes taureaux de cette
excellente race, sans les payer trop cher et sans avoir à
supporter des frais de voyages trop lourds, puisque
Maidstone n'est pas très-loin des ports de Folkstone et
de Douvres; on pourrait peut-être obtenir du vendeur
qu'il se charge de les y faire embarquer.

La culture de M. Betts s'étend sur trois cent vingt hectares, elle est des mieux dirigées que je connaisse; la ferme est parfaitement et simplement organisée pour le logement du bétail et son engraissement. Un cultivateur qui irait y chercher un taureau, aurait en même temps, l'avantage de voir une fort belle habitation anglaise, de très-beau bétail, des terres fort bien cultivées, enfin une ferme très-simple et cependant des plus commodes.

M. Freeman a formé deux assolements : l'un est pour les terres assez légères et à sous-sol de craie qui occupent le plateau et la pente descendant à la vallée, l'autre sert pour celles du bas de la côte et de la vallée qui sont fortes; celles-ci bordent les deux bords d'une rivière, la Medway. Il a opéré ce changement après avoir fait un grand nombre d'expériences, pendant les dix années précédentes.

Il m'a dit que pour suivre les deux assolements qu'il a adoptés, il faut que les terres soient tenues extrêmement propres. Aussitôt que les céréales sont liées et mises en dizaines, il fait passer des femmes armées de petites fourches sur les chaumes; elles arrachent le chiendent, les chardons et toutes les autres herbes traçantes, elles doivent les ramasser soigneusement et les brûler; on passe ensuite le scarificateur Coleman qui pèle parfaitement le chaume; on herse et on ramasse les chaumes d'abord au rateau à cheval, ensuite avec celui à bras; on les transporte dans les cours de ferme, où ils servent de litière.

M. Freeman dit qu'il n'a pu parvenir à faire tout cela à temps, qu'en adoptant les tombereaux et les charrettes attelés d'un seul cheval; en même temps, au lieu de conduire ses récoltes dans la cour des meules, il a adopté l'usage des bons fermiers de Norfolk, il forme les meules sur le bord des chemins qui touchent les champs de la plante récoltée; il évite ainsi de perdre le temps des chevaux, dans un moment où l'on a tant besoin d'eux, car il est essentiel de ne pas laisser la terre se dessécher ; pour cela il faut peler le chaume, même avant d'enlever les dizaines qui sèchent ; on achève ce travail dès qu'on les a mises en meule. Une fois la terre libre et le chaume enlevé, on laboure, on herse, on sème du trèfle incarnat sur le quart de la sole, un autre quart est semé en colza pour être consommé en vert par les moutons, en automne, avant la maturité des navets ; un quart est semé en seigle pour être mangé en vert au printemps avant le trèfle incarnat, et le dernier quart est en vesce d'hiver ; à mesure que ces fourrages sont consommés, on fume et on laboure, pour repiquer des betteraves, semer des rutabagas, et enfin des navets ; on ajoute à une fumure de quarante ou cinquante mille kilos par hectare, deux cent cinquante kilos de guano et deux cent cinquante kilos de superphosphate de chaux. M. Freeman a remarqué qu'en retardant la semaille des rutabagas jusqu'à la mi-juin, ils évitent la miellée et réussissent mieux que ceux plus hâtifs.

Il fait mettre en silos dans les cours de la ferme les betteraves, ainsi qu'un tiers des autres racines qui sont consommées par les bêtes à cornes en hiver et au printemps ; les deux tiers restés dans les champs servent à engraisser sur place les moutons et à nourrir les brebis jusqu'au moment de l'agnelage, elles reçoivent alors des betteraves qui leur donnent beaucoup de lait ; les brebis ont en outre de la provende ; cela permet d'engraisser les agneaux de bonne heure, lorsqu'ils sont le plus cher. On donne de dix à quinze kilos de betteraves aux chevaux pendant l'hiver et même jusqu'aux nouvelles betteraves ; cela les rafraîchit, et prévient des maladies auxquelles ils sont assez sujets sans cette précaution.

La seconde sole est semée en orge et trèfle, avec un

peu de ray-grass d'Italie ; le trèfle de la troisième sole
est fauché deux fois, on le fume après la première
coupe, ce qui la rend d'autant meilleure et assure un
superbe froment pour la quatrième sole ; aussitôt que
celui-ci a été mis en moyettes, on remet des femmes à
nettoyer le chaume, en y faisant ce qui a été indiqué
ci-dessus ; on laboure , on y sème un mélange par
moitié de guano et superphosphate pesant quatre cents
kilos à l'hectare, qu'on enterre bien par la herse, pour
y semer après des navets dits gelée d'orange, et des sto-
nes blancs. Ces deux variétés conviennent le mieux
pour semer en récoltes dérobées ; les seconds sont réservés pour le printemps, pour être consommés au moment où ils montent en fleurs, avant que le seigle fourrage ne soit bon à prendre. La cinquième sole est en
avoine avec deux cents kilos de guano : moitié est semée
en lupuline ; l'autre moitié après nettoyage du chaume,
fumure et labour, est semée en féverolles et en pois
d'hiver. Sixième sole, la lupuline qui a reçu deux cent
cinquante kilos de guano de bonne heure au printemps,
donne jusqu'à cinq mille kilos d'excellent foin. Les
féverolles semées en lignes doivent être bien sarclées ;
si on a semé des pois, il faut après leur enlèvement et
un labour, semer du colza, car les pois sont un mauvais
produit pour le froment de la septième sole, et le colza
sert alors d'intermédiaire. Huitième sole, orge ou
avoine.

Voici l'assolement des terres fortes : première sole,
seigle pour fourrage vert, ou vesces semées après une
bonne fumure, sur chaume d'orge ou avoine bien nettoyés, comme cela doit se faire pour tous les chaumes.
On fourche ces fourrages verts à mesure qu'ils sont bons
pour les chevaux et les bêtes à cornes ; les moutons les
mangent sur pied et sans les piétiner et perdre comme
cela n'est que trop souvent l'habitude des fermiers anglais ; on obtient ce résultat en rangeant le long d'un

des bords du champ de ces vesces, des claies faites en fer creux, établies de manière à ce qu'en les posant par terre elles se tiennent debout, sans avoir besoin de les fixer au moyen de chevilles enfoncées en terre. Les moutons passent la tête à travers les claies et mangent ce qu'ils peuvent atteindre jusqu'à terre; tout en mangeant, ils répandent leur engrais bien plus également, puisqu'ils se trouvent ainsi rangés sur une seule ligne comme devant un râtelier; lorsqu'ils ne peuvent plus rien atteindre, un garçon soulève d'une main la claie qui n'a que deux mètres de longueur, et l'avance contre le fourrage; ces claies coûtent 12 fr. la pièce. Après que le seigle est mangé, ou fume, on laboure et on sème des betteraves, plus tard on en repique; après les vesces, on sème les rutabagas, des kohlrabis, et à la fin, des navets. La seconde sole est semée en avoine en lignes à $0^m,30$; on la sarcle, au reste, comme toutes les autres céréales et racines. Troisième sole, féverolles d'hiver fumées, semées à $0^m,70$ entre les lignes, sarclées plusieurs fois; on sème en juin des navets entre les lignes de féverolles; une fois les féverolles enlevées, on sarcle vigoureusement. Quatrième sole, froment semé vers le 15 décembre, ce qui réussit fort bien sous ce climat où il gèle peu; cette semaille peut se faire même avec succès jusqu'au 15 février. Cinquième sole, orge. C'est ainsi que cela se fait maintenant chez les meilleurs cultivateurs anglais; ils sarclent toutes leurs céréales ainsi que les racines; ils sont parvenus de cette manière à avoir leurs terres sans mauvaises herbes; elles sont si bien fumées, qu'on est forcé de leur demander beaucoup pour que les céréales ne versent pas; on sème dans l'orge du trèfle et un peu de ray-grass d'Italie. Sixième sole, deux coupes de trèfle; on fume après la première. Septième sole, froment. Huitième sole, orge ou avoine, après une demi jachère, et l'assolement recommence.

Ces deux assolements produisent une si grande quantité de fourrages et de racines, qu'ils permettent à M. Freeman d'engraisser de sept à huit cents antenais de forte taille, et trois cents brebis qu'il achète pleines, pour vendre les agneaux gras, et engraisser ensuite les mères ; ajoutez à cela de quarante à cinquante jeunes bœufs croisés durham à l'engrais, enfin une nombreuse vacherie de belles bêtes durham des meilleures races et leurs élèves, ce qui n'empêche pas d'avoir encore une bonne porcherie. Cette grande quantité d'animaux, sans oublier de nombreux chevaux, mangent beaucoup de tourteaux, de féverolles et d'avoine ; ils font par conséquent beaucoup d'excellent fumier. Ce fumier avec les engrais pulvérulents qu'on achète, assurent de bonnes et profitables récoltes.

Je revins à Maidstône par un convoi du chemin de fer, enchanté de tout ce que j'avais vu et appris dans cette culture des plus remarquables ; il n'y manque que deux choses : il y faudrait d'abord une bonne charrue à vapeur, et ensuite un beau troupeau d'élèves, d'une des meilleures races de bêtes à laine de la Grande-Bretagne, au lieu de moutons à l'engrais ; ce serait alors une des fermes les plus méritantes de tout ce pays.

Je repartis quelques heures après, pour aller coucher à Londres, où j'ai eu la plus grande peine à trouver une chambre. Logé dans le magnifique hôtel du chemin de fer près du pont de Londres, je n'eus qu'à descendre un escalier, qui me mena au bord de la rivière ; quelques minutes plus tard, un bateau à vapeur faisant le service d'omnibus sur la rivière, vint toucher à ce débarcadère ; j'y montai et il me transporta au bout d'une heure, à la très-belle exposition de Battersea.

Chacun a pu lire dans les journaux d'agriculture et autres, des rapports beaucoup mieux faits que celui qu'il me serait possible de rédiger ; je ne dirai donc ici, que ce qui m'a le plus frappé en choses utiles.

Ainsi j'ai vu avec intérêt, la charrue à défoncer, de Cotgreave; c'est un excellent instrument dont j'avais visité il y a longtemps l'inventeur, près de la ville de Chester; mais je n'avais pu voir alors cette charrue, car il n'avait pas encore pris son brevet d'invention; M. Cotgreave m'avait montré des rigoles de drainage d'un mètre de profondeur faites au moyen de deux traits de cette remarquable charrue. M. Bodin, de Rennes, la fabrique et la vend 260 fr. J'ai vu le même jour, une autre charrue à défoncer, d'un très-bon fabricant écossais, M. Gray d'Udingston près Glasgow; attelée de six bons chevaux, elle défonce la terre à 0^{m}40; elle coûte 262 fr.; il serait à désirer qu'on fît concourir ces charrues avec la grande défonceuse de M. Vallerand, de Mouflaye; celle-ci défonce la terre on ne peut mieux, mais elle exige un attelage de douze énormes bœufs. Le plantoir à bras pour froment, de II. Bex, fabriqué par Dray et Taylor, Adélaïde place, London-Bridge, à Londres, est un instrument très-utile pour les cultivateurs qui voudront faire chaque année leur semence de froment, à la manière de M. Hallett de Brigthon; c'est le moyen d'obtenir de bien meilleures récoltes; les plantoirs à bras à grains, ou à fèves et pois, coûtent de 46 fr. à 79 fr., suivant le nombre de raies qu'ils sèment. J'ai remarqué un autre plantoir pour toutes espèces de grains et graines; il est attelé de deux chevaux; ces machines non-seulement économisent énormément la semence, mais elles produisent de meilleures récoltes que les autres genres de semailles; elles plantent le grain à une égale profondeur en même temps qu'elles serrent la terre; cela convient pour la plus grande partie des terres légères; un autre mérite est de diminuer la facilité que les vers ont à détruire les jeunes plantes. Leur grand inconvénient est leur prix; l'inventeur de ce dernier plantoir est John Freer à Rothley, Leicestershire; il le vend 1,500 fr. M. Heus--

man à Leighton Buzzard , fabrique un land presser ,
rouleau composé de plusieurs disques , qui serrent la
terre , et y impriment des raies qu'un semoir , qu'il
porte, garnit de semence ; il convient surtout aux terres
à seigle ; semées de cette manière, elles peuvent produire
de belles récoltes de froment , si on leur a fourni une
fumure suffisante ; à deux raies , il coûte 325 fr. et à
trois raies 412 fr.

Un excellent semoir pour toutes semences, qui sème
en même temps l'engrais pulvérulent , et qui est muni
de tous les perfectionnements les plus récents , est celui
de MM. Coultas père et fils , fabricants de machines
agricoles , à Little Gonerby Iron works , près Gran-
tham ; ils ont remporté plusieurs des premiers prix pour
semoirs , au concours de la Société royale à Leeds, en
1861 ; ce semoir sème dix raies à la fois, et coûte 1045 f.
J'ai remarqué parmi les moissonneuses et faucheuses ,
celle de Brigham et Pikerton , de Berwick , et celle de
W. Dray et compagnie, à Farningham, Kent , Darenth
Vale Iron works ; d'abord pour leur bon marché ,
625 fr. ; ensuite, parce que j'ai vu la première faucher
supérieurement, à la ferme Impériale de Vincennes , et
la seconde moissonner on ne peut pas mieux , chez
M. Dervaud au Grand-Warnier, près Valenciennes ;
vient ensuite celle de Samuelsohn de Banbury, près Oxford ; son prix est de 900 fr. ; elle a été inventée en
Australie. Quatre râteaux tournants remplacent le second homme ; ils forment des javelles comme la précédente ; je crains que la manivelle des quatre râteaux ne
se dérange facilement. Si je ne connaissais pas la moissonneuse de Mackormic , nouvellement importée d'A-
mérique, qui je crois est la meilleure de·toutes , et
coûte 850 fr., j'aimerais mieux la copie modifiée de
l'Australienne qui n'a que deux râteaux ; MM. Ransome et Sims la fabriquent à Ipswich ; je n'en connais
pas le prix.

Un mécanicien fabricant de machines agricoles de ma connaissance, à qui je demandais quelle était la meilleure moissonneuse, me répondit sans hésiter, que c'est celle de Mackormic, nouvellement venue d'Amérique. Je lui demandai ce qu'il pensait de celle de Bell, la plus anciennement inventée, et dont les autres ne sont que des copies modifiées; il me dit qu'elle était parfaite, mais difficile à diriger; elle demande trois chevaux et deux hommes. Elle coupe huit pieds de large et coûte 925 fr.; elle est fabriquée par les Trustees de W. Croskill à Beverley, Yorkshire; un de ses inconvénients est que celui qui la dirige, ainsi que le cocher, sont obligés de marcher.

Cette maison fait aussi une moissonneuse à deux chevaux, qui coupe six pieds de large; son prix est de 800 fr., elle a gagné le premier prix au concours de la Société royale à Leeds.

M. Bell, frère du Révérend Bell, l'inventeur de cette moissonneuse, fabrique la même machine dans les environs de Perth en Écosse; j'ai vu sa moissonneuse fonctionner parfaitement, au concours de la société des Highlands, à Edimbourg, en 1859; il la vendait alors 1050 fr.

J'ai rencontré à Battersea les comtes de Pinto, deux frères, bons agriculteurs, habitant entre Liége et Spa; je les ai visités deux fois; MM. Lefour et Boistel, tous deux inspecteurs généraux d'agriculture, et M. de la Londe accompagné de Mademoiselle sa fille, charmante personne. J'ai causé plusieurs fois avec un fermier du comté de Norfolk, une des parties les mieux cultivées de l'Angleterre. Il m'a fait remarquer des béliers New-leicester, connus en France sous le nom de dishley; ces béliers étaient d'une taille moindre que ne le sont en général les dishley anglais de cette époque. M. Leete qui attira mon attention sur ces béliers, me fit remarquer leurs mérites; ils venaient d'être tondus de très-près, sans laisser plus de longueur de laine, dans les parties creuses des bêtes, pour en dissimuler les défauts, comme cela se fait maintenant, par bien des éleveurs. Les formes de ces béliers sont parfaites, mais comme ils ne sont pas de grande taille, ils n'attirèrent pas l'attention des visiteurs à Battersea ; ils n'ont pas été primés, malgré tout leur mérite. Dans les comptes-rendus du concours de la Société royale d'agriculture, que j'ai lus depuis, dans le *Farmer's magazine*, de très-bons agriculteurs et éleveurs ont cité ces béliers du troupeau de M. Valentin Barford, propriétaire, demeurant à Foscote, près de Towcester Northamptonshire, à six milles et demi de la station de Blisworth, comme réunissant toutes les qualités désirables dans les bêtes de la race New-Leicester. Le père de M. Barford qui lui-même est fort âgé, a commencé en 1783, à former son troupeau avec des bêtes provenant du troupeau de Backwell, de la ferme de Dishley ; ces deux Messieurs ont tenu depuis lors, la généalogie dudit troupeau, qui n'a jamais reçu d'autres béliers, que ceux choisis dans son sein ; cet élevage *in and in*, qui est si fortement blâmé par la majorité des éleveurs, a parfaitement réussi à MM. Barford depuis quatre-vingts ans. M. Leete m'a dit que demeurant non loin de chez lord Walsingham, il achetait depuis longtemps ses brebis de décharge de race southdown ; il leur donne des béliers du troupeau de Foscote, croisement qui produit des bêtes à laine vendues grasses 40 fr., tant mâles que femelles, âgées de seize mois ; leur toison vaut plus de 13 fr. M. Leete demeure à West-Winck près la ville de Lynn. Il m'a dit qu'il faisait la commission pour l'achat et la vente du bétail, qu'on pouvait prendre des renseignements sur lui chez les meilleurs fermiers du comté de Norfolk, entr'autres chez MM. Hudson de Castle acre, Overman de Wesenham.

M. Leete dit que les cultivateurs du continent qui ne

veulent que croiser, ont tort d'acheter des taureaux durham chez les éleveurs en grande réputation ; ils ne peuvent les avoir qu'à de hauts prix , tandis qu'en s'adressant à des éleveurs moins en réputation , on peut en avoir à des prix bien inférieurs ; et pour le croisement, ils rendront d'aussi bons services. Il prétend qu'on peut avoir de bons taureaux d'un an prêts à faire le service , entre vingt et quarante livres, de 500 à 1,000 fr. Il m'a dit qu'on reconnaissait à la bordure blanche qui sépare le mufle du poil, qu'il n'y a pas eu de croisements dans les ancêtres de la bête ; une couleur brune au lieu du blanc, annonce l'alliance qui s'est faite chez Collings, avec une bête du nord de l'Écosse.

M. Leete reçoit soixante centimes par tête de bêtes à laine, lorsqu'il en achète cent au moins ; lorsqu'il s'agit de bêtes destinées à la reproduction, il prend de 5 à 10 pour % de la somme dépensée ; cela suivant le plus ou le moins de peine que lui donne la commission. Il demande à être prévenu quelques mois d'avance, lorsqu'il s'agit de l'achat de reproducteurs.

Ce qui m'a frappé le plus à l'exposition de Battersea, c'est de voir circuler dans un cercle dont le diamètre n'avait que quarante mètres, trois locomobiles à vapeur avec une vitesse très-grande ; elles s'évitaient, en prenant la droite ou la gauche, ou en reculant, de crainte de se jeter les unes sur les autres ; elles fonctionnaient là, mieux que n'eussent pu le faire des calèches à deux chevaux. La locomobile d'Aveling et Porter, ingénieurs et fabricants à Rochester , a été jugée supérieure aux deux autres dont j'ai négligé de prendre les noms.

Le prix de cette machine, de la force de dix chevaux, était de 10,500 fr. ; le tender charge assez de charbon pour parcourir une route de sept à huit lieues. Ils ont déjà placé depuis plusieurs années une quarantaine de ces locomobiles dont un assez grand nombre circulent à Manchester, à Liverpool, et dans diverses parties de l'Angleterre, elles circulent fort bien dans les montagnes, sur des rampes s'élevant d'un pied sur sept. Il y en a deux chez M. James Robson à River, près de Douvres ; la dernière lui monte dix mille kilos sur une route qui gravit une pente d'un pied sur douze.

Il y en a une à Chislett près Canterbury, une à Rochester chez M. Ind Nightingale, une dans la même ville chez M. Henry Pye à Saint-Mary's Hall ;

Une chez M. Robert Lake, excellent cultivateur à Milton, près de Canterbury ; je l'ai visité il y a longtemps, je crois en 1840 ;

Une enfin chez M. Corlett à Gustrow, ville que j'ai visitée dans le duché de Mecklembourg Schwerin ; plusieurs de ces Messieurs en rendent bon compte, et disent avoir gravi des côtes d'un sur six. Il est triste de voir même de petits pays dépasser ainsi la France, lorsqu'il s'agit de l'achat de machines agricoles d'un prix élevé.

M. Gilbert, le mécanicien que j'ai cité plus haut, m'a assuré que la meilleure machine à battre était celle de Fasker et fils, Waterloo Iron works, Andower, Hants ; il faut la prendre avec un tambour de la largeur de quatre pieds six pouces, pour la force de sept à huit chevaux, elle coûte 3,000 fr. ; elle nettoie parfaitement, et on peut envoyer au marché le grain sortant de la machine.

Tous les grands fabricants font des machines à battre perfectionnées ; chacun prétend que la sienne est la meilleure ; on a donc bien de la peine à savoir celle qu'il faut prendre.

M. Gilbert m'a dit encore que la meilleure faneuse était celle de Nicholson, elle coûte de 400 à 550 fr., suivant sa largeur. Ses rateaux à cheval coûtent de 250 à 300 fr. avec dents d'acier.

M. Gilbert m'a fait voir une charrue à vapeur à quatre socs, qui peuvent se remplacer par des socs à défoncement et par des pieds de scarificateurs, il en a très-bonne opinion ; mais elle n'a pas encore concouru ; elle m'a paru solide et fort simple ; elle ne coûte que 1,600 fr. sans le moteur et le câble. Son inventeur se nomme Stephens, fabricant à Hammersmit près Londres. Si elle fonctionne aussi bien que son apparence le promet, en achetant la locomotive d'Aveling et Poter, on sera bien monté en dépensant 15,000 fr. pour culturer à la vapeur.

Pour ceux que le prix de 25,000 fr. n'effraye pas, il n'y a pas à hésiter, c'est celle de Fowler qu'il faut prendre ; elle est bien plus solide que celle de Howard, qui ne coûte à la vérité que 15,000 fr., avec une locomobile de dix chevaux, au lieu d'une de quatorze, qu'exige l'appareil Fowler ; il ne faut avec celui-ci que trois hommes et deux garçons ; son câble de huit cents yards est moitié moins cher d'entretien, que celui de mille quatre cents ou mille six cents yards, nécessaire à l'appareil de Howard, qui emploie cinq hommes et deux garçons ; en outre la force de traction de dix chevaux, de ce dernier, n'est pas suffisante pour labourer profondément les terres fortes ; cela a été constaté au concours de York en 1862.

Pendant que je causais avec le frère de M. Fowler est survenu M. Schulhof, inspecteur général des domaines du prince Esterhazy en Hongrie ; il a déjà deux appareils à vapeur de Fowler.

J'ai eu le plaisir de rencontrer aussi MM. de Bouillé, Wolowski, Bortier, Carette fils, Javal, Porlié, Mikoletzky régisseur des douze fermes attachées à la sucrerie de Dux, près de Téplitz en Bohême ; le comte de Condenhove, lorrain, en est l'administrateur en même temps qu'un des dix ou douze actionnaires.

J'ai fait la connaissance d'un fermier belge, M. Marc ; il cultive une ferme de deux cents hectares, près de Binche ; il veut ajouter à sa moissonneuse de Burgess et Key, une des meilleures machines à battre allant par la vapeur.

Un excellent instrument que je n'ai rencontré encore qu'une fois en France, où il n'était employé que comme semoir simple, au lieu de l'être comme semoir à engrais liquides, est celui de Chandler, fabriqué par Robert et John Reeves de Bratton Iron Works, Westbury, Wilts.

Le semoir à engrais liquides de Chandler a remporté, depuis 1851 où il a été primé pour la première fois, au concours de la Société Royale, jusqu'en 1861, quarante-deux primes, dont la dernière à Leeds. Le seul défaut de cet instrument est d'être fort cher ; le moins cher sème deux ou trois lignes de betteraves ou autres racines, mais pas de grains ; il revient, expédié, à 662 fr.

Un semoir de racines à trois ou quatre lignes coûte 775 fr., on peut rapprocher ou éloigner les lignes à volonté. Le même semoir pour trois ou quatre lignes de racines, mais pouvant aussi semer six lignes de céréales recevant de même l'engrais liquide, coûte 1,000 fr. Le grand avantage de ce semoir déjà bien répandu dans la Grande-Bretagne, et existant aussi en Allemagne, est de produire au moins moitié en sus, de racines ou de céréales, que celles semées avec le même engrais, mais employé pulvérulent, au lieu d'avoir reçu cinq mille litres d'eau par hectare ; cette quantité d'eau est amenée par un cheval, lorsque l'eau n'est pas à plus d'un kilomètre du champ. Il faut pour cela, avoir deux fûts cerclés en fer ayant contenu de l'huile ou de l'eau-de-vie, et deux tombereaux ; l'un des deux tombereaux reste à côté du champ qu'on ensemence pendant que l'autre va chercher l'eau.

On sème avec le semoir à trois lignes pour racines, deux hectares quatre-vingts ares par jour ; les lignes sont à soixante-dix centimètres les unes des autres ; si on semait des betteraves à sucre à trente-cinq centimètres de distance, il faudrait le double d'eau, de même que pour les céréales de printemps, car on n'a pas besoin d'employer de l'eau pour les semailles d'automne.

Voici des exemples qui confirment l'avantage qu'il y a à employer plutôt le semoir à eau, comme on le nomme souvent en Angleterre, que le semoir avec un engrais pulvérulent.

M. Ruston cultive la grande ferme d'Aylesby, comté de Lincoln ; dans un long rapport qu'il fit à la Société Royale d'agriculture d'Angleterre, il cite de nombreuses expériences comparatives entre ces deux genres de semailles ; je n'en rapporte que trois ou quatre. Dans une terre fumée pendant l'hiver à raison de trente-trois mètres de bon fumier par hectare, il sema des betteraves qui reçurent encore par hectare, pour 40 fr. de superphosphate de Lowes ; il mit cet engrais aussi bien dans le semoir à eau que dans celui à engrais pulvérulents ; les produits furent avec le semoir à eau de 47 tonnes 850 kilos ;

Et avec le semoir à engrais sec de 31 tonnes 962 k.

Dans un autre champ fumé de même, le premier semoir donna 68 tonnes 225 kilos ;

Le second semoir ne produisit que 31 tonnes, 250 k.

Dans un troisième champ fumé de même, le premier semoir produisit 75 tonnes ;

Et le second (ou semoir à engrais sec) 50 tonnes 150 kilos.

Avec deux cent cinquante kilos de superphosphate et de l'eau il récolte onze hectolitres d'avoine de plus qu'avec le même engrais sec coûtant 40 fr. par hectare.

M. Ruston finit son rapport de dix-sept pages en engageant les cultivateurs qui n'ont pas encore vu les résultats des semoirs à engrais liquides, à venir le visiter ainsi que quatorze cultivateurs de son voisinage ; ces derniers après avoir connu les résultats comparatifs, ont fait l'acquisition de ce semoir un peu cher, mais excellent.

Voici comment plusieurs fermiers de la Grande-

Bretagne sont parvenus à faire adopter à leurs ouvriers les machines les plus compliquées.

M. Pike, un des excellents fermiers du duc de Bedford, dans la terre de Woburn Abbey, avant d'acheter une moissonneuse, avait dix-sept bons ouvriers qui travaillaient toute l'année pour lui ; ils faisaient sa moisson à la faucille, aux conditions suivantes : ils coupaient près de terre, liaient, chargeaient, déchargeaient, faisaient les meules, les couvraient, le tout pour 25 fr. par hectare ; chaque homme recevait par jour de moisson quatre litres et demi de bière ; M. Pike leur fournissait des charrettes à un cheval avec un garçon d'une douzaine d'années à chaque charrette. Il ne pouvait songer à mécontenter de si bons ouvriers et leur ôter la moisson ; il convint avec eux qu'ils continueraient à faire la moisson, mais avec la moissonneuse, et qu'ils recevraient, comme par le passé, les 25 fr. par hectare et la bière, mais qu'ils lui payeraient 9 fr. par hectare pour la moissonneuse et les chevaux dont ils ont un double attelage ; la chose a été à merveille, ils ont gagné plus, en faisant beaucoup d'ouvrage, ce qui a mis plus vite la moisson de M. Pike à l'abri.

M. Pike a été le premier des fermiers du duc de Bedford qui, il y a quatre ans, ait adopté le scarificateur à vapeur de M. Smith de Woolstone ; après avoir mis les gens attachés à cet appareil, au courant de leur nouvelle besogne, il les laissa d'abord cultiver à la journée ses terres très-fortes, avec le scarificateur à trois pieds, ils ne firent ainsi que deux hectares ; avec le scarificateur à cinq pieds, en terres un peu moins fortes, ils en firent deux hectares quatre-vingts ares par jour ; il les mit ensuite à la tâche : ils ont cultivé avec le scarificateur étroit deux hectares quatre-vingts ares, et avec le plus large quatre hectares ; il leur fournit l'appareil à vapeur, le charbon, l'huile, un cheval pour approcher le combustible et l'eau ; il paye pour l'ouvrage fait avec le scarificateur étroit 8 fr. 50 et avec le plus large 5 fr. 50. Il faut pour cette machine à vapeur cinq hommes et deux garçons; en comptant ces derniers pour un homme, ils ont gagné avec la machine étroite 2 fr. 80 par homme et avec la plus large, 3 fr. 66 par jour.

Un autre fermier, M. Barton, cultivant deux cents hectares de terres fortes, donne 6 fr. 60 par hectare de toutes ses terres cultivées avec le même appareil, mais avec différents scarificateurs.

Voici l'extrait d'un rapport fait à la société d'Yorck pendant l'été de 1862 par M. Morton, éditeur de l'Encyclopédie agricole publiée depuis une dizaine d'années à Londres ; il est lui-même un bon cultivateur praticien. Un essai comparatif a eu lieu au concours de cette société : cet essai se faisait entre la charrue de Fowler et la charrue Howard ; celle-ci a trois socs avec la locomobile à dix chevaux de force employant cinq hommes, deux garçons, avec 1,600 yards de câble de fils d'acier. On a voulu, afin de se rendre mieux compte du mérite des divers appareils de culture à vapeur, peser la terre remuée par chacun d'eux, sur un yard en carré; on a renouvelé sur quatre points différents de chacune de ces cultures, le pesage de la couche de terre remuée.

Le sol remué par la charrue de Howard pesait par yard carré, quatre cent trente-quatre livres anglaises, et en deux heures et demie neuf cent trente-cinq tonnes de terre ont été remuées. La charrue de Fowler qu'une locomobile ordinaire de la force de huit chevaux a mise en mouvement, a remué par yard carré à peu près la même quantité de terre que la précédente; la charrue Fowler a labouré à cinq pouces de profondeur, un hectare en deux heures et demie; elle a remué deux mille trois cent quarante-cinq tonnes de terre, ou quatre cent dix tonnes de plus que celle de Howard, qui dans le même espace de temps a labouré environ quatorze ares de moins, quoique sa locomobile eût deux chevaux de force en plus.

La seconde charrue de Fowler fut mise en mouvement par sa locomobile de quatorze chevaux vapeur qui n'emploie que trois hommes et deux garçons, avec huit cents yards de longueur de câble; elle a labouré en deux heures et demie de temps à six pouces de profondeur un hectare trente ares et a remué avec ses quatre socs, trois mille deux cents tonnes de terre.

La charrue de Howard, toujours à trois socs et avec sa locomobile de dix chevaux, avec cinq hommes et deux garçons, n'a remué en deux heures et demie, que mille six cent cinquante tonnes de terre; on a cru devoir lui faire prendre une profondeur moindre, sa locomobile n'ayant pas assez de force pour ses trois socs en terre forte.

On a ensuite essayé le scarificateur à six pieds de Fowler, avec sa locomobile de quatorze chevaux vapeur; il a remué par yard carré, deux cent huit livres, et par hectare mille six cent vingt-cinq tonnes de terre; enfin en deux heures et demie il a remué trois mille cent tonnes de terre.

La charrue Howard à trois socs, son scarificateur, ses mille quatre cents yards de câble de fil d'acier avec les poulies brouettes et les ancres, enfin la locomobile de dix chevaux vapeur, sont vendus 14,125 fr.

La charrue à trois socs de Fowler avec scarificateur de cinq socs, huit cents yards de câble de fil d'acier, deux ancres et les poulies brouettes pour porter les câbles et la locomobile de huit chevaux de force coûte 13,250 fr.

Le grand appareil Fowler tout compris et sa locomobile de quatorze chevaux vapeur, coûtent 23,625 fr. Le prix de revient d'une journée de dix heures de travail avec cette charrue, est 11 fr. 25 pour quatre hommes, 6 fr. 25 pour le cheval et son conducteur, approchant l'eau et le combustible, et pour changement de place

5 fr. ; l'intérêt et l'usure 15 fr., charbon 15 fr., total 52 fr. 50 partagés entre trois hectares et soixante-dix ares labourés à sept ou huit pouces de profondeur; cela fait ressortir le prix de labour d'un hectare à 14 fr.

Le rouleau Croskill perfectionné, dont les disques les plus grands ont soixante-dix centimètres et dont la largeur est de deux mètres, se paye maintenant 500 fr. ; il est singulièrement apprécié par tous les bons cultivateurs, qui roulent leurs céréales en automne, lorsque la terre est trop légère pour la bonne réussite du froment; un ou deux coups de ce très-pesant rouleau, remédient à l'inconvénient provenant de la légèreté du sol ; au printemps lorsque la terre est desséchée par les hâles de mars, un coup de ce pesant rouleau sur les froments fait merveille ; il repique les plantes déchaussées par les gelées et dégels alternatifs ; il ameublit la terre pleine de mottes, et a le grand mérite d'arrêter les ravages des vers, qui coupent les racines des céréales ou des betteraves ; cet instrument devrait se trouver dans toutes les grandes fermes.

L'excellente machine à faire des tuyaux de toutes dimensions jusqu'à 0^m30 de diamètre, de White head, fabricant à Preston, Lancashire, coûte 550 fr. ; elle fait aussi les briques.

Le semoir à tous grains, le plus répandu en France, est celui de James Smith et fils de Peasenhall Suffolk ; celui à dix lignes, avec avant-train et accessoires, coûte 865 fr., mais il faut avec lui, la houe à cheval de Priest et Woolnouhg, que Smith vend pour dix lignes 520 fr., elle ressemble infiniment à celle de Garrett. Un semoir à engrais pulvérulents est une chose essentielle, surtout là où l'on comprend le grand avantage qu'il y a à employer le guano et le nitrate de soude.

Le prix d'un semoir à la volée pour engrais pulvérulents, de 2^m16 de largeur, est, chez Smith, de 525 fr.

Il serait bien utile pour la culture de la France, que

les semoirs à céréales, avec leurs houes à cheval, s'y répandissent davantage ; cela économiserait au moins la moitié de la semence ; cette économie ferait dans une grande partie de notre pays, la moitié du loyer de la terre. On se débarrasse au bout d'une dizaine d'années, au moyen de la houe à cheval, à peu près de toutes les mauvaises herbes ; par suite on empêche la verse des céréales, et on augmente infiniment leur produit.

Un instrument excellent pour travailler la terre, et qui est d'une très-grande utilité pour les défrichements de bruyères, c'est la herse de Norvège fabriquée par les Trustees de Croskill à Beverley, Yorckshire, elle ameublit les terres battues ; elle détache la terre des bandes de bruyères récemment retournées ; elle sert à couvrir la semence qui s'est logée dans les trous que le rouleau Croskill a empreints dans la terre lorsqu'on l'a passé après le premier labour d'une bruyère, afin de tasser les tranches de bruyère contre terre, et d'éviter qu'elle ne forme de petites voùtes, sur lesquelles les plantes se dessécheraient.

La même maison fabrique aussi des chemins de fer portatifs qui rendent de grands services, surtout aux cultivateurs de betteraves ; on les change de place lorsque les racines ont été enlevées des deux côtés de ce chemin, cela empêche le piétinement des chevaux et les ornières des roues des tombereaux dans les terres fortes, lorsqu'elles sont humides, ce qui les endommage singulièrement ; pour un millier de francs on peut avoir un bon bout de chemin de fer avec quelques wagons ; deux hommes suffisent pour changer de place ces chemins de fer. J'en ai vu chez plusieurs fabricants de sucre en Belgique ainsi qu'à la colonie pénitentiaire de M. Lucas, directeur général des prisons, près de Bourges ; ces Messieurs s'en louent infiniment.

J'ai rencontré au concours, M. Fiévé de Masny ; il se trouvait avec une demi-douzaine de cultivateurs du

Nord ; ces Messieurs avaient le désir d'employer une couple de jours à visiter quelques bons cultivateurs anglais ; ils me consultèrent à cet égard ; je les engageai à se rendre à Cirencester, où ils se trouveraient près de l'école d'agriculture la plus remarquable d'Angleterre, avec sa grande ferme, et une charrue à vapeur Fowler ; près de la très-belle culture du comte Bathurst, dans son immense parc, avec son grand et beau troupeau de southdown ; près d'une autre ferme parfaitement cultivée par M. Laurenz, habile engraisseur ; près d'un excellent éleveur de durham, M. Bowly ; enfin, près de très-beaux troupeaux de cotswold ; tout cela réuni dans un rayon de moins de deux lieues.

Je n'essaierai pas de dire combien j'ai eu à admirer, dans l'immense et magnifique exposition du bétail anglais ; mais ce qu'il faut que je dise, c'est que plusieurs races de bêtes ovines nouvellement formées par d'habiles croisements, ou des races anciennes améliorées par le croisement newleicester, produisent maintenant plus d'argent comme bêtes de boucherie, et que certaines de ces races ont leurs reproducteurs vendus plus cher, que ne le sont les reproducteurs des types qui ont servi à leur formation ; tels sont les cotswold et les lincolnshire, perfectionnés par les newleicester que nous connaissons sous le nom de dishley, enfin les shropshire et oxfordshire down, qui sont le produit de croisements entre plusieurs races.

J'ai bien étudié ce magnifique concours agricole, dont les admirables arrangements étaient dus à la Société royale d'agriculture, qui y a dépensé 100,000 fr. de plus que les entrées ne lui ont produit.

Je suis ensuite allé voir la grande exposition internationale, dans laquelle il eût fallu passer au moins trois mois sans désemparer, pour entrevoir l'immense quantité d'objets, remarquables ou instructifs, qui s'y trouvaient accumulés.

J'ai vu et revu avec admiration, l'exposition de la maison Vilmorin ; elle m'a paru être ce qu'il y avait de plus remarquable et de plus méritant, en ce genre ; j'ai vu avec intérêt les expositions de MM. Bignon, Vandercolm, des frères Mené et Eugène, de la maison de Beauvais, de la sœur Ursule de Constantine, qui expose entre bien des variétés de maïs, celle connue en Prusse sous le nom de maïs géant à dent de cheval ; on en fait venir tous les ans, la semence d'Amérique, et elle fournit dans ce pays du Nord, des masses extraordinaires de fourrage vert, des meilleurs. Nos grainetiers devraient en faire cultiver en Provence ou en Algérie, car ces grandes espèces de maïs, dont les grosses tiges ont plus de trois mètres de haut, ne mûrissent habituellement que dans les pays très-chauds ; elles rendraient de grands services aux cultivateurs français ; elles produisent beaucoup d'un excellent fourrage vert, bon à faire consommer à une époque de l'été, où les chaleurs ou la sécheresse ont habituellement fait disparaître, toute autre nourriture verte.

J'ai rencontré M. Jobez l'aîné, il m'a dit qu'il arrivait de Sheffield ; il y était allé pour voir transformer de la fonte en acier fondu ; c'est une découverte d'un M. Bessemer fixé à Manchester. M. Jobez fait valoir une forge qu'il possède en Franche-Comté ; il a été émerveillé des résultats que cette invention assure à l'avenir ; il dit que lorsque le brevet d'invention sera expiré (il n'a plus que huit ans de durée en 1862), tout se fera en acier fondu, au lieu de l'être en fer ; l'acier fondu coûtera alors moins cher que le fer forgé. On assure que M. Bessemer a fait pendant longtemps de très-grandes dépenses, pour rendre l'invention pratique ; on prévoyait sa ruine, lorsqu'il est parvenu à son but. On prétend qu'il gagne maintenant des millions chaque année, en trouvant à placer son brevet à des

prix considérables ; les plus grands établissements mé-
tallurgiques se sont empressés de l'acquérir.

M. Bessemer a obtenu au palais de l'exposition internationale, une grande place sous un des principaux
transepts, tant on y estime haut son invention ; on y
voyait d'énormes morceaux d'acier, des barres très-
longues ayant 0m30 de diamètre, des plaques de scies
rotatives, d'un mètre et demi de diamètre, puis à côté,
des limes, des pointes, des plumes à écrire, enfin des
rails de chemins de fer, faits de son acier fondu ; nous
aurons donc par la suite, nos charrues, nos pioches,
enfin tous nos instruments de culture, en acier fondu.

J'ai vu de grandes ardoises d'un seul morceau ; l'une
d'elles mesurait quatorze pieds de long sur quatre pieds
et demi de large et quatre pouces d'épaisseur ; une autre
avait treize pieds sur sept pieds et demi et deux pouces
et demi d'épaisseur ; on avait écrit sur l'une de ces
immenses ardoises, que la plus grande d'entr'elles avait
dû rester au port ; ses dimensions sont de vingt pieds en
longueur, de dix en largeur et de trois pouces et demi
d'épaisseur ; son poids est de quatre tonnes et demie.

M. Croskill fils, a une fabrique d'instruments à Beverley ; il exposait un rouleau brise-mottes, dont le
prix était de 325 fr., et un chemin de fer portatif dont
le prix est de 5 fr. par yard de longueur.

Je suis parti le 11 juillet, de Londres, pour la station
de Bletchley, afin de faire une visite à M. William Smith,
dont j'avais fait la connaissance au concours de la Société royale d'agriculture à Warwick, en 1859.

Ce propriétaire-cultivateur, a inventé un scarificateur marchant par la vapeur ; il a commencé à le vendre
en 1857 ; il demeure à Little Woolstone, village situé à
quatre milles anglais de la station. Je ne le trouvai pas
chez lui, mais Madame Smith me donna pour me conduire, le chef de culture qui, depuis plus de vingt an-

nées, est à leur service. Mon guide, paysan d'une quarantaine d'années, avait une belle et bonne figure ; après une couple d'heures employées à parcourir les champs avec lui, il me parut fort intelligent ; voici ce que j'ai vu et appris sur la culture de M. Smith de Woolstone. En visitant d'abord la ferme, j'ai trouvé que rien n'y paraissait à sa place, ni bien soigné ; le fumier était éparpillé et blanchi par la pluie, aussi bien dans la cour que sur les bords de plusieurs champs ; de pauvres vaches, assez mal choisies, n'appartenaient à aucune race connue. Je ne pus m'empêcher d'en témoigner mon étonnement au maître valet ; il me répondit que M. William Smith, avant de s'occuper de son invention de scarificateur à vapeur, aimait beaucoup la chasse à courre ; il suivait le seigneur de ces environs, qui avait un équipage de chasse ; depuis son invention, le placement de ses appareils de culture à vapeur, exige sa présence à tous les concours des nombreuses Sociétés d'agriculture ; ces absences trop fréquentes amènent ces négligences.

J'ai bien visité sa culture, j'y ai vu en général de très-belles récoltes que j'ai bien examinées, non-seulement en faisant le tour des champs, mais aussi en les traversant ; j'ai voulu les comparer à celles des voisins, dont j'avais remarqué avec plaisir les tas de fumier bien relevés et de bonne couleur ; je fus très-étonné, après avoir traversé et de même bien examiné plusieurs champs, de reconnaître que malgré de bons attelages de quatre chevaux et de bons fumiers, les récoltes de froment, d'orge, d'avoine et de féverolles, ne valaient assurément pas moitié de celles de M. Smith ; il n'a cependant pas de jachères mortes, tandis que ses voisins en font, qui reçoivent, m'a-t-il été dit, cinq coups d'une charrue bien faite. Les terres que j'ai vues, sont des plus compactes et argileuses ; si ce que m'a dit le maître valet de M. Smith est exact, si on n'emploie pas d'engrais pulvérulents dans leur culture, ni dans celle des environs, l'immense supériorité des récoltes de M. Smith sur celles de ses voisins, ne peut être attribuée qu'à son scarificateur à vapeur, qui a la force de remuer profondément ces terres des plus difficiles à ameublir.

En revenant à la ferme, j'ai trouvé M. Smith qui y arrivait; il m'a dit qu'il avait déjà vendu près de deux cents de ses scarificateurs, avec une locomobile de dix chevaux de force à double cylindre, montée sur ressorts, et tout ce qu'il y a de mieux, sans cependant qu'elle ait encore le mérite de se transporter elle-même d'un champ à l'autre : son prix est de. . .   8,250 fr.

L'appareil de culture coûte.	2,750
Quatorze mille yards du meilleur câble en fils d'acier.	1,525
Le scarificateur à un pied.	100
— à trois pieds.	400
— à cinq pieds.	425
La charrue à double versoir.	125
La licence.	525

L'ensemble revient à. . . . .   14,100 fr.

M. Smith a inventé aussi un scarificateur qui cultive et sème à la fois; cet instrument coûte. . . . .   1,750 fr.

Le tout reviendrait alors à la somme de.   15,850 fr.

Lorsqu'il a une prairie artificielle à retourner, il le fait avec des chevaux, car il prétend qu'on ne peut pas bien labourer à la vapeur. Il faut pour travailler avec le scarificateur de M. Smith, cinq hommes et deux garçons.

J'ai quitté M. Smith pour aller coucher à Bedford; le lendemain matin de bonne heure, je suis allé malgré la pluie, chez M. Carles Howard, à Bidden Ham, village situé à trois kilomètres de la ville. Il me reçut à

merveille sans que j'eusse apporté de lettre d'introduction ; il me fit voir après son déjeuner , son très-beau
bétail courtes cornes , et un veau mâle provenant d'un
taureau que lui et un de ses amis et voisins, M. Robin-
son , ont fait venir d'Amérique ; il est de la fameuse
race de feu M Bates , chez lequel j'ai passé deux jours
en 1840 ; ce taureau leur a coûté un peu plus de
10,000 fr., et il a manqué de périr à la suite de ce
voyage. M. Howard a vingt-cinq vaches durham ; la
première a été achetée il y a cinq ans ; elle descendait
de la vacherie de lord Spencer ; il vend ses taureaux de
1,000 à 2,500 fr. pièce.

M. Howard m'a fait monter ensuite en cabriolet ,
pour me faire voir ses champs. La plus grande partie
est en terres légères et même caillouteuses , sur un détestable sous-sol, mais non pas imperméable ; il est bien
remarquable qu'on puisse produire sur de pareilles
terres , de très-belles féverolles et de bonnes récoltes de
froment. M. Howard estime sa récolte de froment à
trente-quatre hectolitres par hectare ; cependant les
récoltes que j'ai vues cette année depuis mon arrivée
en Angleterre , jusqu'à Woolstone , m'ont paru bien
médiocres en général ; ses champs d'orge étaient de
même fort bien réussis.

Les betteraves et les turneps parfaitement sarclés et
éclaircis, par des ouvriers à la tâche, ne lui coûtent que
19 fr. par hectare ; mais il donne quatre sarclages à la
houe à cheval ; la sienne cultive trois lignes à la fois ,
mais je lui préfère de beaucoup la houe à cheval perfectionnée par M. Hette , fabricant de sucre à Bresle ,
département de l'Oise. J'ai vu aussi là , de tout petits
semoirs à main , destinés à ressemer les lacunes dans
les lignes de turneps ou de colzas, dont les plantes ont
été détruites par le wyreworm, ver qui fait de grands
ravages dans la culture de la grande-Bretagne ; c'est la
larve de l'*elater obscurus*. M. Howard fume deux fois

dans son assolement quadriennal, la première fois, à raison de trente grands tombereaux à un cheval, par hectare, pour les racines et les tubercules, et pour la seconde fois, à raison de vingt tombereaux d'un fumier provenant en grande partie de bêtes qui mangent du tourteau et des féverolles. On met les bêtes à laine sur les prairies artificielles, avant la semaille du froment et des fèves. Cela n'empêche pas M. Howard, d'ajouter des engrais pulvérulents partout où c'est utile. Son troupeau de la belle race des oxfordshire down, contient deux cents brebis et les élèves ; il parque en hiver sur les turneps, et en été sur les prairies artificielles, à mesure qu'ils les consomment. M. Howard a exposé deux béliers au concours de Battersea ; il y a obtenu une prime. Il vient d'en vendre six à raison de 375 fr. la pièce, et vingt brebis à 125 fr. à un Ecossais, qui régit une ferme de l'empereur de Russie en Livonie. Il vend ses moutons âgés de quinze mois et ses brebis de réforme, de 60 à 75 fr. la pièce ; les toisons du troupeau pèsent en moyenne, lavées à dos, de neuf à dix livres ; son agnelage arrive en février et avril. On est étonné de voir d'aussi grosses bêtes à laine, réussir sur des terres aussi légères ; mais les mères, lorsqu'elles allaitent, ont des betteraves et un demi litre de féverolles, cassées et mêlées à du tourteau de lin ; les béliers de même, et les agneaux un quart de litre. M. Howard paye un loyer de 110 fr. par hectare ; mais il est à la porte d'une ville de quinze mille âmes. Il n'élève point de chevaux, ils lui reviennent, âgés de cinq ans, à peu près à 1,000 fr. Il n'a pas de charrue à vapeur, mais ses deux frères qui ont une superbe fabrique d'instruments aratoires, qu'ils viennent de construire à côté de la station du chemin de fer à Bedford, lui en prêtent une lorsqu'il en a besoin pour le déchaumage, après la moisson. J'ai demandé à M. Howard quel est le capital nécessaire pour prendre une ferme ; il m'a dit qu'on l'estimait ordinairement à vingt-cinq livres ou 625 fr. par hectare, mais que pour une culture intensive, il fallait bien 1,000 f.; sa ferme est de cent quatre-vingts hectares, sur lesquels quarante-huit sont en herbages bordant une rivière. M. Howard m'a conduit ensuite chez ses deux frères, dont un dirige la manufacture, pendant que l'autre administre l'ensemble de cette grande affaire, qui vend annuellement plus de six mille machines tels que charrues, herses, faneuses, râteaux à cheval et encore ses charrues à vapeur. On emploie, dans cette très-belle usine, environ cinq cents ouvriers; les plus habiles gagent jusqu'à 75 fr. par semaine, et les moins capables 17 fr. 50.

On coule les socs de charrues, de manière à ce qu'ils soient toujours tranchants; pour cela il faut que la plaque de fonte qui sert de moule pour le dessous des socs, soit toujours froide; pour obtenir ce résultat, on fait arriver de petits jets d'eau sous le moule, afin de le refroidir. La douzaine de socs ainsi fondus et aciérés, ne coûte que 10 fr.; un soc forgé en acier, coûte seul, autant; les socs fondus ne conviennent qu'aux terres exemptes de grosses pierres.

Le père de MM. Howard, qui est maire de la ville de Bedford, a commencé leur grande fortune en fabriquant des charrues dont la réputation est devenue universelle; il en expédie énormément en Amérique, et dans les colonies anglaises.

Etant allé à Oxford, j'ai été obligé d'y séjourner à cause du dimanche. Le lendemain, je me suis rendu chez M. Langston, à Sarsden Lodge, entre Oxford et Evesham; il m'avait reçu à merveille en 1859; mais il était à Londres. M. Langston était beau-frère de feu lord Ducie, dont le fils, lord Ducie actuel, a épousé sa fille unique. Ce grand propriétaire cultive quatre fermes, chacune de deux cents hectares; il a deux régisseurs dont chacun administre deux fermes. M. Sawidge l'un d'eux, qui habite une fort belle maison, m'ayant fait déjeuner, m'a conduit ensuite dans un grand champ, où fonctionnait pour la première fois la charrue Fowler, qui avait concouru et remporté le premier prix à Farningham près Londres, lors du concours de la Société royale. M. Langston avait déjà une charrue Fowler, lorsque je le visitai la première fois; il en a été si content, qu'il a voulu en avoir une seconde, pour que ses deux régisseurs aient chacun la leur. C'est le scarificateur qui marchait, il faisait d'excellente besogne; M. Sawidge m'a dit, qu'il aimait autant la culture du scarificateur que celle de la charrue, s'il n'y avait pas de gazons à enterrer. En me montrant ses récoltes de froments, il m'a dit qu'elles étaient de beaucoup inférieures à celles qu'il obtient ordinairement; il a ajouté que celles venues sur la culture à vapeur, lui donneraient au moins cinq hectolitres par hectare, de plus que celles venues sur labour ordinaire. Il m'a dit cultiver en dix heures avec le scarificateur à vapeur, douze acres ou quatre hectares et quatre-vingts ares; avec la charrue dans ses terres fortes, il n'en fait que de sept à huit acres ou deux hectares quatre-vingts à trois hectares vingt. Il a vendu six chevaux, sur quinze qu'il avait, et douze bœufs croisés durham, qui labouraient fort bien. On a fait de même dans l'autre régie; la vente de toutes ces bêtes avait plus que payé une des deux charrues à vapeur, avec scarificateur et une locomobile de quatorze chevaux de force. Trois hommes et deux garçons suffisent à la direction de l'appareil à vapeur de Fowler; ils ont été tous pris dans les ouvriers des fermes; il ne leur a fallu qu'une semaine pour se mettre au courant de leur nouvelle besogne; ils ne reçoivent que 60 centimes de plus par jour que les autres ouvriers. M. Sawidge a sur les deux fermes qu'il régit douze cents bêtes de race cotswold, et cent vingt durham, les veaux compris; il a vendu pour

20,000 fr. de jeunes taureaux, provenant du fameux taureau Bates, qu'il avait loué 3,750 fr. pour neuf mois en 1859, du capitaine Gunter; je l'avais vu alors.

Il avait conservé trois jeunes taureaux et quinze génisses, provenant tous de ce fameux reproducteur; un des fils du taureau Bates avait remplacé son père, après avoir atteint l'âge de un an.

Dix personnes, hommes ou garçons, battent en servant les machines perfectionnées de l'époque, de quatre-vingt-dix à cent dix hectolitres de froment dans une journée de dix heures; il est assez bien nettoyé, pour pouvoir être envoyé au marché.

Je suis allé coucher à Evesham. En me rendant le lendemain matin de bonne heure à Chadbury, chez M. Randell, j'ai rencontré trois voitures pleines de dames et d'enfants, deux messieurs étaient assis sur la banquette d'une des voitures conduite à la Daumont; en arrivant chez M. Randell, il me dit que c'étaient les deux familles des ducs d'Aumale et de Montpensier, qui étaient arrivées le samedi, et qui s'en retournaient le mardi à Richemond où le duc d'Aumale habite une délicieuse maison; les deux Messieurs sur la banquette, étaient les princes.

M. Randell est fermier et en même temps régisseur du duc; il a été chargé de lui faire construire un cottage, qui a dû être augmenté deux fois et est par suite un peu biscornu; on y a dépensé 75,000 fr.. La terre avec ce qu'on y a ajouté depuis, a coûté au duc 4,250,000 fr.

M. Randell me fit parcourir une partie de sa culture après le déjeuner; il n'a dans cette ferme, que des terres très-fortes, elles sont depuis quatre ans cultivées avec le scarificateur à vapeur de Smith de Woolstone; ses froments sont de toute beauté, même sur le faîte d'une colline qui était tellement argileuse et maigre, lorsque M. Randell loua cette ferme, qu'elle restait en friche; il la fit labourer plusieurs fois à quatre pouces de profondeur, et lorsque la terre était bien sèche il faisait écobuer toute l'épaisseur du labour, cette opération répétée plusieurs fois l'a rendue moins tenace; il obtint ainsi après chaque écobuage, de trente à quarante hectolitres de froment, et une bonne prairie artificielle. Son troupeau consommait le fourrage sur pied. Il était aligné le long d'une rangée de claies en fer creux, ayant six pieds de longueur. Ces claies se tiennent debout, sans chevilles enfoncées en terre, comme cela a lieu ordinairement; les barreaux de ces claies sont assez espacés, pour permettre aux moutons d'y passer la tête; ils mangent ainsi tout ce qu'ils peuvent atteindre; une fois qu'ils ont fini, le berger soulève les claies et les avance du côté du fourrage, de cette manière les animaux mangent tout sans rien piétiner; et leur engrais se trouve également déposé partout, ce qui assure la réussite d'une autre prairie artificielle. L'écobuage était recommencé après quatre années de prairies artificielles; c'est ainsi que M. Randell est parvenu à rendre cette colline cultivable et productive. Ajoutons qu'il l'a drainée et chaulée.

En descendant de la colline, après avoir rejoint la partie de sa culture où les terres, quoique toujours fortes, sont cependant naturellement fertiles, nous suivions un chemin qui séparait sa ferme de celle d'un des fermiers du duc. Une très-grande pièce de froment de ce fermier, que nous apercevions d'un bout à l'autre, puisque nous étions plus élevés, me parut mauvaise et ne valoir tout au plus que moitié de celle de M. Randell qui la touchait presque; je lui fis observer qu'il avait un mauvais cultivateur pour voisin; il me dit que ce fermier était à son aise, mais qu'il n'avait pas encore pu se décider à acheter un appareil de culture à vapeur; il s'ensuivait que ses terres fortes n'étaient pas labourées si profondément, ni aussi bien ameublies que les siennes le sont par le scarificateur à vapeur.

M. Randell est très-content de son scarificateur à vapeur de Smith; il dit que s'il ne l'avait pas, il achèterait l'appareil de Fowler, car le sien exige plus d'ouvriers, et un câble de près du double plus long; cela augmente de beaucoup la dépense de culture.

Il avait une locomobile de huit chevaux vapeur; mais ne la trouvant pas assez forte pour sa culture, il vient de la changer contre une de la force de dix chevaux.

M. Randell m'a montré son troupeau qui est fort beau, il est de race shropshire; un assez grand nombre de béliers sont vendus chaque année de 10 à 12 livres sterling; ses antenais gras et tondus, sont vendus de 55 à 68 fr. la pièce à l'âge de quatorze et quinze mois.

Je suis allé de chez M. Randell au château de Humbleton, chez M. Holland, membre du parlement, qui a vendu la terre de Chadbury au duc d'Aumale.

Il a remplacé, il y a quatorze ans, son vieux château par une fort belle habitation des mieux situées au pied de deux fortes hauteurs, couvertes de beaux bois; les vieux arbres du parc sont admirables.

M. Holland me présenta à madame, sa seconde femme, qui lui a donné trois enfants encore très-jeunes; il avait déjà neuf enfants d'un premier mariage. En se fixant sur cette terre, il a entrepris la culture des deux fermes les plus rapprochées du château. Il m'a dit qu'en capitalisant le loyer de ces deux fermes ainsi que l'intérêt à 4 pour 100 des capitaux qu'il a déboursés pour les cultiver et les améliorer, il s'était trouvé en avance vis-à-vis d'elles, d'une somme de 275,000 fr.; mais ces améliorations ont porté leur fruit, il lui était déjà rentré 175,000 fr. et il ne doutait pas que d'ici à deux ou trois ans, les 100,000 fr. restants, ne lui rentrassent aussi. Ses deux cents durham, veaux compris, sont très beaux. Son troupeau de shropshiredown a une grande réputation. Ses terres fortes fertilisées de longue main et dont il tire de très-belles récoltes surtout depuis quatre ans, qu'il s'est procuré la charrue et le scarificateur à vapeur de Fowler, continueront à lui donner un gros loyer de ces deux fermes ; la grande valeur de son cheptel, ainsi que celle de ses récoltes en greniers et en terre, formeront un très-grand bénéfice net, puisqu'alors toutes ses avances lui seront rentrées. Nous nous sommes rendus à sa ferme principale ; mais nous n'y trouvâmes pas M. Clarke son régisseur, qui trois ans avant, m'avait fait les honneurs de sa belle et bonne culture, M. Holland se trouvait alors à Londres ; M. Clarke était allé dans le comté de Lancastre emportant une somme de 5,000 fr. provenant de la vente de quatre jeunes taureaux durham, pour tâcher de ramener un taureau de chez un éleveur renommé, je crois le colonel Townley. M. Holland l'avait autorisé à employer toute cette somme, si c'était nécessaire, pour ramener un taureau qu'il connaissait. Nous avons visité ses très-beaux béliers ; il en conserve huit pour la lutte ; le plus beau de ces béliers, qui est énorme, étant âgé de quatre ans, aurait pu être vendu pour 2,500 fr., s'il n'avait voulu le garder encore, tant il produit bien.

M. Holland vend annuellement une quarantaine de béliers, la vente de l'an dernier lui a valu une moyenne de 318 fr. par tête ; un certain nombre de brebis ont été vendues 175 fr. la pièce. Le prix des animaux de ce remarquable troupeau d'une race très en vogue maintenant, augmente chaque année.

M. Holland avait vingt chevaux de culture, avant d'avoir son appareil de culture à vapeur ; il n'en a conservé que huit.

Ses froments semés au semoir, sont très-beaux ; mais un champ de froment semé, ou pour bien dire, planté avec une grande machine à dibbler, attelée de deux chevaux, a des épis encore bien plus beaux, cependant il est plus clair ; je pense que si on l'avait semé en septembre, comme le recommande M. Hallett, on n'aurait pas ce reproche à lui faire; cependant M. Holland pense que ce second champ produira plus que le premier; il estime que celui-ci lui donnera une moyenne de trente-six hectolitres par hectare.

Il existe dans l'autre ferme, une machine à vapeur fixe; elle sert la batteuse, un moulin, le hache-paille, le pulpeur à racines, enfin tout ce qui sert à préparer la nourriture du bétail; la vapeur superflue sert à faire cuire la nourriture des cochons.

Nous avons vu marcher la charrue à vapeur de Fowler, elle faisait un excellent travail; en revenant au château nous avons longé des champs garnis de fort belles récoltes appartenant, m'a dit M. Holland, à un fermier qui possède le scarificateur à vapeur de Smith Woolstone.

M. Holland a construit lorsqu'il s'occupait du drainage de sa terre, une tuilerie afin de faire ses tuyaux. Depuis lors, il l'a augmentée, cette fabrication étant devenue profitable. M. Holland a eu la bonté de me faire conduire à une station assez éloignée de chemin de fer, qui me conduisit à Glocester, et ensuite à Cirencester; de là je me rendis à la grande et belle école d'agriculture, dont M. Holland, avec lord Bathurst et feu lord Ducie, furent les promoteurs. M. Constable, fils de l'éditeur des œuvres de Walter Scott, est le directeur de cette école; comme il était sorti, je demandai si le docteur Vœlker s'y trouvait. On m'introduisit dans son laboratoire; deux employés l'aidaient à faire les très-nombreuses analyses dont il est chargé, en grande partie, comme chimiste consultant de la Société Royale d'agriculture. Cette Société lui donne 7,500 fr. d'honoraires pour assister à ses séances, lui faire des lectures, et pour faire à moitié prix les analyses qui peuvent lui être demandées par chacun de ses membres; le nombre des sociétaires est de plus de cinq mille. Le docteur est en même temps leur professeur de chimie à l'école d'agriculture, ce qui lui vaut 5,000 fr. d'appointements. Il doit donner tous les jours une leçon de chimie ; mais afin de pouvoir aller à Londres où les séances hebdomadaires de la Société Royale l'appellent, il donne certains jours deux leçons.

M. Wœlker m'a fait voir des échantillons de divers engrais nouveaux ; mais il m'a dit que leur prix, comparé à celui du guano, du nitrate de soude, et du superphosphate de chaux, les laisse sans emploi ; il m'a dit encore qu'on reçoit en Angleterre, pour des sommes immenses, des deux premiers engrais ; le troisième se fait pour la plus grande partie, avec des cendres d'os, importées de la Plata et d'autres parties de l'Amérique méridionale, ainsi qu'avec des os pulvérisés, importés du continent. Ces dernières importations sont beaucoup moins abondantes, depuis que les cultivateurs allemands en emploient beaucoup ; les bureaux d'expériences chimico-agricoles, qui deviennent plus nombreux en Allemagne, y ont fait connaître davantage la grande valeur des phosphates de chaux, et de bien d'autres engrais. M. le directeur étant rentré, je quittai à regret le docteur, qui m'engagea à déjeuner pour le lendemain, à huit heures.

M. et Mme Constable me reçurent fort bien ; M. Holland leur avait annoncé ma visite.

M. Constable est ministre anglican ; il me proposa, après le thé, de me faire voir l'intérieur de l'école, j'acceptai avec plaisir. Les jeunes gens sont fort bien logés dans des dortoirs, mais ceux qui veulent avoir une chambre particulière, l'obtiennent au moyen d'une certaine augmentation du prix de pension.

Il y a place pour cent élèves ; le nombre en est presque complet, ils sont quatre-vingt-seize ; on profitait de leur absence, le moment étant celui des vacances, pour remettre tout l'intérieur à neuf. On organise aussi un musée agricole ; les jeunes gens, tout en apprenant la

théorie de l'agriculture, ainsi que les sciences accessoires, sont instruits dans la pratique agricole par le professeur d'agriculture, M. Coleman. Ce professeur est
en même temps directeur de la culture d'une assez
grande ferme, dans laquelle se font beaucoup d'expériences, par lui et par son ami le docteur Wœlker; celui-ci m'a donné dix-neuf petites brochures, qui ont
rapport à ses expériences et qui sont fort intéressantes.

Je suis retourné à Cirencester, après avoir remercié
M. Constable. Le lendemain matin j'arrivai à huit heures dans la petite maison de campagne du bon et aimable docteur, qui me présenta à madame; elle est comme
lui de Francfort sur le Mein; ils ont cinq charmants
enfants, dont l'aîné a neuf ans.

Voici comment M. Wœlker est venu se fixer dans la
Grande-Bretagne. Après avoir terminé ses études scien-
tifiques à Francfort, et voulant être chimiste et se for-
tifier dans d'autres sciences, il se rendit à Utrecht, pour
y suivre les cours d'un savant bien connu, le docteur
Mulder. Celui-ci ayant été content de lui, en fit son
préparateur. Il passa ainsi plusieurs années, et fit
la connaissance du docteur Johnson, alors professeur de
chimie à l'université d'Edimbourg, qui était venu à
Utrecht pour faire la connaissance du professeur Mulder; quelque temps après, le docteur Johnson engagea
M. Wœlker à devenir son préparateur, ce que celui-ci
accepta, il y a de cela quinze ans; au bout de deux ans,
M. Johnson partit pour l'Amérique, et M. Wœlker fut
nommé professeur de chimie à l'Université d'Edimbourg; puis enfin il fut appelé aux emplois qu'il occupe
maintenant.

Il lui faut quatre heures pour aller à Londres et en
revenir par train express, cela lui occasionne une dépense de 44 fr.; par train omnibus, il ne dépense que
31 fr., mais il reste six heures en route. Sa petite maison, avec un jardin en miniature, lui coûte 1,250 fr. de

loyer ; il dépense avec les siens, 12,500 fr. tout en vivant fort simplement ; il assure que s'il n'aimait pas tant l'agriculture, il se ferait aisément une bien meilleure position. Le docteur m'a communiqué un fait très-intéressant ; son père a éprouvé des revers de fortune vers la fin de sa vie, il avait neuf enfants ; les plus jeunes seuls ont compris la nécessité de chercher à profiter de leurs études et ont su se créer de bonnes positions.

Après le déjeuner, le docteur m'emmena à la ferme de l'école ; nous n'y trouvâmes pas le professeur Coleman, il était allé à une grande louée de béliers Cotswold, comme j'en avais déjà vu une dans ces environs trois ans auparavant ; on y avait loué pour la lutte d'une seule saison, de 200 à 800 fr. la pièce ; deux qui furent vendus, n'arrivèrent pas à des prix supérieurs ; sur soixante-deux animaux, un seul ne fut ni loué, ni acheté.

Le docteur et M. Coleman suivent ensemble leurs expériences sur la terre ; ils font ordinairement leurs essais au milieu de grandes pièces, mais toujours sur une petite étendue ; ils sont certains en essayant ainsi, que leurs essais comparatifs sont dans des conditions semblables ; si ce sont des plantes qu'ils comparent, elles se ressemblent davantage ; on peut plus aisément les couper, les faner, les battre et les peser, sans les rentrer en grange, où elles peuvent se mêler à d'autres.

Ainsi, pour opérer sur des fourrages mélangés, ils ont mesuré sept parcelles d'une perche carrée chacune ; la première parcelle a été fauchée cinq fois, la deuxième quatre fois, la troisième trois fois, la quatrième deux fois, la cinquième une fois ; la sixième a été fauchée, passé fleurs ; enfin la septième, qui est presque mûre, sera bientôt fauchée.

Les produits ont été pesés en vert et sur place ; la cinquième parcelle fauchée une fois avant la fleur, a donné un produit plus fort que la sixième fauchée aussi une fois mais à moitié mûre. Le résultat général de l'expérience, est que plus on a fauché de fois et moins on a récolté, les différentes coupes ayant été additionnées ensemble; j'aurais cru le contraire.

Le docteur a fait une immense quantité d'expériences sur toute espèce de choses; il altère sa santé à force de travailler. Il a étudié les résultats de diverses nourritures, les quantités utiles à employer; les diverses espèces d'engrais, autant que possible à dépense égale, les divers fromages, diverses espèces de lait de beurre, les quantités de lait fournies par plus ou par moins de nourriture, quelles sont les nourritures qui en fournissent le plus; il y a des vaches, qui donnent le double de beurre que d'autres vaches avec la même quantité de lait.

Il fait les analyses de toutes les espèces d'engrais, de toutes les racines ou tubercules de la culture usuelle, de tous les fromages, de la chair de divers animaux, maigres ou gras. Il recommande le mélange des engrais. Le meilleur employé seul est le guano du Pérou ; mais le nitrate de soude mélangé avec du sel, produit un peu plus à somme égale que le guano; celui-ci produit plus de graminées, et le phosphate de chaux, plus de légumineuses ; leur mélange, auquel on ajoute du nitrate de soude et du sel, forme l'engrais qui produit le plus pour une somme donnée.

Il m'a dit que plusieurs engrais artificiels avaient acquis la confiance des cultivateurs. Les maisons de Lawes de Rothamsted, de Proctor et Rieland à Birmingham, et de Lawson and son d'Edimbourg, en avaient le plus grand débit. La maison Proctor et Rieland, de Birmingham, a un dépôt à Rouen.

Le docteur approuve l'usage établi dans plusieurs parties calcaires d'Angleterre : les fermiers y font peler la surface des champs gazonnés. Ces gazons desséchés, sont réunis en petits tas et brûlés; lorsque la terre se trouve garnie de petites pierres calcaires plates et peu épaisses, ces pierres sont transformées en chaux qui améliore le sol, quoiqu'il soit d'une nature calcaire. On voit les cultivateurs prendre ces gazons partout où il y en a, le long des fossés ou des haies; ils ont ainsi des cendres qu'ils mélangent avec des engrais pulvérulents, et qu'on met dans les semoirs à racines, lorsqu'on sème celles-ci.

Le docteur m'a dit qu'on employait avec succès pour la nourriture des bêtes à l'engrais, les tourteaux de graine de coton, ainsi que ceux provenant de l'huile de palmier; ils sont les moins chers. Il m'a dit que les nombreuses affiches qui prônent les nourritures fabriquées par diverses maisons, n'étaient que des attrapes, non qu'elles fussent mauvaises, mais leur prix de vente est beaucoup trop élevé.

Nous avons visité la culture dirigée par M. Coleman, le professeur d'agriculture; nous y avons vu de belles récoltes pour l'année. Il a un bon troupeau de cotswold, et de beaux durham, feu lord Ducie ayant donné anciennement un excellent taureau et une couple de génisses de son étable à l'école d'agriculture de Cirencester. On a, dans cette ferme, les instruments les plus perfectionnés, entr'autres un appareil à vapeur de Fowler.

J'ai enfin pris congé de l'excellent M. Wœlker, qui a bien voulu me consacrer huit heures de son temps, toujours si utilement employé pour l'instruction des agriculteurs.

Je suis allé au château de Cirencester, mais lord Bathurst était absent. Je me rendis chez M. Anderson, son agent, qui est gendre d'un des meilleurs cultivateurs d'Angleterre, M. Hudson de Castleacre, en Norfolk. M. Anderson est devenu à son exemple, un cultivateur remarquable. Il a reconstruit à neuf la grande et belle ferme de la Bassecour; il y a introduit tous les perfectionnements de l'époque. Il a un fort beau troupeau de deux mille cinq cents southdown, dont il a envoyé en deux fois, quatorze excellents béliers à M. Lupin, au château de Lorois en Berry ; ils ont été payés 200 fr. la pièce.

Un orage nous a forcés de renoncer à la visite d'une partie des récoltes. M. Anderson m'a dit que l'année ne leur avait été nullement favorable. Le lendemain, la pluie m'a encore empêché de visiter deux excellents agriculteurs, MM. Lawrenz et Bawly, que j'avais visités précédemment. Le premier est un engraisseur des plus entendus ; ses chevaux et ses bêtes à cornes sont logés dans des boxes. Le second est un éleveur de très-bons durham, dont les vaches sont bonnes laitières.

Je me rendis au chemin de fer qui me porta à Swindon, d'où un tilbury me conduisit en une heure, chez M. Brown, fermier à Ufcot. Sa ferme s'étend sur trois cent vingt hectares de terres labourables, et sur cinquante deux en dunes, nom qu'on donne dans ce pays, à des collines crayeuses assez hautes. Ces cinquante-deux hectares servent de parcours en été, à huit cents hampshire-down ; mais on n'hiverne que cinq cent cinquante têtes de cette race, que M. Brown a singulièrement perfectionnée.

Le baron Peers, très-bon cultivateur près de Bruges en Belgique, m'avait mandé qu'il avait acheté à Ufcot un petit troupeau de hampshire-down, qui réussissait bien chez lui, dans ses terres très-siliceuses.

M. Brown m'a fait dîner avec sa nombreuse famille ; madame Brown est mère de dix enfants vivants dont le plus jeune n'a que deux ans ; ils tiennent à conserver leurs enfants près d'eux, ils ont un instituteur et une institutrice, pas un des enfants n'a parlé pendant le dîner. Madame Brown m'a dit qu'elle avait le désir d'aller passer quelques années en France, ensuite elle voudrait faire un semblable séjour en Allemagne, pour faire apprendre à ses six garçons, successivement le français et l'allemand ; elle m'a dit qu'elle et plusieurs de ses enfants comprenaient le français en le lisant.

Je lui ai parlé du grand avantage que des fermiers anglais auraient à venir se fixer dans les parties de notre pays, où la culture est très arriérée ; ils pourraient y acheter des terres à 4 ou 500 fr. l'hectare, et des bruyères à 100 ou 200 fr.

M. Brown m'a fait monter à cheval, et nous avons parcouru ses terres ; j'ai vu une quarantaine d'hectares en récoltes sarclées, très-propres, mais fort peu avancées pour la saison, qui est trop froide.

Il a beaucoup de sainfoins, de vesces d'hiver et de vesces de printemps ; il parque ses troupeaux sur celles-ci, qui sont semées de quinze jours en quinze jours ; mais les bêtes à laine en gâtent au moins la moitié, en marchant dessus.

M. Brown et la plupart des fermiers anglais, auraient beaucoup à gagner, s'ils adoptaient les claies en fer creux de M. Randell, ou au moins s'ils mettaient le fourrage vert, après l'avoir fauché, dans des râteliers doubles, comme je l'ai vu souvent faire en France, entr'autres chez M. Decrombecque. Ses hampshire perfectionnés m'ont paru fort beaux ; mais je doute qu'ils vaillent autant que les shropshire ou les oxfordshire-down. M. Brown m'a dit que le baron Peers lui avait payé dix livres ou 250 fr. ses plus beaux béliers, après qu'il eut choisi ceux destinés à ses brebis ; il lui a vendu aussi cinquante brebis à 75 fr. la pièce. Il dit que ses moutons gras, âgés de quinze mois, pèsent cent livres anglaises, viande nette, et qu'ils donnent beaucoup de laine ; il assure qu'ils supportent parfaitement le parc, sur les navets ou les rutabagas, malgré l'humidité et les grands vents froids de l'hiver.

Les froments de M. Brown sont bons pour l'année. Il m'en a fait voir un petit champ, semé avec du fameux froment pedigree de M. Hallett de Brighton ; il a d'é-

normes épis. M. Brown croit qu'il en récoltera assez,
pour en semer deux hectares. Ses féverolles et ses avoines étaient très-belles.

Nous avons vu labourer la charrue à vapeur à quatre
socs de Fowler ; elle appartenait à son voisin, M. Strat-
ton de Broad Hinton ; c'est un des bons éleveurs de durham, que j'ai visités en 1859, ainsi que son beau-
frère, M. Redman, qui a aussi une charrue Fowler.
M. Brown m'a dit, qu'il y avait seize fermiers possé-
dant-des appareils à labourer à vapeur, à une certaine
distance autour de chez lui. Il m'a dit aussi, qu'on labourait avec cette charrue quatre hectares par jour ; ce
labour était parfait, il avait six pouces de profondeur.
J'ai demandé au chauffeur combien de temps il lui avait
fallu pour savoir bien conduire sa locomobile, il me répondit que trois jours lui avaient suffi, attendu qu'a-
vant il conduisait une machine fixe ; le laboureur m'a
dit avoir été une huitaine de jours pour faire son apprentissage.

Je remerciai beaucoup M. Brown de son extrême
obligeance, et fus coucher à Faringdon, petite ville à
six milles de la station isolée de Faringdon Road, sur
le chemin de fer du Great Western, comté de Berk.

J'avais lu quelques mois auparavant, dans le journal
de M. de la Tréhonnais, qu'un M. Campbell, Écossais,
ayant fait une grande fortune avec des mérinos, en
Australie, avait acheté la terre de Buscot-Parc, pour
deux millions et demi de francs, et y avait dépensé un
million et demi en améliorations agricoles ; je voulais
voir ces immenses améliorations.

Je me rendis donc le 19 juillet de très-bonne heure,
chez M. Muscrop, régisseur de cette terre, car il était
trop tôt pour me présenter au château. On me conduisit
dans un très-grand champ de terre très-forte ; le régisseur s'y trouvait, au milieu de nombreux instruments,
occupé à préparer cette terre pour des turneps. M. Mus-

crop, que je reconnus à son accent pour un Écossais, me conduisit près de sa charrue à vapeur de Fowler, il m'en fit le plus grand éloge; elle était suivie par plusieurs herses et des rouleaux très-lourds, croskill et autres, pour ameublir cette terre tenace; venaient après, plusieurs semoirs, dont un répandait un engrais pulvérulent, en même temps que la semence, qu'il déposait en lignes; un autre la plaçait, ainsi que l'engrais, par poquets; un troisième semait les navets avec l'engrais liquide. Il peut semer à volonté, en lignes ou par poquets; on employait ces trois semoirs, non-seulement pour aller plus vite, car on était un peu en retard pour cette semaille, mais aussi pour étudier les résultats comparatifs, Il y avait en outre des charrues attelées de très-forts chevaux, qui préparaient la terre à la vieille manière écossaise. Des tombereaux attelés d'un seul cheval du Clydesdale, amenaient du fumier humide, déposé, et de suite répandu dans les sillons; une autre charrue recouvrait le fumier en formant les sillons afin d'empêcher l'engrais de se dessécher; un semoir à billons, en semait deux à la fois.

M. Muscrop me fit voir ses betteraves bien nettes d'herbes, mais bien jeunes, comparativement à celles que j'avais vues trois semaines avant, en Flandre. Pendant l'examen de ces nombreux travaux parfaitement exécutés, M. Campbell, monté sur un beau cheval, vint nous rejoindre; je lui dis ce que j'avais lu dans un de nos journaux d'agriculture, et ce qui m'avait décidé à venir lui demander la permission de visiter les immenses améliorations qu'il était en train d'exécuter. Il me dit qu'il me les montrerait volontiers, après que nous aurions déjeuné. Deux beaux jeunes gens, ses fils, étant survenus, il me demanda la permission de me laisser un instant et dit à ces Messieurs de me conduire au château. Je les accompagnai, après avoir remercié M. Muscrop, que je crois un cultivateur très-capable. Mes deux guides avaient environ vingt ans; ils me firent voir des herbages drainés, à côté d'autres qui ne l'étaient pas encore, ainsi que le résultat de l'emploi d'un mélange composé de deux cent cinquante kilos de guano péruvien, de dix-huit hectolitres d'os pulvérisés, et de cent vingt-cinq kilos de nitrate de soude par hectare; c'est une dépense d'environ 200 fr. Toutes les terres ou herbages de cette propriété, dont l'étendue est de dix-huit cents hectares, qui ne peuvent pas être fumés avec de l'engrais provenant du bétail, ont reçu, ou recevront ce mélange.

Ces Messieurs, dont l'un venait de donner sa démission d'officier de cavalerie, me dirent qu'ils devaient s'embarquer dans le mois de novembre, pour aller passer cinq ou six années dans la Nouvelle-Zélande. Leur père y a formé depuis quelque temps un grand troupeau de mérinos; au bout de ces cinq ou six ans, ils seront relevés par deux autres des sept fils de M. Campbell.

Nous arrivâmes dans un beau château situé sur une colline et entouré d'un parc considérable, parsemé de vieux et énormes arbres forestiers. Ces Messieurs me présentèrent à madame Campbell, qu'on a de la peine, en la voyant, à prendre pour la mère de dix enfants vivants, et surtout d'aussi grands jeunes gens. On me fit faire la connaissance de M. de la Bouchère, gendre d'un des Messieurs Mallet, banquiers à Paris; on me plaça à côté de lui à table. Il me nomma une vingtaine de personnes qui étaient présentes, et parmi elles, deux grandes et charmantes personnes, filles de madame Campbell; la dernière de ses filles n'a que quatre ans. Après déjeuner, M. Campbell me fit monter à cheval, pour me faire voir l'autre côté de sa propriété qui est d'un seul tenant, sans enclaves, et séparée des voisins pendant neuf milles anglais, par la Tamise et un de ses affluents. M. Campbell m'a dit, à propos du passage du journal de M. de la Tréhonnais, que le prix d'achat de sa terre, et la dépense qu'il y avait faite en améliorations agricoles, pouvaient être exacts, il y a une couple d'années; mais que depuis lors, le prix de la propriété était arrivé à peu près à quatre millions de fr. par suite d'acquisitions d'enclaves et de terres qui la joignaient; quant au chiffre des améliorations, il dépasse maintenant deux millions, sans que jusqu'alors il eût été fait des dépenses un peu fortes pour le château ; on s'est borné à faire les choses les plus urgentes. Il a ajouté que sa propriété se composait maintenant de mille huit cents hectares dont quatre cent vingt en terres labourables, mille deux cents hectares en herbages et cent quatre-vingts hectares en bois, pièces d'eau, ou chemins.

M. Campbell m'a dit ensuite que lorsqu'il avait acheté il y a quatre ans sa terre, elle était depuis assez longtemps entre les mains de créanciers d'une personne qui s'était ruinée aux courses, par le jeu, et par les femmes; la terre était dans le plus mauvais état possible. M. Campbell commença par drainer et employa jusqu'à quatre cents ouvriers à la fois à ce travail; il fit arracher des bois abîmés par le pâturage; toutes les haies garnies d'arbres, ou irrégulières, le furent aussi ; il sépara ses herbages en grandes pièces, par de larges fossés qui reçoivent les eaux de drainage, et les déchargent dans les rivières qui entourent en grande partie la propriété. Il dépensa par hectare de drainage 300 fr. en moyenne, et 200 fr. en engrais pulvérulents.

Il s'est monté en béliers et brebis de la grande race du Lincolnshire, chez les meilleurs éleveurs de cette espèce; elle fournit une laine longue et brillante, très-recherchée par les fabricants; ces bêtes ne peuvent vivre guère que dans la Grande-Bretagne, à cause du climat et de l'absence des loups. Ces grandes races à laine longue, ne peuvent aller en troupeaux à cause de leur

poids; elles vivent jour et nuit dans les herbages, et crai
gnent la chaleur. M. Campbell a maintenant deux mille
brebis de cette belle race; elles lui donnent un certain
nombre de doubles parts, et il peut compter sur deux
mille agneaux à l'âge adulte; il augmente le plus possible le nombre de ses femelles et conserve jusqu'à cette
heure les moutons pour les vendre gras à l'âge de deux
ans, il a maintenant six mille de ces bêtes. Une ferme de
quatre cents hectares va lui rentrer, et il pourra doubler son troupeau l'année prochaine; d'ici à cinq ans
deux autres et dernières fermes lui rentreront; il espère
alors pouvoir amener son troupeau au chiffre de dix-
sept mille têtes. Il tient maintenant quinze bêtes par
hectare sur ses herbages drainés et fertilisés par le
mélange d'engrais cité plus haut.

M. Campbell m'a fait remarquer que ses herbages
étaient pâturés très-ras; il m'a dit que vingt années de
direction d'immenses troupeaux, lui ont appris que
c'était la meilleure manière de tirer parti des herbages.
Lorsqu'ils ne sont pas assez garnis de bêtes, l'herbe s'al-
longe, durcit et mûrit sa semence, cela fatigue la plante;
en tous cas, elle ne pousse pas de rejets, et l'herbe dure
n'est pas consommée.

M. Campbell n'a de vaches, que pour fournir le
lait nécessaire. Mais il m'a dit qu'il engraissait huit
cents bœufs par an; ils sont mis par lots, dans les
herbages des bêtes à laine, ils mangent les herbes
que celles-ci dédaignent, et reçoivent de plus du tourteau
et des farines.

Les brebis ainsi que les agneaux passent l'hiver
au parc, sur des champs de turneps loués à cet effet
dans le voisinage, sur des terres légères et saines;
les antenais et les moutons restent dans les herbages,
où on leur donne des tourteaux et un peu de foin, lorsque le temps est trop mauvais.

M. Campbell fait arracher soigneusement les chardons et autres mauvaises herbes dans les herbages, cela lui coûte 75 centimes par hectare; il paie à peu près le double, pour soigner et tailler les haies, et pour entretenir les fossés de séparations entre les herbages dont les enclos ont une grande étendue.

Les toisons de son troupeau pèsent neuf livres en moyenne, lavées à dos; il porte le revenu net de ses bêtes à laine à 25 fr. par tête. Il va établir une enchère annuelle, pour vendre ou louer ses béliers: il en a maintenant deux cents de disponibles.

Il trouve la distance de dix mètres entre les rigoles de drainage trop grande pour ses herbages en terre très-argileuse quoique fertile, et dont ses fermiers payent 125 fr. de loyer par hectare; il compte faire mettre une rigole entre deux. M. Campbell m'a fait voir des prés loués à ses fermiers, qui sont garnis d'herbe abondante et de bonne qualité; il m'a dit qu'ils étaient fort mauvais avant d'avoir été drainés. Je lui ai demandé si ses fermiers fumaient leurs prés; il m'a répondu négativement.

M. Campbell m'a dit qu'il avait commandé à M. Fowler un second appareil de culture à vapeur.

Il m'a dit aussi avoir pris un des meilleurs régisseurs d'Ecosse, il est jeune encore, il n'a que trente ans; il lui donne 6,000 fr. d'appointements.

Une fois que M. Campbell m'eut mis au courant de l'état de sa très-belle terre, il me raconta ce qui suit : il se maria à l'âge de vingt-deux ans, et s'embarqua pour l'Australie, emportant environ 200,000 fr. Il choisit dans une partie de ce continent, un lieu convenable à l'éducation des bêtes à laine; c'était un véritable désert, composé de belles et bonnes pâtures garnies de vieux arbres clairsemés.

Il y fit construire pour lui un cottage très-confortable, des chaumières pour ses bergers et ouvriers amenés avec lui d'Ecosse, et des écuries pour leurs nombreux chevaux, car dans ce pays on est toujours à cheval.

Il acheta beaucoup de brebis mérinos, payées en moyenne 40 fr. la pièce; il payait au gouvernement 10 centimes par tête de bêtes à laine comme loyer de la pâture et on doit compter sur deux hectares de pâture par bête, à cause des extrêmes sécheresses qu'il y fait souvent.

M. et madame Campbell eurent de nombreux enfants qu'ils envoyèrent dans la mère-patrie d'abord, parce que le climat ne réussit pas bien aux enfants; ensuite leur éducation l'exigeait.

Ils arrivèrent à avoir cent mille mérinos, j'ai oublié de demander pendant combien d'années on avait possédé ce nombre; on tuait chaque année la cinquième partie des bêtes, d'abord pour manger, et ensuite pour les faire bouillir, et en faire du suif; les peaux et le suif servaient à payer toutes les dépenses de l'établissement, même les voyages d'aller et de retour en Angleterre; cela a permis de mettre de côté le produit de la laine qui était de 6 fr. par toison, donc 600,000 fr. chaque année, dès qu'on a eu les cent mille mérinos.

M. et Mme Campbell passèrent vingt années dans ce désert; lorsqu'ils en sont revenus, ils employèrent quelques années à voyager, et passèrent les hivers dans les grandes capitales, dont deux à Paris; aussi toute cette famille parle-t-elle le français.

Pendant ce temps M. Campbell cherchait une terre qui lui convînt; il a fini par trouver Buscot Park, qu'il a acheté en 1858.

Comme il s'est bien trouvé de son entreprise pastorale en Australie, quoiqu'il ait eu à souffrir des fréquentes sécheresses de ce pays, il a recommencé une affaire du même genre, mais il l'a placée dans la Nouvelle-Zélande, dont le climat est moins sec; il espère arriver en peu d'années à avoir cent mille mérinos. Cette affaire servira à faire la fortune de ses fils; comme ils sont nombreux, ils se relaieront et n'y passeront que six années, au lieu d'y rester vingt ans comme leurs parents. Il faut louer tant de raison chez ces jeunes gens, dont l'aîné était officier de cavalerie et n'a que vingt-et-un ans.

M. Campbell a eu l'obligeance de me faire conduire à la station du chemin de fer, à neuf milles de son habitation ; je fus coucher dans la ville de Reading, que je quittai le lendemain matin par un chemin de fer assez nouvellement construit. Le convoi nous fit traverser, peu de temps après le départ, un pays de sable et de gravier ; c'est un sol des plus ingrats qu'on puisse voir : les collines sont couvertes de maigres pins sylvestres, et de bruyères des plus arides ; les vallées qui séparent les collines ne valent guères mieux. Lorsqu'elles étaient traversées par un ruisseau, on y voyait de pauvres prés tourbeux. Heureusement l'aspect du pays devint moins triste ; j'aperçus près d'une station un collége portant le nom de Wellington ; à la station suivante, nous étions près d'une école militaire ; nous sommes passés aussi à portée du camp d'Aelderscot. Les stations étaient très-nombreuses, sur cette ligne de chemin de fer, surtout en se rapprochant de la ville de Guildford et après, jusqu'à la station de Raygate, où l'on rejoint le chemin de Londres à Folkstone et Douvres.

Cette partie du trajet fut en revanche charmante ; elle me consola de ce que le commencement avait eu de laid et de triste. La culture, généralement en terres légères et en pays de coteaux, m'a paru très-soignée.

Comme c'était un dimanche, je fus obligé de rester depuis dix heures et demie, moment de notre arrivée, jusqu'à sept heures du soir, à la station de Raygate.

Je vis près de cette station, plusieurs fort jolies maisons de restaurants ; j'entrai dans l'une d'elles, où après avoir déjeuné, je me mis à écrire mes notes et des lettres, ce qui employa une bonne partie de mon temps ;

je visitai ensuite un très-grand et beau jardin, appartenant à l'hôte ; je fis après cela une longue et délicieuse
promenade. Je suivis un chemin qui me fit monter sur
une forte colline, garnie de jolies maisons de campagne,
et de beaux parcs ; les points de vue y étaient admirables, ils s'étendaient sur deux belles vallées, et sur
la ville de Raygate, qui est entourée par d'innombrables
maisons de campagne et de jolies chaumières ; cette
promenade me dédommagea du long séjour forcé que
je fis dans ce charmant Redhill, par une journée des
plus agréables qu'il y ait eu cet été, où il a fait en général si peu chaud.

Je partis enfin à sept heures pour Douvres ; nous y
arrivâmes à neuf heures et demie, avec un train omnibus ; je m'embarquai de suite. Le train express de
Londres étant arrivé peu après, nous démarrâmes et
fîmes une excellente traversée en six quarts d'heure ;
je fus enchanté de me retrouver dans cette bonne France,
où l'on est, en définitive, mieux que partout ailleurs.

CINQUIÈME PARTIE.

Retour d'Angleterre en France, 1862.

Je suis arrivé le 21 juillet 1862, de bonne heure,
à Dunkerque. J'ai regretté de ne point trouver M. Vandercolm qui se trouvait en Ecosse, car il s'occupe d'a-
griculture de manière à servir d'exemple aux meilleurs
cultivateurs ; c'est lui qui a commencé à drainer dans
un pays où les terres étaient excellentes, mais gâtées
par l'humidité ; on était souvent forcé de couper le sol
par des fossés ouverts, séparés au plus par cent mètres.
Ce moyen, tout en perdant une bonne partie du sol, le

salissait par une abondante production de graines d'herbes que le vent répandait sur les champs.

J'ai fait une visite à M. Hubert, pour le prier de vouloir bien me montrer lui-même les grandes améliorations agricoles que son père a commencées il y a
bien des années, et qu'il continue avec une grande per-
sévérance; je les avais visitées plusieurs fois, sans avoir
encore eu la chance d'y rencontrer M. Hubert, qui habite Dunkerque, ou bien une autre terre. Il a eu
la bonté de me donner rendez-vous pour le lendemain
matin, dans sa propriété des Dunes, à une demi-lieue de
la ville; elle mérite assurément d'être visitée par tous
les cultivateurs passant par Dunkerque.

Je suis allé voir ensuite la très-belle ferme de feu
M. Daudruy, qui était maître de poste et maître de
l'hôtel de Flandre; c'était un excellent cultivateur,
avec qui j'ai visité plusieurs fois, avec avantage pour
mon instruction, les remarquables travaux qu'il y a fait
exécuter. J'ai trouvé la jeune fermière, occupée avec
deux grosses servantes, à traire une vingtaine d'énormes vaches flamandes; elle me dit que son mari était
dans les champs, occupé à rentrer ses récoltes; je lui ai
demandé combien pouvaient valoir ses très-belles vaches et combien les meilleures donnaient de lait; elle fit
quelques difficultés avant de se décider à répondre
à ma seconde question; elle finit par me donner le
chiffre de quinze litres, ce qui assurément ne peut être
que le produit des plus mauvaises; quant à leur valeur,
elle la porta de 5 à 600 fr., ce qui me parut amplifié.
Le prix du beurre est de 1 fr. 25; le lait écrémé doux,
se vend 10 centimes le litre. Je rejoignis le fermier,
bel homme d'une trentaine d'années, qui ramenait une
voiture d'orge d'hiver. La voiture était attelée de deux
de ses huit fort belles juments, qui lui ont donné cinq
poulains cette année, mais cela ne lui réussit pas toujours aussi bien; elles eussent pu être vendues l'an der-

nier, 800 fr.; on n'en tirerait que 600, si on voulait les vendre maintenant, me dit-il. Ses seigles étaient rentrés, mais ses froments n'étaient pas encore coupés, ils avaient les feuilles blanches ce qui n'est pas bon signe; ils ne sont pas versés, mais ils ont été pliés par les grands vents; il ne compte guère que sur vingt-cinq hectolitres à l'hectare, au lieu de trente-cinq l'an dernier. Ses escourgeons ou orges d'hiver, ne lui donneront guère que moitié de l'an dernier. Un grand champ de pois, un autre de fèves, sans être longs en paille, sont bien grainés; je n'ai pas rencontré de champ de lin, et j'ai oublié de lui demander s'il en avait été content.

Il m'a dit qu'il louait quatre-vingt-huit hectares, dont le quart était en herbages, et qu'il payait 111 fr. par hectare, ce qui fait un loyer de près de 10,000 fr. Eh bien, ce fermier rempli chez lui les fonctions de charretier, sa jeune et jolie femme fait de son côté le métier de fille de basse-cour. Les fermiers anglais payant un pareil loyer, dirigent leurs ouvriers et gagnent ainsi plus que ce brave et cependant intelligent fermier flamand; c'est une mauvaise économie que de faire le métier d'un manœuvre, et de négliger une chose bien plus importante, la surveillance.

Le lendemain, à dix heures, je fus exact au rendez-vous que m'avait donné M. Hubert, à sa ferme des Dunes qui a été fort bien construite par son père. Il a bien voulu me faire voir et m'expliquer parfaitement les immenses et très-profitables travaux commencés par son père en 1827, et qu'il a continués, il y a de cela quatorze ans, lorsqu'il le perdit.

Cette propriété se compose de cent soixante-dix-huit hectares, dont au moins les deux tiers sont, ou pour bien dire, étaient des dunes sablonneuses qui servaient de parcours aux moutons des bouchers de la ville; ils en payaient une vingtaine de fr. l'hectare. M. Hubert en a maintenant cinquante-trois hectares, loués à raison de 272 fr. l'hectare, et formant la somme de 14,416 fr.; mais cette magnifique transformation ne s'est faite qu'en dépensant infiniment d'intelligence, et beaucoup d'argent qui au reste produit un très-bon intérêt.

Voici le détail de tout ce qui s'est fait, et de tout ce que ces travaux ont coûté. M. Hubert a commencé par faire niveler parfaitement le sol; pour arriver à ce but il a fait peler le gazon en plaques carrées de 0^{m}40 de côté; ces plaques sont déposées au fur et à mesure, sur le terrain qui vient d'être à peu près nivelé ; on les replace où elles étaient, à mesure que le nivellement est opéré; le nivellement de quarante-quatre ares quatre centiares coûte de 120 à 150 fr. suivant les distances auxquelles le sable en trop dans un endroit, doit être transporté, pour remplir les creux. Vient ensuite l'atelier des défonceurs, ils rangent sur le côté les plaques de gazon; ils ouvrent une tranchée d'un mètre de largeur, sur une égale profondeur ; ils ont le soin de mettre à la surface toutes les parties du sable noir qui se trouve dans la fouille, car ce sont les anciens gazons de la surface, recouverts par les grands vents; ils sont moins infertiles que le sable blanc; les défonceurs replacent ensuite les gazons à la surface, comme ils les avaient trouvés rangés par l'atelier des niveleurs ; cette opération coûte environ 300 fr. par hectare. Les tombereaux de la ferme amènent à mesure que le défoncement se fait, de la terre argileuse qu'ils déposent à côté de la terre défoncée, dans laquelle ils ne peuvent entrer, car les chevaux et les roues s'y enfonceraient; on conduit cette terre par brouettes, sur des planches ; il en faut au moins deux cents mètres cubes par hectare, pour en mettre de dix à quinze centimètres d'épaisseur partout. Chaque mètre cube de terre argileuse, coûte pour extraction, chargement et conduite 1 fr. 50 ou 300 fr. par hectare. Tout cela terminé, M. Hubert

cultive ce sol factice pendant trois ans : la première année en carottes, après une fumure de cent mètres cubes;
l'année suivante en pommes de terre qui reçoivent des
matières fécales, ensuite on loue à des maraîchers qui
se bâtissent sur onze ares une petite maison, qui leur
coûte au moins 1,500 fr. à construire, ils en ont la
jouissance pendant soixante ans; après cela, elle appartient au propriétaire dans l'état où elle se trouve. On
leur loue quatre-vingt-huit ares à côté de la maison
pour douze ans; ils en payent 240 fr. par an et par hectare. Si c'est M. Hubert qui construit, ce qui lui revient
à 1,200 fr., on lui paye 7 fr. par mois, ou 84 fr. par
an, et ils ont quatre ares avec la maison. Ces braves
gens font pour Paris et principalement pour Londres,
des pommes de terre hâtives, des choux-fleurs, etc., etc.;
il n'y a que la proximité des vidanges et des autres engrais qui leur donne la possibilité de se tirer d'affaire,
dans des terrains si pauvres. Venons-en maintenant à
la manière de se procurer cette terre argileuse, qui ne
se trouve heureusement pas loin, et sur la propriété
même de M. Hubert, du côté de la mer.

Les ouvriers chargés d'extraire et de charger l'argile,
s'y prennent ainsi : ils enlèvent sur une largeur d'environ
six mètres, une épaisseur de $0^m,33$ de terre, qu'ils déposent à droite et à gauche de la fouille; le sous-sol
composé d'argile qui n'a pas très-bonne apparence, a
deux pieds d'épaisseur, on trouve par-dessous du sable
des dunes; les ouvriers ne prennent la terre argileuse
que sur trois mètres de largeur, et vont ainsi jusqu'au
sous-sol de sable dans toute la longueur de la fouille ;
ils obtiennent ainsi un chemin de sable pour les temps
pluvieux, et un autre sur terre forte pour le beau temps,
car alors les tombereaux chargés, y roulent mieux.
Ceux-ci sont attelés d'un cheval et ne contiennent
qu'un demi mètre cube. Lorsqu'un tombereau est
chargé de terre forte, il part et est remplacé par un

autre qui apporte du sable pris là où les niveleurs ont des buttes de sable à niveler ; l'argile est ainsi remplacée par du sable, et lorsqu'on est arrivé au bout de la fouille, les ouvriers remettent en place la terre de la surface ; j'ai vu d'aussi belles récoltes sur des terres traitées ainsi, que sur celles où l'extraction n'avait pas encore été faite. Voici les chiffres réunis des dépenses de toutes sortes. A l'arrivée de M. Hubert ces sables de dunes valaient 150 fr. les quarante-quatre ares quatre centiares, mesure du pays.

Le nivellement, le défoncement et l'argile coûtent 720 fr. pour la même étendue.

Le fumier et les matières fécales reviennent à 120 f., pendant trois ans de culture.

En compte rond, c'est 1,000 fr. les quarante-quatre ares. En résumé, des dépenses énormes sont faites par M. Hubert, pour transformer un sable inerte, en une terre dont il a loué déjà plus de cinquante hectares à raison de 240 fr. les quatre-vingt huit ares 8 centiares, ou 272 fr. l'hectare. Ce serait une affaire déplorable, dans tout autre lieu qui ne serait pas à la portée d'une grande ville ; dans un pays fort peuplé, on peut se procurer des engrais en abondance, surtout des vidanges, qu'on sait utiliser et qu'on ne dédaigne pas d'employer ; de plus, on est près d'un port de mer, et d'une station de chemin de fer, qui enlèvent soit pour l'Angleterre, soit pour Paris, les légumes en innombrable quantité. Ces actifs et intelligents jardiniers maraîchers de Dunkerque, savent parfaitement les faire venir, ce qui leur permet de payer des loyers très-élevés.

Je suis parti de Dunkerque, pour la station de Cassel, d'où je suis allé, par un pays de terres excellentes et bien cultivées, dans une ferme que M. Dickson, écossais qui est propriétaire de deux manufactures de toiles à Dunkerque, a achetée il y a quelques années. Son frère, chirurgien-major dans un régiment anglais, habite cette ferme pendant une partie de l'année; il était malheureusement absent, et le fabricant n'y vient qu'en passant.

La ferme que M. Dickson cultive, contient une centaine d'hectares; mais elle ne fait pas partie du riche plateau que j'avais suivi pour y venir; elle est en terre argileuse et difficile de culture, le sous-sol est très imperméable; il l'a fait drainer à huit mètres de distance, et à un mètre trente de profondeur; il paraît que les prés marécageux n'ont pas une pente suffisante pour pouvoir être drainés convenablement.

M. Dickson a construit en briques une maison d'habitation, qui a fort bonne mine; je n'y suis pas entré. Il a arrangé les anciens bâtiments de ferme. Il a fait établir une toiture sur la cour qui se trouve convertie en écuries et étables; il s'y trouve dix chevaux, vingt vaches et trente cochons, mais point de bêtes à laine. Le chef de culture, flamand ainsi que les autres employés, rentrait du foin; je n'ai donc pas pu causer avec lui. On m'a dit que M. Dickson possédait une autre ferme près de là; elle est louée 36 fr. par hectare, le fermier y fait bien ses affaires.

Je suis revenu coucher dans une petite auberge de village, près de la station isolée de Cassel; on me donna un assez bon souper, une bouteille de vin, et une chambre propre, le tout pour 2 fr. 50; ce qu'il y a d'extraordinaire dans ce pays, où l'on ne boit que de la bière, c'est qu'elle est détestable, tandis que de l'autre côté de la Manche, elle est bonne partout.

Je suis arrivé le 23 de bonne heure à Lens, par un nouveau chemin de fer, qui part de Hazebrouck et va à Arras; un autre chemin de fer va de Lens à Douay; un autre embranchement relie la ville de Lens avec la station de Carvin, sur le chemin de fer de Douay à Lille; ces nouveaux et nombreux embranchements de chemins de fer, sont dus à la grande quantité de mines de houille qui ont été ouvertes, il y a peu de temps, dans ce pays. Les terres sont d'une grande fertilité depuis Hazebrouck jusqu'à Béthune; elles deviennent tout à fait crayeuses et sans fond de terre, jusqu'à l'entrée de Lens, ce qui n'empêche pas d'y voir de bonnes récoltes.

Je me suis arrêté à Lens pour passer deux jours chez M. Decrombecque, maire de cette ville; c'est un des meilleurs cultivateurs de France.

Il m'a montré en arrivant, deux très-beaux chevaux qu'il venait d'acheter pour 400 fr. les deux; ils avaient été réformés comme poussifs, et provenaient des écuries des cent-gardes; il espère bien les débarrasser de ce mal d'ici à quelques mois, au moyen de la nourriture qu'il leur donnera. Il a trente et quelques chevaux qui presque tous ont été achetés à bas prix, parce qu'ils étaient atteints de la pousse; ils sont tous dans le meilleur état, et travaillent fort; ceux dont on se sert pour la calèche et les cabriolets, font en trottant, trente et quelques kilomètres le matin et reviennent le soir, sans avoir le flanc altéré.

La nourriture qu'on leur donne se compose de sept kilos d'avoine aplatie, deux kilos d'orge bouillie, un kilo de tourteaux d'œillette et de dix kilos de fourrage passé par le hache-paille; ce fourrage est composé de un tiers de foin de trèfle, un tiers d'hivernage et un tiers de paille; cette nourriture est arrosée avec assez d'eau pour amener la fermentation; elle reste ainsi de trente-six à quarante-huit heures, suivant la température du moment : on la partage en quatre repas. Les bœufs de travail ou les bêtes à l'engrais, reçoivent trente kilos de pulpe, quatre kilos de tourteaux, deux kilos d'orge bouillie et huit kilos de paille hachée, le tout est fermenté; on y ajoute un peu de sel, mais j'ai oublié d'en noter la quantité.

On relève et on égalise la litière des chevaux et des bêtes à cornes qui ne sont pas tenues en boxes tous les

jours, après leur départ pour la seconde attelée ; on recouvre les parties humides avec un mélange d'argile
bien sèche, de cendres, de craie, le tout bien pulvérisé,
et on le recouvre d'un peu de litière, environ un kilo de
paille par cheval ; on emploie une dizaine de brouettes
de ce mélange de terre pour une écurie de trente chevaux, cette terre s'empare de l'ammoniaque ; aussi n'a-
t-on pas de mauvaise odeur dans les écuries.

M. Decrombecque avait reçu, il y a quelque temps,
une des dix charrues à vapeur que l'Empereur a fait
faire d'après le modèle de celle que Fowler avait expo-
sée au palais de l'Industrie en 1860 ; elles ont été con-
fiées à de bons cultivateurs placés dans les diverses parties de la France, pour faire connaître cette si remarquable et si utile invention. Toutes les terres de
M. Decrombecque étant emblavées, lors de l'arrivée de
cette charrue, il n'a pu encore que l'essayer ; à l'un de
ces essais, une des principales pièces en fonte s'est
brisée et elle n'avait pas encore été remplacée, lors de
mon passage.

Toutes les céréales sont semées en ligne chez M. Decrombecque, elles m'ont paru fort belles ; il pense que
ses froments lui donneront trente hectolitres en moyenne ;
ses avoines ont cinq pieds de hauteur et sont fort épaisses ; elles sont cependant semées dans les terres crayeuses de la plaine de Lens.

Ses betteraves sont admirables, même dans les terres
qu'il ne loue que pour faire cette récolte ; on les lui
livre labourées et fumées, mais jamais aussi fortement
qu'elles devraient l'être, d'après les conventions ; il paye
400 fr. par hectare.

J'ai vu chez le mécanicien Morrel à Lens, un semoir
qu'il vient d'inventer. Avec cet instrument on peut semer à volonté, les céréales ou les betteraves en poquets,
en quinconce, ou en lignes ; il sème à la fois cinq lignes
de céréales ; il le vend 200 fr. Au moment de quitter

M. Decrombecque, j'ai lu l'annonce de l'essai de la moissonneuse perfectionnée de Mackormic, pour le surlendemain, à l'école régionale de Grignon ; je tenais beaucoup à voir fonctionner cette machine dont j'avais la meilleure opinion ; je fus donc obligé de renoncer à faire une visite à M. Hette, fabricant de sucre à Bresle, un de nos meilleurs cultivateurs français ; je le regrettai beaucoup.

Je me suis rendu le lendemain 26 juillet à Grignon. J'y trouvai une nombreuse réunion d'agriculteurs venus de Paris ou des environs ; trois moissonneuses, celle de Mackormic, perfectionnée par Burgess et Key, celle de Wood perfectionnée par Peltier jeune, et celle nouvellement améliorée et importée d'Amérique, par un frère de l'inventeur Mackormic. Celui-ci m'a dit qu'il arrivait de Vienne en Autriche, où il avait traité avec un fabricant d'instruments aratoires, pour sa machine perfectionnée. Il avait fait un semblable arrangement en 1850 pour sa première moissonneuse ; cette même année, je faisais mon premier voyage en Allemagne, et j'y vis effectivement la première moissonneuse, chez le fabricant. Mais revenons à Grignon ; j'ai fait deux fois le tour du champ où travaillait la moissonneuse ; et je puis dire que si j'étais encore cultivateur, je n'hésiterais pas à l'acheter, tant elle coupe bien le grain. Son râteau automate fonctionne facilement, et forme des javelles irréprochables et jetées assez loin pour que les chevaux ne marchent pas dessus, lorsqu'ils doivent repasser par là. Elle n'a besoin que d'un cocher, tandis que les deux autres moissonneuses emploient un cocher et un autre homme. Messieurs Burgess et Key, qui ont remporté tant de médailles et tant de primes avec leur moissonneuse, ont rendu justice à la nouvelle Mackormic, ils se sont encore une fois arrangés avec l'inventeur, pour sa fabrication. Le frère de l'inventeur m'a dit que sa moissonneuse fauche aussi bien qu'elle moissonne, mais je ne lui ai pas vu faire ce genre de travail. Il m'a dit qu'il la vendait en Amérique 150 piastres ; quand on veut lui faire couper une plus grande largeur on la fait payer 165 dollars. Il compte la faire établir dans diverses grandes villes d'Europe. Je n'ai vu que la moissonneuse de Russey, améliorée par Dray, qui fasse mieux la javelle ; mais elle emploie deux personnes.

M. Bella nous a offert des rafraîchissements qui ont fait le plus grand plaisir aux visiteurs ; la chaleur était ce jour-là des plus fortes. M. Heuzé, professeur d'agriculture, étant forcé de retourner à Versailles, pria M. Pardon, un des élèves de Grignon, devenu chef de pratique à l'école, de nous faire voir la culture des élèves ; ils ont leur petite ferme, trois chevaux et un certain nombre de bêtes à cornes, qu'ils soignent euxmêmes ; leurs récoltes étaient fort belles. M. Pardon nous a nommé bien des variétés de froments, d'orges et d'avoines d'une rare beauté, qui m'étaient inconnues ; j'en ai pris quelques épis, ainsi que dans l'école trèsconsidérable des céréales formée par M. Heuzée. M. Pardon a eu l'obligeance de m'aider pendant près de deux heures, par une chaleur extrême, à me faire une collection des plus belles variétés de froments ; j'ai donc pu en partie grâce à lui, semer un épi ou deux, d'une centaine de variétés des plus beaux froments récoltés là et ailleurs ; dans le nombre se trouve le froment pedigree de M. Hallett de Brighton.

Les étables de Grignon sont toujours garnies de bonnes vaches schwitz ; il s'y trouve quelques vaches du comté d'Ayr ; mais on en paraît peu satisfait ici. Comme dans plusieurs étables que je connais en France et en Allemagne, on les croise maintenant avec des taureaux durham ; il n'y a à Grignon, que fort peu de bêtes croisées durham, quelques schwitz-normandes et schwitz-ayrshire. Nous n'avons pas vu le troupeau.

Les espaliers du grand potager de l'école, sont superbes ; le jardinier, qui est en même temps professeur d'horticulture, est Badois ; il paraît fort capable.

Nous avons vu à Grignon une des dix charrues à vapeur de Fowler, que Sa Majesté a fait faire ; elle n'a pas encore été essayée ici.

J'y ai vu aussi avec plaisir, la charrue Vallerand ; il est à désirer qu'on la fasse marcher à la vapeur, ce qui sera bien meilleur marché et moins embarrassant, qu'avec les attelages de douze gros bœufs. Les charrues fabriquées à Grignon, ont l'air d'être excellentes.

J'ai visité le dimanche 27 juillet M. Moll, qui cultive une belle ferme au Vert Galant ; nous avons eu beaucoup de choses à nous dire sur ce que nous avions trouvé de plus remarquable dans notre voyage d'Angleterre ; M. Moll faisait partie du Jury international.

Il m'a fait voir de très-belles récoltes de froment, d'avoine, de pommes de terre chardon, de betteraves globes blanches, de carottes et de choux ; il emploie comme fumure pour les racines, de cinquante à soixante mètres cubes de vidanges ; il y ajoute le double d'eau.

J'ai vu aussi de fort belles luzernes et de superbes trèfles ; mais M. Moll ne trouve pas maintenant d'hommes qui veuillent se charger de l'arrosage avec des vidanges, des prairies fauchées, car pendant les moissons ils sont très-recherchés et gagnent de fortes journées à des travaux moins désagréables. Il n'emploie presque que des Belges ; les journaliers de ses environs boivent beaucoup, et lui causent beaucoup d'ennui ; mais M. Moll, qui a cultivé dans plusieurs pays, leur rend justice et reconnaît qu'il n'y a pas d'aussi forts travailleurs qu'eux. Ce qui le désole dans sa culture, ce sont les lapins, les lièvres et les faisans, dont regorgent les bois et les parcs qui l'environnent ; ils ravagent ses récoltes, et il ne connaît aucun remède à ce mal.

Il a, comme chef de culture, un jeune homme des environs de Pont-Levoy, qui a été pendant quatre ans à la ferme-école de la Charmoise, sous M. Malingié ; il en est fort content ; il le nourrit à sa table et lui donne 600 fr.

M. Moll a six enfants ; le dernier seul est un garçon ; il apprend à ses filles la comptabilité en partie double ; elles pourront ainsi se rendre très-utiles à leurs maris, s'ils sont dans les affaires.

Mme Moll m'a fait manger d'excellent beurre, ainsi que du fromage et des confitures de sa façon

Je me suis rendu de Paris à la station de la Motte-Beuvron, et de là chez M. Lecouteux, au château de Cercey ; sa terre a six cents hectares d'étendue, dont un tiers en bois, un tiers en terre ; le reste était en bonnes bruyères, qu'il a défrichées. Il y fait de fort bonnes récoltes. Il a vendu l'an dernier douze cents hectolitres de seigle, et une énorme quantité de paille, enlevée chez lui pour Paris, à 50 fr. les mille kilog. Il a chaulé quarante hectares, à raison de soixante hectolitres par hectare, ce qui fait une dépense de 90 fr. ; il marne à raison de quarante mètres ; la marne lui coûte, prise à deux kilomètres de son habitation, 2 fr. 50 le mètre. Il a essayé, il y a quatre ans, le phosphate fossile sur des défrichements ; s'en étant bien trouvé, il l'a employé plus en grand, il y a trois ans ; enfin, il en a acheté l'an dernier vingt-cinq mille kilos, à 7 fr. le cent ; il en a pris cette année soixante mille kilos, qui fumeront cent dix hectares. Il trouve que le phosphate fossile fait aussi bien que le noir animal sur les terres de défrichement, qui contiennent encore beaucoup d'acide.

M. Lecouteux a de bons trèfles dans des anciennes terres qui ont été marnées ou chaulées ; j'ai vu aussi une belle luzerne dans la même position et après de fortes fumures.

Trouvant que sa ferme de Basse-Cour est trop à l'ex-trémité de la propriété, il vient de construire, vers le centre de la terre, une grange, un très-grand hangar et des remises ; il compte y ajouter bientôt des étables, une bergerie et des écuries, pour que les attelages n'aient pas autant de chemin à parcourir pour aller au travail et en revenir.

M. Lecouteux a quatre chevaux et quatorze bœufs de trait ; ces derniers viennent du Limousin et lui coûtent de 800 à 850 fr. la paire.

Il s'est arrangé avec un habile marchand de moutons, qui lui amène les moutons qu'il peut faire vivre au parcours, et qui va les revendre en foire, lorsqu'ils sont en bon état. M. Lecouteux paie ses cinq bergères, qui gardent un millier de moutons, à raison de 240 fr. chacune ; il les loge, et elles se nourrissent, elles et leurs chiens, pour cette modique somme. Le marchand change deux et même trois fois les troupeaux. Il est venu, pendant que j'étais à Cercey, pour remmener des moutons de quatre ans qu'il avait amenés, pour 34 fr. la paire, il y avait trois mois ; il les vendait en Berry pour 42 fr. ; ils devaient y rester encore un an. Les toisons de ce troupeau pesaient mille deux cent cinquante grammes en suint, et avaient été vendues 1 fr. 70 le kilo. M. Lecouteux reçoit moitié du bénéfice, moitié de la laine et le fumier ; l'année dernière, cet arrangement lui a produit 5,000 fr. : les moutons n'ont eu que la pâture et de la paille pour toute nourriture.

Il m'a dit qu'il allait essayer cet automne de donner des béliers southdown à cent brebis solognotes ; il veut voir si elles lui donneront plus de bénéfice net que ne lui procure son arrangement avec le marchand, aux déclarations duquel il est obligé de s'en rapporter. Il engraissera les brebis après qu'elles auront sevré leurs agneaux ; il gardera ceux-ci pour les vendre gras, âgés de dix-huit mois.

M. Lecouteux m'a conduit, le 30 juillet, à la fabrique d'engrais de MM. Pichelin frères. Ils ont construit, à

un kilomètre du bourg de la Motte-Beuvron, une petite
maison d'habitation, et à côté, des hangars sous lesquels ils fabriquent diverses espèces d'engrais, tels que
du noir animal azoté, vendu 13 fr. l'hectolitre pesant
quatre-vingts kilos ; du guano de la Motte, à 28 fr les
cent kilos ; du phosphate fossile, bien pulvérisé, à 7 fr.
les cent kilos ; si l'on en prend à la fois cinq mille kilos,
livrés à la Villette, près Paris, on peut les avoir à 50 fr.
les mille kilos.

Le phosphate fossile vient des environs de Bar–sur-
Ornin, de Verdun et des Ardennes ; il dose de quarante
à quarante-quatre pour les deux premières villes ; le
dernier donne de quarante-cinq à quarante-huit pour
cent de phosphate.

Ces messieurs fabriquent aussi du superphosphate
de chaux, qu'ils vendent 15 fr. les cent kilos.

Le noir-animal vierge, très-fin, contenant de soixante-
douze à soixante-quinze pour cent de phosphate, coûte
20 fr. l'hectolitre.

Ils vendent du guano du Pérou à 37 fr. 50 les cent
kilos, par quantités au-dessous de cinq mille kilos, en
gare de Bordeaux, et à 41 fr. à la Motte ; du guano de
l'île Baker, à 26 fr. les cent kilos à la Motte. J'ai vu,
dans cet établissement, très-bien tenu, des os pulvérisés,
des chairs et du sang desséchés, le tout pulvérisé ; je
n'ai rien remarqué dans cette visite, même en péné-
trant dans toutes les pièces, qui me parût révéler de
la fraude, comme cela m'est arrivé dans bien des fabriques d'engrais. Si j'étais encore occupé de culture,
je n'hésiterais pas à demander à ces messieurs une certaine quantité des engrais qu'ils fabriquent, pour les
essayer, comparativement entre eux à prix égal, et
aussi aux autres engrais du commerce.

Pour être bien certain de leur effet, ces essais devraient être faits sur diverses récoltes et sur les différents
genres de terre qu'on cultive. Il faudrait consacrer à

chaque engrais seulement un are, afin de pouvoir faire la récolte des divers essais dans le même temps, puis en battre ou sécher les produits avant de les rentrer en grange : on évite ainsi les mélanges; on mesure et on pèse sur place; enfin, il faut continuer de surveiller pendant trois ans la durée des engrais. On connaîtrait alors ceux de ces engrais qui conviendraient le mieux.

MM. Lecouteux, marquis de Vibray, Durand et Jobez m'ont dit que le phosphate fossile avait produit chez eux les mêmes résultats que le noir-animal, tout en ne coûtant que moitié; ils l'ont employé seulement sur des terres de défrichement. M. Lecouteux en a aussi éprouvé de bons résultats sur ses vieilles terres, après y avoir ajouté moitié de son poids d'acide.

Je me suis rendu de la Motte à Bourges, et ayant pris le nouveau chemin de fer qui va de cette ville à Montluçon, je me suis arrêté à la station de Bigny; je me rendis à Vallenay, chez M. Augier, qui cultive, depuis une dizaine d'années, une ferme d'une centaine d'hectares de terres, qui sont toutes bonnes, et dont plus de moitié sont extrêmement fertiles. Il était occupé à faire faucher un froment blanc anglais, très long en paille, avec des épis d'une grande beauté; il le connaît sous le nom de prolifique. Ses récoltes sarclées sont très-belles et fort propres. La ferme, construite par lui, est fort grande et très-commode; son bétail, de race charolaise, est très-beau.

M. Augier avait un ancien étang desséché, qui formait un mauvais pré; il l'a drainé et défriché, pour le cultiver pendant une couple d'années. Il va le ressemer en graines de pré. Il m'a dit qu'un de ses voisins, M. de la Chapelle, venait de ramener du concours de Battersea, un taureau et plusieurs vaches d'espèce devon, le tout fort beau.

M. Augier a très-bien disposé une ancienne maison,

sur laquelle il a fait élever un étage : elle touchait un pré dont il a fait un jardin fort agréable.

Il a eu la bonté de me faire conduire chez mes bons amis, MM. Durand, à Bois-d'Habert, où je n'ai vu aussi que de belles récoltes en tous genres ; mais leurs betteraves et leur môha méritent d'être cités à part, tant ces deux récoltes produiront de nourriture de bétail.

Un de ces messieurs, Philippe, le plus jeune, qui est habile mécanicien, a singulièrement perfectionné la moissonneuse américaine de Morgan et Seymour, laquelle est aussi armée d'un râteau automate. M. Philippe lui a donné trois mètres de longueur. Maintenant les javelles sont jetées assez loin pour que les chevaux, en repassant, ne marchent plus dessus. Cette moissonneuse coupe très-bien le grain, et malgré sa grande largeur, deux juments percheronnes la conduisent facilement ; elle n'a besoin que du cocher qui est assis sur la machine. M. Philippe a fait aussi venir la moissonneuse et faucheuse de Samuelson, près Oxford ; elle coûte 625 fr. prise en Angleterre. Elle a fauché une grande étendue de prés où la faux fonctionnait fort mal; elle a serré de très-près le gazon, et l'herbe se trouvait très-bien étendue, sans qu'on eût besoin de l'épandre à la fourche. Elle moissonne aussi très-bien ; mais elle a besoin d'un homme armé d'un râteau pour former les javelles, métier très-fatigant, lorsque les céréales sont longues et épaisses, et il ne produit que des javelles emmêlées. Elle a un perfectionnement très-utile, qui permet de relever la scie verticalement; elle peut ainsi parcourir les chemins étroits et mauvais.

Un de Messieurs Durand me conduisit chez M. Bourdin qui a construit un château il y a quinze ans, dans une propriété qu'il avait achetée récemment. Le pays n'était ni beau ni fertile, je l'avais vu à cette époque; je ne l'eusse pas reconnu, ayant été dix ou douze ans sans y revenir, tant M. Bourdin a mis d'intelligence, de goût et d'activité à le transformer. Après avoir dessiné son parc, qui n'est pas très-étendu, il fit défoncer à $0^m,60$ centimètres les emplacements devant former des massifs, maintenant ils sont hauts et touffus; M. Bourdin a creusé des pièces d'eau, et formé un étang dont les plantations dissimulent la chaussée. Ce joli petit lac alimenté par un ruisseau qu'il a pu y amener, ainsi que par les eaux de plusieurs drainages et de diverses sources, a rendu les environs de son habitation fort agréables. Il a planté des bouquets de bois d'essences diverses, dans les plus mauvaises parties de ses terres; les semis ou plantations ont prospéré, et ornent infiniment les environs. Il a utilisé les eaux qu'il avait rassemblées, et les a employées à irriguer une quarantaine d'hectares de prés établis dans ces vallons. Des pâtureaux qui se trouvaient sur des terres plus compactes et fertiles ont été transformés en excellentes terres labourables, que j'ai vues couvertes de belles récoltes de betteraves, destinées à être distillées par M. Bourdin.

J'ai vu environ seize hectares couverts de tiges très-élevées de topinambours qui seront aussi transformés en alcool. Les belles récoltes que j'admirais, sont dues en partie aux forts marnages que M. Bourdin fait faire, en allant chercher la marne à trois kilomètres de chez lui: il la paye 15 centimes le mètre cube, il paye 20 centimes par mètre pour la piocher et la charger, enfin 5 centimes pour l'épandre. Un charretier conduisant trois chevaux attelés chacun à un tombereau, lui amène par jour de huit à neuf mètres de marne, deux à chaque tour; il met cent cinquante mètres de marne par hectare; en défalquant les dimanches, les fêtes et les jours de mauvais temps, il faut donc à peu près un mois, pour marner un hectare; que d'années pour marner cent hectares et plus! Si j'étais à la place de M. Bourdin, j'achèterais une carrière de pierres à chaux à portée d'une route, et le plus près possible de ma terre ; j'y ferais faire de la chaux en four dormant comme M. Bernier, auprès de Buzançais (Indre), comme M. Allibert, près de Cormery (Indre-et-Loire), comme le père Duprix, près de Bois-d'Habert ; la chaux ne coûterait pas 50 centimes l'hectolitre ; la pierre calcaire se trouve en abondance à moins de deux lieues de chez M. Bourdin ; cent cinquante hectolitres de chaux, feraient un excellent chaulage, quinze hectolitres par cheval, en faisant deux tours par jour, ne demanderaient que deux journées ; à 10 fr. par jour des trois chevaux, cela ferait 20 fr. de charrois, plus 85 fr. de chaux, 5 fr. d'épandage, en tout 100 fr. de dépense pour chauler un hectare ; au lieu de 60 fr. pour la marne et au moins quinze jours de charrois à 10 fr. ou 150 fr. , total 210. Ensuite en quinze jours on aurait chaulé sept hectares cinquante ares, au lieu d'un ; enfin cent hectares seraient chaulés en un an, au lieu de l'être en sept ou huit années.

M. Lecouteux avait aussi commencé par marner, mais il y a renoncé au bout de peu de temps ; il a vu que cela coûte bien plus cher que le chaulage, qu'il faut infiniment plus de temps pour marner que pour chauler et que tant qu'on n'a pas donné de calcaire, les terres ne peuvent pas produire des récoltes satisfaisantes ; il chaule donc quoique la chaux lui revienne à plus du double de ce que M. Bourdin pourrait la payer en la fabriquant lui-même.

Nous sommes allés le même jour chez M. Gohin fils ; depuis peu d'années, il est venu se fixer à trois ou quatre kilomètres de chez M. Bourdin. Il a suivi l'exemple que celui-ci avait donné, il a construit une fort jolie habitation et une très-belle ferme, dans un pays tout à fait sauvage, et paraissant fort ingrat, un bon drainage a démenti les prévisions. Les plantations d'agrément viennent admirablement ; le jardin potager, gouverné par un bon jardinier, donne les meilleurs légumes et les plus beaux fruits. M. Gohin a creusé un puits surmonté par un petit moulin à vent qui s'oriente de lui-même ; il fournit toute l'eau nécessaire à ce bel établissement, au jardin, à la ferme et fournit encore un jet d'eau.

Cette propriété de M. Gohin s'étend sur deux cents hectares, dont cent hectares sont en bois ; il a fait faire dans les bois des tranchées très-larges, destinées à être cultivées et à servir de parcours au troupeau. Ces tranchées sont bordées de larges fosses, afin d'empêcher les dégâts des bêtes à laine dans les taillis, mais les moutons franchissent aisément les fossés. J'ai vu avec plaisir dans ces tranchées, de beaux lupins jaunes, ainsi que des lupins bleus ; ces derniers étaient plus hauts que les jaunes. Ils fournissent plus de graine pour engraisser le bétail, mais leur fourrage est trop dur ; les lupins jaunes fournissent suivant les années, plus ou moins humides, de cinq à dix mille kilos par hectare d'un bon fourrage, qui est en même temps un préservatif contre la cachexie aqueuse des moutons ; il a encore le grand mérite de venir dans de très-pauvres terres.

M. Gohin a des brebis berrichonnes auxquelles il donne de fort beaux béliers charmoises ; sa vacherie n'est encore garnie que de vaches de pays ; je l'ai fortement engagé à se procurer un taureau durham bien écussonné. J'ai admiré dans la ferme un immense tas de fumier, formé en partie de bruyères ayant servi de litière et en partie de tourbe qu'on va prendre non loin de la ferme, dans une butte assez étendue et de plusieurs mètres d'épaisseur. On a drainé cette butte ; elle fournit une immense quantité d'eau servant à irriguer des prés qui avant d'avoir été drainés, étaient d'une excessive humidité. Une guérite placée sur le fumier, sert de lieux d'aisances aux ouvriers. M. Gohin ferait bien d'avoir à côté de ce grand tas de fumier, une excavation contenant de l'eau ; il y ferait de temps en temps un lait de chaux avec lequel on arroserait le tas; cela servirait à aider à la décomposition de la bruyère, à désacidifier la tourbe et encore à améliorer beaucoup le fumier. Cela se faisait ainsi chez M. Lavaux, sur une des fermes de la terre d'Argy. Le fumier composé en grande partie de bruyères, produisait de magnifiques récoltes sur des terres qui dix ans auparavant n'étaient que de pauvres bruyères; sans le lait de chaux les tiges de bruyères ne se seraient pas décomposées, et auraient trop soulevé les terres déjà assez légères.

M. Gohin a fait venir des cochons de chez M. Pavy, et de Grignon; ces derniers, de race berkshire, s'engraissent moins facilement, ils ont plus de chair et produisent plus de petits; le croisement entre les deux races fait merveille. Nous avons vu aussi ici de fort belles récoltes sarclées. M. Gohin cultive quarante hectares d'une nature plus fertile, d'une manière intensive; il leur consacre tous les engrais qui leur sont nécessaires, en achetant des engrais pulvérulents. Il a une machine à battre de Cuming, des instruments d'agriculture de Dombasle et de Bodin, et un rouleau Croskill de moyen diamètre; je n'ai pas vu de semoir.

M. Gohin a acheté l'année dernière une grande ferme dans la commune de Morlac, dont fait partie la terre de mes amis MM. Durand; il nous a engagés à venir la visiter et nous y a donné rendez-vous pour le lendemain.

M. Gohin nous a fait voir les grands travaux qu'il a fait exécuter : il a changé de place sa ferme, afin de la rapprocher d'une chute d'eau qui doit servir à faire tourner deux paires de petites meules, n'ayant qu'un mètre de diamètre; elles ont ceci de particulier, qu'il y a au-dessus d'elles, un concasseur en acier, qui prépare le froment avant de le livrer aux meules. Ce petit moulin lui a coûté 10,000 fr., sans compter la dépense des bâtiments; la chute fera aussi marcher la machine à battre, et les diverses machines servant à la préparation de la nourriture perfectionnée du bétail.

Les bâtiments qui sont terminés sont fort grands et bien distribués. M. Gohin a encore établi un four à chaux et une tuilerie, où il fabrique d'excellents tuyaux de drainage ; des briquetiers du Nord sont venus lui faire de grosses briques, qui lui coûtent 20 fr. le mille, au lieu de 40 fr. que les tuiliers les vendent.

La belle ferme de Bagneux est composée de cent hectares, dont vingt-cinq sont en prés que M. Gohin fait drainer ; un ingénieur irrigateur de l'Alsace est occupé à les disposer. M. Vianne, ingénieur draineur qui a été chargé de l'exécution de plusieurs grands travaux de ce genre en Berry, dirige les travaux d'améliorations que M. Gohin fait faire ; M. Vianne était absent.

M. Gohin vient encore d'acquérir la belle terre de Lômois, située dans la même commune que Bagneux, elle se compose d'un château, où logera M. Poisson, directeur de la ferme-école d'Aubussay près Vierzon, qui va transporter sa ferme-école à Lômois ; il a loué deux cent cinquante hectares, à raison de 55 fr. l'hectare.

M. Routier, fermier ardennais, qui tenait la principale ferme de Lômois, ayant terminé son bail, va cultiver une propriété qu'il a acquise dans la commune de Saint-Christophe, entre Saint-Amand-Montrond, et une autre petite ville, où se tiennent les plus fortes foires de bétail de ce pays.

M. Gohin a conservé deux domaines de cette propriété qui sont en terres très-fortes, mais d'une très-grande fertilité. M. Routier avait été obligé de les laisser cultiver par de pauvres métayers, car les chemins pour s'y rendre sont impraticables pendant une bonne partie de l'année. M. Gohin va drainer cent hectares, ce qui en facilitera grandement l'exploitation ; il arrachera de larges haies qui partagent les deux fermes en petits enclos irréguliers. Il fera faire un bon chemin macadamisé d'un à deux kilomètres de longueur, ce qui donnera à ces cent hectares une valeur triple de celle qu'ils avaient. Une fois ces améliorations terminées, on pourra louer cette terre à un bon cultivateur en état d'en tirer un bon parti. Il faudrait pour bien faire à M. Gohin, une bonne charrue à vapeur de Fowler, avec laquelle on cultiverait fort bien les excellentes terres fortes de ces environs ; dans leur état actuel de culture, elles produisent fort peu. La marne, que l'on trouve partout sur le bord de la rivière de l'Arnon, contient, je pense, du phosphate de chaux, car elle améliore les terres d'une manière extraordinaire. M. Gohin m'a dit qu'il employait beaucoup d'engrais Rohart, et en était fort content.

Il est fort heureux pour le centre de la France, de voir des personnes riches, intelligentes et actives, venir se fixer sur des terres qui, faute de capital et de gens un peu entreprenants, restaient en grande partie improductives. Elles donnent de bons exemples aux propriétaires et aux cultivateurs, et en même temps font travailler les pauvres ouvriers : elles méritent ainsi l'approbation des honnêtes gens qui aiment leur pays.

M. Gohin nous ayant parlé d'un M. Serres, habitant le château de Bussière, sur la frontière du département du Cher, touchant celle de l'Allier, du côté de Saulzais-le-Potier, comme étant un habile agriculteur qui a fait de grands défrichements de bruyères, nous sommes partis, le 9 août, M. Tony Durand et moi, pour faire la connaissance de cette personne. Nous ne connaissions pas la route à suivre ; aussi, avons-nous fait beaucoup plus de chemin qu'il ne fallait, en partie par des routes impraticables, et pour arriver au château, nous avons eu une côte des plus raides à descendre. Nous n'avons pas trouvé M. Serres le père, mais le second de MM. ses fils, qui n'est pas encore marié, nous a fort bien reçus. Nous avons passé à peu près vingt-quatre heures avec lui, et voilà ce qu'il a bien voulu nous raconter :

Son grand-père, qui habitait Montluçon, avait acheté en 1830 la terre de Bussière, dans laquelle existait le château où nous nous trouvions ; mais il a dû être beaucoup augmenté. La terre s'étendait sur environ huit cents hectares, dont au moins les trois quarts étaient en bruyères : il la paya 80,000 fr. M. son père hérita de cette terre à la mort du grand-père, en 1847. M. Serres vint alors habiter cette propriété, à laquelle il en a ajouté plus tard une autre qui la touchait, et qui avait quatre cents hectares d'étendue. M. Serres, depuis qu'il habite Bussière, a défriché de sept à huit cents hectares de bruyères ou pâtureaux ; cent vingt hectares de bois ont été, pour la plus grande partie, plantés ou semés par M. Serres ; il a cédé à son second fils, qui était notre hôte, et qui habite avec son père, deux fermes, dont une de la contenance de trois cents hectares, qu'il cultive, et une autre de deux cents hectares, en terres maigres, qui est cultivée par deux métayers.

Ces deux messieurs ne possèdent encore que quarante-cinq hectares de prés, dont une partie va être irriguée, au moyen d'un étang que M. Serres vient de créer dans une vallée étroite et profonde, en construisant une chaussée très-élevée, faite en moellons et chaux hydraulique, qui a coûté 6,000 fr. MM. Serres ont planté douze hectares de vignes ; une partie l'a été à la manière de M. de Saint-Larys ; j'en ai parlé dans la première partie de ce volume. MM. Serres ont vendu, il y a quelques années, soixante pièces de vin, après avoir pris sur cette récolte leur consommation. Ils achètent ensemble pour 3,000 fr. de guano, et ils mettent une forte somme en achat de noir animal ou de phosphate de chaux. Lorsqu'ils veulent semer une luzerne, ils mettent cent mètres de marne par hectare, en même temps qu'une forte fumure. Lorsqu'ils défrichent une bruyère, ils mettent, la première année, cinq cents kilos de noir animal ; la seconde, quatre cents kilos ; la troisième, trois cents kilos ; ils chaulent la quatrième année, à raison de quatre-vingts hecto-litres par hectare. Ils ont chaulé ou marné plus de quatre cents hectares et drainé deux cents.

M. Serres fils a mis à la tête de sa culture une fa-mille venue de la Beauce : le père et la mère gagnent ensemble 500 fr., et les grands fils 200 ou 300 fr. Le cheptel se compose de bêtes charolaises, et de bêtes à laine croisées southdown ; on n'emploie que des che-vaux pour la culture chez le père comme chez le fils. Celui-ci, en comptant dix bêtes à laine pour une grosse bête, a cent grosses bêtes sur trois cents hectares. Il a dix hectares de récoltes sarclées fort belles ; il a trente hectares de prairies artificielles : celles qui ne sont pas en luzerne durent deux ans ; la seconde année, elles servent de parcours.

Il a huit hectares plantés en châtaigniers, sous les-quels le troupeau trouve aussi un peu à pâturer.

M. Serres le père, vient de terminer un chemin macadamisé, qui monte le long d'une forte côte ; il a fallu faire sauter beaucoup de roches. Ce chemin lui évite un grand détour pour aller à sa principale ferme ; il lui a coûté plus de 6,000 fr. Nous avons visité cette ferme : il y fait de grandes constructions. Les bruyères défrichées sont partagées en grands enclos ; les terres de cette partie m'ont paru supérieures à celles que nous avions vues précédemment. Une grande ferme est louée par un fermier de la Beauce. Notre visite achevée, nous sommes revenus par une bonne route, et nous avons eu bien moins de chemin à faire.

Nous avons visité le lendemain le sieur Duprix : il fait de la chaux dans un trou qu'il a creusé dans un tertre ; cette chaux, tout bien calculé, ne lui revient qu'à 0 fr. 60 l'hectolitre, et il a terminé le chaulage de ses treize hectares. Je l'ai engagé à faire une nouvelle fournée de chaux d'environ cent quarante hectolitres, pour voir sur un hectare de ses terres froides, si cette double dose ne lui serait pas très-avantageuse, comme je l'ai vu dans le nord de l'Écosse, en Belgique et chez M. de Loisy, entre Châlons-sur-Saône et Autun : il m'a dit qu'il le ferait.

Cette année, il a sa grange pleine, et de plus, une forte meule de grains d'hiver et une autre d'avoine.

MM. Durand m'ont aussi conduit chez M. Destré, ancien chirurgien aide-major de l'armée et médecin. Il a loué non loin de la ville de Linières, une ferme générale en bonnes terres calcaires, à raison de 32 fr. l'hectare. Elle est divisée en trois domaines qui occupent une étendue de deux cent cinquante hectares ; il fait valoir le principal domaine, où se trouve une maison d'habitation qu'il occupe ; il a des métayers dans les deux autres : son fils et son petit-fils l'aident. M. Destré, qui a cultivé dans les environs de Soissons, fait ici une grande étendue de prairies artificielles ; il nous a fait voir seize hectares de fort belles betteraves, qui seront distillées chez un de ses voisins, fermier du Grand-Etang de Villiers. Nous avons vu chez lui deux fort beaux chevaux, qu'une belle jument normande lui a donnés il y a quatre et cinq ans : il voudrait les vendre 800 f. la pièce, mais il n'a pas encore pu en trouver ce prix.

Nous avons vu employer chez lui un double brabant ; c'est une excellente charrue, très-employée dans les environs de Paris, où elle a été d'abord importée des environs de Valenciennes ; celle que nous avons vue ici a été fabriquée à Issoudun. J'ai quitté la famille Durand le 14 août, pour me rendre chez MM. Auclerc, père et fils, à Bruère, non loin de Saint-Amand-Montrond.

M. Tony Durand me conduisait. Nous avons fait en y allant une visite à M. de Saint-Maurice, ami du duc de Maillé, qui lui a loué un grand étang de soixante

hectares ; il l'a fait drainer complétement, en faisant
remonter un grand nombre de sources de quinze et
même de vingt pieds de profondeur, au moyen de
tuyaux de drainage enfoncés verticalement. M. de
Saint-Maurice a loué aussi du duc une fort belle ferme
de cent quarante hectares, dont la plus grande partie est
en terres calcaires, peu profondes, sur un sous-sol
rocheux et brûlant ; il en paie 30 fr. de l'hectare.
Après avoir visité cette culture plusieurs fois, je crains
bien que ce loyer ne soit de beaucoup trop cher, car
cinquante hectares, sur les soixante de l'étang, ne m'ont
chaque fois montré que des récoltes manquées. Ce sol
ne consiste qu'en un sable ressemblant à de la pierre
calcaire, de couleur blanche, qu'on aurait pilée. Les
terres calcaires, peu profondes, sous un climat sec
comme celui du centre de la France, ne peuvent produire avec avantage que des céréales d'hiver, qui sont
récoltées pour l'époque des grandes sécheresses. M. de
Saint-Maurice a une quarantaine de vaches, avec le
lait desquelles il fait des fromages de Brie qui nous
ont paru fort bons. Il a un troupeau de bêtes croisées
southdown, et un certain nombre de béliers et de brebis
de pure race, cinquante en nombre, dont la souche
vient du célèbre troupeau de Jonas Webb. Il vend les
béliers de 150 à 200 fr.

J'ai vu une superbe truie croisée essex et new-leicester, dont les petits, pour en tirer race, se vendent
30 fr., âgés de six semaines. En fait d'instruments
d'agriculture, j'ai aperçu un semoir anglais de Smith,
un râteau à cheval de Howard, un tombereau, venu
aussi d'Angleterre : les roues sont à moyeu en fonte ;
et enfin, une machine à battre. Nous avons vu dans
l'étang un beau champ de sarrasin de Tartarie qu'on
fauchait pour les vaches, et dans la bonne partie de
l'étang, un très-beau fourrage de vesces mélangées.

La petite bergerie, pour les southdown de pure race,

est un véritable modèle pour ce genre de construction : on y fait faire la monte à la main.

M. de Saint-Maurice a une huilerie dont il laisse la jouissance à un huilier, à condition de lui abandonner les tourteaux. Il a deux maîtres-valets : l'un d'eux tient fort bien la comptabilité, et sa femme conduit le ménage : ils gagnent 800 fr. ; l'autre maître-valet a 600 fr.

M. de Saint-Maurice s'est construit, dans un pré bordé par le Cher, une jolie et très-commode habitation, qui lui a coûté 25,000 fr. Le duc, à fin de bail, doit rembourser une partie de cette somme. Cette construction est à imiter pour les familles qui veulent être bien logées sans dépenser une trop forte somme. Le pré a été transformé en parc à l'anglaise, planté de beaux arbres très-bien choisis ; les massifs de fleurs sont bien soignés. Tout cela fait une charmante habitation.

M. de Saint-Maurice nous a présentés à madame et à sa belle-mère, qui nous ont paru parfaitement aimables. Nous les avons quittées après un fort bon déjeuner, pour continuer notre voyage.

Arrivés chez MM. Auclerc, nous sommes allés les trouver dans un grand champ en terres fort sablonneuses. On y arrachait de très-belles pommes de terre Chardon, qui n'avaient pas été atteintes de la maladie ; nous en avons rapporté pour les goûter : cuites sous la cendre, elles n'étaient pas mauvaises. Ces messieurs nous ont dit qu'elles étaient bonnes à manger à partir du mois de février. Nous sommes repassés, en revenant, par un immense champ, semé en lignes alternatives de betteraves et de carottes de toute beauté. J'ai vu ensuite de très-beau maïs à graine, et d'autre pour fourrage ; il provenait de diverses espèces que j'avais données à MM. Durand, qui en ont fourni ensuite à ces messieurs. Arrivés à la ferme, nous avons revu avec admiration leur magnifique vacherie. Elle contient soixante-cinq

durham, dont quatre jeunes taureaux à vendre ; ils
demandent 800 fr. pour ceux qui sont portés sur le
Herd-Book français ; les autres sont aussi beaux et
bons pour des cultivateurs voulant croiser. On pourrait avoir chez eux des veaux mâles âgés de cinq à huit
mois à des prix inférieurs. Leurs vaches sont très-belles
et très-bonnes laitières. Ces messieurs ont réellement
un très-grand mérite comme éleveurs. Leurs bœufs de
travail ont de huit à dix pour cent, de sang durham ; ils
travaillent aussi bien sinon mieux, que des charolais,
des limousins ou des salers ; ils ont souvent lié ceux-ci
avec des durham presque de pur sang, afin de les comparer sous ce rapport. Depuis longues années, je faisais
tous les ans une visite à ces messieurs, et j'ai eu plus
d'une fois l'occasion de reconnaître, que le bœuf croisé
durham était en meilleur état que son camarade, cependant d'une race française réputée bonne pour le
travail.

On a pris à ces messieurs trois hectares cinquante
ares de très-bonnes terres, pour y placer une station du
chemin de fer. Ce terrain leur a été payé près de
20,000 fr. Ils ont acheté, avec cette somme, à laquelle
ils ont ajouté 12,000 fr., huit hectares de terres tenant
à leur enclos ; cela met l'hectare, près des habitations,
à 4,000 fr. Ils m'ont fait voir un beau champ de topinambours, de fort belles luzernes, enfin, de beaux regains sur le peu de prés existant sur cette propriété,
prés qu'ils irriguent.

M. Anclerc fils, excellent agriculteur et éleveur, est
en même temps bon jardinier. Il taille fort bien ses espaliers, en les traitant d'après les nouvelles méthodes ;
il a restauré, en les raccourcissant, de vieux arbres im-
productifs : ils sont maintenant couverts de beaux
fruits. Il s'est procuré les meilleures espèces chez Jamin,
pépiniériste renommé à Bourg-la-Reine, près Sceaux.
En me rendant plus tard au chemin de fer, j'ai appris

que M. Auclerc était bon chasseur et bon pêcheur.

Nous sommes allés le lendemain matin chez M. de la Chapelle, dont le père avait acheté, il y a quelques années, une terre de sept cent cinquante hectares, bien bâtie, à moins de deux kilomètres de Bruères. Il est mort, et le château ayant été incendié, M. de la Chapelle, qui a, dit-on, 200,000 fr. de rentes, en a construit un autre fort beau.

Il vient de ramener de Batersea, un jeune taureau, trois vaches et une génisse de la charmante espèce devon, que lui a choisis M. Auclerc jeune; ces cinq bêtes lui ont coûté plus de 7,000 fr. Il a ramené aussi de la Grande-Bretagne, quatre chevaux, dont deux très forts; les deux plus beaux lui ont coûté 9,000 fr. Ses belles écuries contiennent encore quatre chevaux de chasse. M. de la Chapelle a une meute de vingt fort beaux chiens courants poitevins, de grande taille; il a fait construire au-dessus de leur chenil, une espèce de belvédère, où ils sont en bon air.

Arrivé à Saint-Amand, j'en repartis bientôt après dans une diligence, que je comptais quitter dans la commune de Bessay, à seize kilomètres de Saint-Amand. Je voulais visiter dans les environs un M. Amiot, qui a acheté il y a deux ans, une terre de huit cents hectares; il y a fait d'immenses constructions, que je distinguais de la route; il y a établi une distillerie de betteraves. Selon les bruits du pays, M. Amiot a rapporté beaucoup de millions d'Amérique. Le conducteur me dit que ce propriétaire était absent, et que si je m'arrêtais, je ne pourrais repartir que dans vingt-quatre heures, dans l'impossibilité où je serais de trouver à Bessay un véhicule quelconque; je dus remettre ma visite à une autre année, et je continuai mon voyage. Nous changeâmes de chevaux à Sancoins, petite ville de quatre mille âmes. Je fus fort étonné d'y voir un bâtiment considérable, qu'en réponse à ma question, on me fit connaître pour une fabrique de carrosserie. Un peu plus loin, la voiture s'arrêta devant un grand et fort beau magasin, il était rempli de charmantes voitures de tous genres, mais principalement destinées à la promenade, n'étant pas couvertes. Il y avait en outre des harnais et des selles très bien faits, j'en fis mon compliment au maître de la maison, et je lui témoignai mon étonnement de voir un aussi bel et un aussi grand établissement fixé dans une si petite ville. Il me dit qu'ayant travaillé longtemps de son état à Paris, il avait eu le désir, il y a quatorze ans, de venir s'établir auprès de sa famille; il avait eu d'abord une petite fabrique qui a prospéré et s'est augmentée progressivement; il emploie maintenant plus de trente excellents ouvriers, dont trois sont ses fils, qui se sont aussi perfectionnés à Paris; l'un d'eux est un très bon peintre en voitures. Le nom du fabricant est Rétif, il n'a pas l'air d'avoir atteint la cinquantaine; il a encore son père, beau vieillard, et a sept enfants.

Ses voitures m'ont paru être aussi bien faites que dans les bonnes maisons de Paris. Voici deux ou trois prix dont je me souviens : un charmant panier à quatre roues, valait au printemps 600 fr., maintenant à l'approche de l'automne, il le donnerait pour 500 fr.; un panier et calèche découverte, parfaitement exécuté, bien garni et très élégant, valait 1,000 fr., on le laisserait pour 900 fr. ; enfin, un beau panier ou cabriolet à deux roues ne valait que 350 fr. Les personnes qui ont besoin de voitures, feraient bien, avant d'en acheter une, d'écrire à M. Rétif, à Sancoins, pour savoir ses prix.

Ma diligence m'a conduit à la Guerche, tandis qu'une autre voiture appartenant aussi à M. Rétif, aurait pu me conduire à Saint-Pierre-le-Moustier, dans la direction de Moulins, où je voulais me rendre. A partir de Saint-Amand, j'avais d'abord suivi pendant douze kilomètres un pays très fertile et bien cultivé, planté de beaux noyers et où l'on cultive du chanvre ; plus loin, les terres sont sablonneuses. La culture n'est pas avancée. On y voit beaucoup de bois assez beaux, surtout du côté du château et des forges de Grossouvre, grande propriété d'un des MM. Aguado. Le bétail à cornes tient en partie à la race charolaise.

Nous avions passé, peu de temps après être sortis de Sancoins, auprès d'un moulin à cinq paires de meules, le meunier faisait monter une machine à vapeur, afin de suppléer à l'eau qu'il n'a pas en suffisante quantité.

En nous rapprochant de la Guerche, le conducteur me fit voir une habitation qui appartient à un M. de Metz, maire de la Guerche. Un peu plus loin, je remarquai un autre moulin à vapeur, dont le propriétaire est en même temps boulanger, et qui expédie beaucoup de pain dans tous les environs.

On voit que l'industrie pénètre aussi dans l'intérieur du Berry, où de nombreux et bons cultivateurs l'ont précédée. J'ai cité cette belle fabrique de voitures de luxe, ces deux moulins où la vapeur a été appliquée, et où la fabrication du pain se fait en grand. Je pourrais citer encore à Issoudun, une fabrique de machines à vapeur, d'où les deux moulins dont je viens de parler ont tiré leurs machines. Cette fabrique construit aussi des machines à battre, et même des charrues, dites doubles brabants, fort bien faites ; j'en ai vu une chez M. Destré ; enfin, à Vierzon, s'est établi un de nos meilleurs fabricants de machines à battre, M. Gérard, qui a remporté déjà un très grand nombre de primes et de médailles d'or ; il est auteur et inventeur de cinq ou six différentes machines à battre, et d'un excellent manége ; il fabrique, depuis peu de temps, des machines locomobiles à vapeur, pour faire marcher des machines à battre, dans le genre des machines anglaises, qui battent et nettoient en même temps. Le grain est même séparé en qualités diverses et prêt à aller au marché, ou bien à être employé comme semence.

Je suis heureux de dire, que ce M. Gérard, de simple ouvrier venu des Vosges en 1847, est devenu fabricant renommé et honnête, et vend ses machines à battre dans bien des parties de la France. Il les perfectionne sans cesse. Il emploie de quarante à cinquante ouvriers qu'il paie bien.

Je suis allé de la Guerche, au château de Marteau, chez M. Massé, grand et habile éleveur de bêtes charolaises. Il demeure à deux kilomètres de la station du chemin de fer. Il nous a fait visiter, à M. Delamare, grand fermier près de Melun et à moi, son très beau bétail : il a environ cent cinquante bêtes, dans les deux fermes qu'il cultive, et qui s'étendent sur trois cents hectares de bonnes et très fortes terres ; la charrue Fowler y rendrait de grands services.

On estime que les fermes bien garnies d'herbages, de ces environs, valent 1,600 fr. l'hectare.

L'assolement suivi par M. Massé, est quadriennal. Il fait du maïs pour semence et pour fourrage, dans la sole des racines ; ses vaches en font le plus grand cas en vert et en grains ; j'ai vu une belle pièce de betteraves, de carottes et de pommes de terre, occupant dix hectares. Il cultive aussi dans cette sole de récoltes sarclées, du colza et des féverolles.

M. Massé vient de recevoir une charrue Vallerand : les six grands jougs, avec leurs ferrures, coûtent 84 fr. Il veut labourer des étangs formant des herbages, dont le sol est inégal et d'une argile très tenace.

M. Massé a une faneuse, un râteau à cheval et une herse de modèles anglais, et un râteau à cheval américain ne coûtant que 70 fr., qui est excellent, surtout dans les prés très abondants.

Il m'a répété ce qu'il m'avait dit, il y a longtemps,

que le meilleur taureau qu'il ait jamais eu, provenait de deux veaux, un mâle et une femelle, qui ensemble n'avaient pas encore treize mois, lorsqu'ils l'ont fait.

Il m'a dit aussi, qu'une petite vache de l'espèce qu'en Berry on nomme des brettes, et qu'il dit être de race parthenaise, a produit avec des taureaux charolais, des veaux devenus plus gros et plus pesants que ses bœufs charolais. Quatre de ces derniers ont été exposés à Poissy, ils y ont remporté un prix de bandes, ils dépassaient en moyenne douze cents kilos chacun, ils avaient dépassé tous quatre leur douzième année. Il les avait gardés aussi longtemps par extraordinaire, parce qu'ils étaient d'excellents travailleurs et convenaient surtout pour dresser les jeunes bœufs.

J'ai rencontré en chemin de fer M. Mesrouze, administrateur de la terre de Lancôsme, appartenant à une famille belge, dont le nom est Crombez. L'étendue de cette propriété dépasse six mille hectares.

M. Mesrouze, après une saison de bains à Vichy, construira un four à chaux pareil à celui nouvellement construit à Argenton. Comme celui-ci, il se chauffera avec des fagots de menues branches, dont il ne trouve pas le débit. Ces fagots sont faits sur les coupes de près de cinq mille hectares de bois. Ses deux forges consomment le charbon fait avec le reste du bois. Il prétend qu'avec ce four, qui coûtera une couple de mille francs, il fera de la chaux à 7 fr. le mètre cube, en estimant les bourrées à 5 fr. le cent.

M. Mesrouze achète toutes les propriétés à vendre qui touchent la terre de Lancôsme. Il en vend en détail, à raison de 700 fr. l'hectare, toutes les fois qu'il en trouve l'occasion. Il ne se réserve que les prés ou les terres convenables pour en faire.

Il s'occupe de la formation d'étangs sur les bords d'une rivière, la Claise, qui traverse la terre de Lancôsme, et aussi sur les bords de deux de ses affluents.

Ces espèces d'étangs ne sont pas empoissonnés, ils doivent servir à colmater les bords sablonneux de ces rivières ; lorsqu'ils seront pleins d'une eaux limoneuse, il laissera le limon se déposer, puis l'eau s'écoulera dès qu'elle se sera éclaircie. C'est ainsi que fait M. Curé, propriétaire du grand étang du Bitchwald, toutes les fois qu'il n'est pas empoissonné, ce qui arrive quatre ans sur six ; mais les coteaux qui environnent l'étang du Bitschwald sont très fertiles, tandis que la plaine de la Brenne n'est en grande partie couverte que de bois, de bruyères ou de pauvres terres sablonneuses.

M. Mesrouze a desséché plusieurs grands et petits étangs, pour assainir l'air fiévreux de la Brenne. Une partie de ces étangs sont transformés en prés. Un d'eux qui contient quarante hectares et se trouve près de ses forges, lui donne les plus belles récoltes.

Il va chauler le plus vite possible les terres qu'il cultive dans deux grosses fermes, et tâcher d'amener ensuite ses nombreux métayers à chauler aussi, en leur faisant payer la chaux au prix coûtant, et en leur en fournissant la moitié pour rien.

M. Mesrouze m'a dit qu'un propriétaire belge qui était venu se fixer dans les environs du château d'Argy, était un bon cultivateur, et que le jeune cultivateur de Namur, qui a loué une grande ferme du comte de Montdragon, réussissait bien.

Je n'ai fait que traverser la ville de Vichy, qui m'a paru bien embellie et bien augmentée. En me rendant de Moulins à Riom, j'eus l'occasion de causer avec plusieurs propriétaires et fermiers. Ils me dirent que les terres, à plusieurs lieues autour de Vichy, valaient de 5 à 10,000 fr. l'hectare ; du côté des villes de Montferrand et de Clermont, ces prix s'élèvent jusqu'à 15,000 francs.

Les propriétaires de vignes de ces pays ont gagné beaucoup d'argent, pendant nombre d'années où ils récoltaient du vin, tandis que, dans une grande partie de la France, par suite de l'oïdium, les vignes ne produisaient que peu, ou même rien. Maintenant ils sont de tous côtés à la recherche de terres à vendre.

Je suis arrivé le 18 août à Mauperthuy, terre du baron de Gartempe. Il habite la plaine de la Limagne, qui touche la partie qu'on nomme le Marais. Ce sont des prés, tout ce qu'il y a de meilleur, lorsqu'on peut les irriguer; l'herbe y est alors d'une grande abondance et d'une excellente qualité. La culture de cette partie de la Limagne m'a paru très arriérée; les fermiers ne font la plupart du temps, qu'écorcher cette excellente terre, en la labourant avec un araire informe, attelé de deux vaches qui ne sont pas grandes.

Ils payent 80 fr. par hectare de loyer pour les terres, et jusqu'à 240 fr. pour les prés de bonne qualité; ceux-ci sont estimés valoir 12,000 fr. On estime les terres au détail, de 2 à 3 fr. la toise carrée; il en faut deux mille cinq cents pour un hectare, ce qui porte le prix d'un hectare de terre à 5,000 ou à 7,500 fr. suivant le plus ou le moins d'épaisseur de terre noire, sur un fond de marne.

La plupart des froments cultivés en Limagne sont d'une espèce barbue, à gros épis d'un grain rouge et grossier; on ne voit que fort rarement du froment sans barbes et de couleur blanche. Les fermiers comptent beaucoup sur la culture du chanvre qui vient très-haut; mais les tiges sont grosses, n'étant pas, je le suppose, semées assez épais comme on le fait sur les bords de la Loire, au-dessous de Tours. Le chanvre se vend sur pied en Limagne.

La sécheresse très-forte qui règne dans ce pays depuis dix-huit mois, a détruit en grande partie les récoltes de la vallée. Les noyers, les ormeaux périssent; il n'en est pas de même au pied des montagnes qui entourent la Limagne, qui dit-on, a été anciennement un vaste lac. On voit de fort beaux noyers, bien vigoureux, au pied et à mi-côte des montagnes; on y voit beaucoup de vignes qui promettent une assez bonne vendange.

Je suis allé à Volvic pour faire la connaissance de M. de la Vaissière; on me l'avait indiqué dans un précédent voyage, comme un très-habile cultivateur; mais il relevait d'une maladie grave, et n'a pu me recevoir.

Je suis alors allé visiter les fameuses carrières de Volvic, à cinq kilomètres de cette ville; on m'a dit qu'elles emploient environ mille huit cents ouvriers. Elles ont enrichi bien des habitants de cette petite ville, ce que son extérieur est loin d'annoncer. J'ai vu dans ces carrières de très-beaux blocs; les fouilles les plus profondes faites pour l'extraction de cette belle pierre volcanique, n'ont guère plus de dix mètres.

Ce sont pour la plupart des attelages de petites vaches du pays, ou de celles d'espèce salers, qui font les charrois si considérables de ces pierres.

Nous avons visité M. et Mme de Gartempe et moi, à Riom le concours départemental du Puy-de-Dôme qui devait d'abord se tenir à Clermont; mais comme le chef-lieu du département aura le concours régional l'année prochaine, on a désigné Riom cette année, quoique cette ville eût déjà tenu un concours deux ans avant. Par suite de ce trop grand rapprochement le concours que nous visitions a été peu brillant.

Je n'y vis que huit ou dix chevaux fort peu remarquables, le peu de bêtes à laine présentées étaient misérables; le plus grand nombre de soixante bêtes à cornes étaient de la bonne race de salers, mais les animaux en général n'avaient que peu de mérite ; en fait de cochons il y en avait trois ou quatre gros et un certain nombre de petits, de race anglaise ou de croisements avancés; enfin quelques belles volailles furent admirées par tout le monde. Les instruments étaient très-mal représentés : une faucheuse, une houe et un râteau à cheval mal copiés de modèles anglais, un manége et trois batteuses des plus simples, quelques tarares et cinq ou six charrues Dombasle en formaient la totalité.

En fait de produits, on voyait des échantillons de très-grand chanvre et quelques belles glanes de froments barbus et d'avoine.

La culture maraîchère exposait des melons brodés, des choux cabus, des oignons énormes, de gros potirons, de fort belles pommes de terre, des betteraves et des carottes.

L'exposition d'horticulture sans être nombreuse, contenait de beaux fruits dont quelques-uns assez rares, entr'autres sept à huit variétés d'énormes prunes; il s'y trouvait quelques belles espèces d'arbres résineux, tels que déodora et sequoya gigantea, car il y a un bon pépiniériste à Riom.

En me rendant de Maupertuy à Guéras, terre de M. Baudet-Lafarge, secrétaire général de la Société agricole de Clermont, j'ai traversé la Limagne; j'y ai vu quelques grandes pièces de betteraves dans des fermes louées par la grande compagnie sucrière de Clermont. Cette compagnie a loué des fermes dans diverses parties de la Limagne pour y cultiver des betteraves qu'on réduit en cossettes; on les transporte ainsi à la sucrerie et distillerie de Bourdon; car les fermiers qui cultivent dans le voisinage de Bourdon, ne se sont pas encore décidés à faire cette racine en grand.

La mise en cossettes des betteraves permet de les faire venir de loin à l'usine, elle permet en outre la fabrication du sucre pendant toute l'année; car la cossette bien desséchée se conserve aisément, étant à l'abri de l'humidité.

Nous sommes passés par la ville de Maringues, habitée par un grand nombre de tanneurs. Je quittai la diligence dans un village où je laissai mes bagages, et je m'acheminai à pied vers Guéras. En passant le long d'une terre habitée, m'a-t-il été dit, par le marquis de Montgond, je vis un bois semé il y a une quinzaine d'années, en arbres verts; dans le nombre se trouvaient beaucoup de laricios. Après avoir quitté la Limagne et avoir monté des côtes, nous étions arrivés dans un pays de terres très-légères; je remarquai un champ de moha et un de lupins blancs, ce qui me fit penser que M. de Montgond s'occupe de culture.

Je ne trouvai pas à Guéras M. Baudet-Lafarge, il n'était pas encore revenu de Riom; une indisposition l'y avait retenu dans sa chambre, ce qui m'avait empêché de le rencontrer au concours. Son domestique me conduisit à Lezoux, petite ville d'où je me rendis au château de la Gagère, chez M. le marquis de Pierre que j'avais déjà eu l'avantage de visiter dans l'année 1854; il était chez lui avec sa famille. Il n'a que deux fils dont l'aîné habite depuis quelque temps avec une de ses tantes, la terre de Aulteribe, autre propriété de M. de Pierre. Son fils y remet à neuf un très-ancien château anciennement fortifié; il suit les bons exemples que son père lui donne depuis quelques années, en transformant des terres naturellement peu fertiles, en terres très-productives.

Le cadet de ces Messieurs, conduit la terre de la Gagère sous la haute direction de son père, et s'y intéresse infiniment.

Avant que le fils aîné de M. de Pierre lui ait demandé le château et la terre de Aulteribe, le frère cadet ne devait pas avoir la charmante habitation de M. de Pierre; il avait alors entrepris la restauration d'un autre vieux château à moitié tombé en ruines, qui sert de point de vue à la Gagère. Il en a reconstruit entièrement les murs, les énormes tours, la toiture, les planchers et les croisées; il a fait ce grand travail en plusieurs années, et y a dépensé une dizaine de mille fr.; maintenant il ne sait ce qu'il en fera.

Il y a une petite ferme dont les terres rapprochées du vieux château posé sur une colline, sont si pleines de roches et de grosses pierres calcaires, qu'il dépense 400 fr. par hectare pour les extraire; il y plante ensuite des vignes.

M. de Pierre, l'un des concurrents à la prime d'honneur qui sera donnée l'année prochaine à Clermont, a bien voulu me donner une copie du mémoire qu'il a remis à la Commission venue pour inspecter ses nombreuses exploitations; j'ai trouvé ce mémoire, si intéressant et si instructif, que je pense ne pouvoir mieux faire que de le donner ici en entier. Je craindrais d'affaiblir son mérite, en en faisant des extraits.

« Ma propriété de la Gagère, à trois ou quatre kilomètres de Lezoux, d'une contenance totale d'environ quatre cent quatre-vingts hectares en deux tènements à peu près égaux, s'étend sur une longueur de cinq à six kilomètres, entre deux grandes routes qu'elle relie par de longues avenues parallèles. Rien ne serait plus défavorable à l'inspection de cette propriété, que l'idée préconçue d'y trouver des exemples de progrès dans l'usage d'instruments perfectionnés, dans le luxe des constructions, dans l'amélioration des types reproducteurs ou dans des procédés de culture plus nouveaux ; tous ces moyens ne sont pour moi que le dernier but à atteindre. Parti d'une situation tout à fait élémentaire, j'ai été obligé de me servir de tout ce qui se trouvait sous ma main ; je sollicite donc de mes juges l'indulgence qu'ils apporteraient à la visite d'une colonie naissante qui, avec les moyens les plus simples à sa portée, aurait cependant obtenu le résultat que je vais dire. Ces quatre cent quatre-vingts hectares, qui rapportaient lorsque je les ai pris, un revenu brut de 5 à 6,000 fr., sont arrivés à un revenu brut de 100 à 120,000 fr.

» Sur cette étendue de quatre cent quatre-vingts hectares, cent quarante seulement composaient la propriété primitive et patrimoniale de la Gagère, acquise en partage de famille au prix de 140,000 fr., sur laquelle j'ai porté mes premiers efforts, et j'ai fait mon éducation agricole, tout en y bâtissant le château actuel et en y faisant les semis ou plantations, qui font de cette propriété une création toute moderne.

» Le terrain passait pour un des moins fertiles et des plus ingrats, il devait surtout cette réputation au voisinage de la riche Limagne, qui se termine subitement à la petite ville de Lezoux, de telle manière, qu'à l'une de ses portes le sol vaut 6,000 fr. l'hectare, tandis qu'à l'autre il ne vaut plus que 1,000 à 1,500 fr. : le fait est que le sous-sol en est imperméable et froid ; la couche végétale d'une profondeur moyenne de quarante centimètres, est argilo-siliceuse et humide ; elle a besoin de tous les secours d'une agriculture avancée, de tous les efforts d'un cultivateur intelligent et de tous les amendements calcaires. Le drainage n'y était pas seulement une amélioration utile, il était une nécessité démontrée par tous les fossés ouverts. Le drainage a été pratiqué de la manière la plus complète sur quatre cents hectares, j'en rejette le compte et ses détails à la fin de ce mémoire. L'assolement régulier alternant les céréales et les récoltes sarclées, pouvait seul venir à bout du chiendent, qui trouve la fraîcheur de ce terrain spécialement de son goût. Celui qui n'a pas pratiqué l'agriculture sur cette nature de sol, ne connaît pas la moitié des difficultés de cette science.

» La compensation de ces inconvénients, se trouve dans l'abondance de main-d'œuvre d'un prix relativement peu élevé, 1 fr. 25 en moyenne, se servant admirablement de la bêche qui est son instrument le plus habituel. Je n'ai eu garde de lui en substituer un autre, quand j'obtenais un hectare parfaitement béché au prix de 50 fr.; le prix du capital étant en moyenne de 1,000 fr. l'hectare, laisse une marge considérable au fonds de roulement : les débouchés y sont facilités par une viabilité parfaite, et la proximité de quatre petites villes qui sont des marchés assez importants : Billon, Courpierre, Lezoux et Thiers. La seconde moitié de ma propriété composée de plus de trois cents hectares, a été acquise depuis au prix de 130,000 fr. C'est probablement celle qui mérite le mieux de fixer l'attention du Jury, par la solution qu'elle offre aux difficultés du défrichement, et à beaucoup de problèmes économiques qui ont passionné mon activité. Ces trois cents hectares faisaient partie d'une beaucoup plus grande surface de mauvais bois dits de Lezoux, appartenant à mon beau-frère, et qui s'étendaient à un rayon de trois kilomètres de cette ville sur une longueur de six kilomètres, à cheval sur les trois routes de Maringues, Thiers et Ambert. C'est par ce dernier côté qu'ils étaient contigus à ma propriété de la Gagère ; ces bois bornaient le territoire cultivé de la commune de Lezoux, et il m'était facile de deviner, de quelle plus-value serait susceptible toute la partie voisine de ce territoire trop borné, pour l'activité de sa laborieuse population. Je parcourais souvent ces bois qui ne rapportaient pas 5 fr. par hectare au propriétaire. J'avais une grande expérience, acquise pendant quinze ans de pratique sur ma propriété de la Gagère, dont j'avais plus que doublé la valeur par un travail opiniâtre et bien des essais, quelquefois infructueux ; cette expérience m'avait bientôt appris que l'étude des procédés de culture pratique était fort bornée ; les livres à cet égard, n'eurent bientôt plus rien à m'apprendre, et j'avais bien peu à enseigner aux cultivateurs voisins qui trouvaient le moyen, en s'enrichissant, de payer 200 fr. de ferme au propriétaire. Les seules questions fécondes, sont les questions d'économie rurale, trop rarement abordées par nos écrivains agronomes. J'allais trouver sur ce vaste terrain inculte, un champ d'expérience à toutes les questions qui m'oc-

cupaient : au bout de quelques années d'amélioration
pratique, le premier problème qui s'était présenté à moi
avait été celui-ci : à quel système d'administration
faut-il donner la préférence ? le fermage à prix fixe,
ou le métayage tel qu'il est pratiqué dans le pays, ou
bien enfin la culture directe par domestiques que l'on
est obligé de nourrir ? Le fermier à prix d'argent est
fort difficile à trouver dans une localité pauvre, où le
paysan laborieux mais ignorant, est d'une grande im-
prévoyance de calculs ; il ne comprend pas les sacrifices
d'argent sur une propriété qui n'est pas à lui, et s'il
possède quelques économies, sa première pensée est
d'acheter de la terre pour une valeur double de ce qu'il
a, et non point de les risquer sur la propriété d'autrui
qui demande toujours des avances considérables, avances dont le propriétaire lui-même donne l'exemple
d'une grande parcimonie. Un fermier n'aurait été tenté
que de profiter des améliorations et des économies de
fertilité que j'avais enfouies dans ma terre ; c'était d'ailleurs abdiquer et renoncer à ma vocation. Le métayage
est le système général qui régit les propriétés dans un
pays où le bas prix de la terre ne stimule l'ambition ni
du propriétaire ni du colon ; ce qui manque aux uns et
aux autres, c'est le calcul économique qui cependant
commence à faire quelques progrès, aussi le métayer
tend-il à disparaître chaque jour, ce n'est le plus souvent qu'une famille d'indigents qui vient demander à
un propriétaire souvent embarrassé de sa métairie,
l'avance de sa nourriture pour la première année de
son travail ; elle ne spécule que sur un grapillage général ou sur le travail des bestiaux, à son profit particulier, jusqu'à ce que le maître, désespérant de recou-
vrer ses avances, remplace ces malheureux métayers
par de plus misérables encore. Je n'hésite pas à penser
que le métayage tel qu'il est pratiqué dans ma localité,
est le plus mauvais et le plus improductif de tous les

systèmes ; il ne me restait donc que la rigoureuse nécessité de cultiver moi-même directement par domestiques, mais j'avoue que quelques années de cette expérience m'en avaient démontré les lourdes charges, et
encore une pareille administration peut être tentée sur
une ferme de cent à deux cents hectares, organisée depuis longtemps, peut-être sur une plus grande étendue,
dont une grande partie serait livrée au parcours des
troupeaux, mais ne saurait alors donner le chiffre de
100 fr. par hectare, que je m'étais proposé. Une pareille administration exige la centralisation de tous les
bâtiments, de tous les agents, de tous les bestiaux ; elle
exige un ordre, une précision de commandement, un
rayonnement continu de la volonté, une prévoyance
qui ne saurait défaillir une minute, et suppose une intelligence et un art de gouverner si rares, que le petit
nombre de ces belles fermes que l'on peut admirer, ne
peut servir de modèle à tous les propriétaires, et encore
cette admiration n'est-elle pas attristée par la prévoyance que le succès n'en durera pas plus longtemps
que l'homme de mérite exceptionnel, qui a si bien
créé, organisé, administré? Un pareil exemple à suivre
n'appelle-t-il pas plus de désastres que de succès pour
le plus grand nombre de ceux qui veulent l'imiter,
sans avoir mesuré leurs forces ; n'est-ce pas de là que
vient cette opinion générale si malheureuse pour l'a-
griculture, qu'elle entraîne la ruine de cinquante pour
un qui s'y est enrichi? Voilà, Messieurs, les considérations qui m'ont dominé dans mon entreprise, et m'ont
fait chercher en dehors de ce qui existait la solution de
ces deux problèmes : l'étendue convenable des fermes,
et le mode de culture le plus facile et le plus à la portée
de tout le monde ; enfin, une exploitation d'une grande
étendue sur laquelle pourrait se faire de la petite ou
moyenne culture, où au lieu du métier pénible et absor-
bant de fermier, je n'aurais que celui de directeur gé-

néral commanditeur. Voici comment je fus conduit à
ce moyen terme, entre le métayage, le fermage et l'exploitation par domestiques. Ma propriété était primiti-
vement cultivée par des métayers plus mauvais que
tous les autres, car elle était en plus misérable état. Je
fus bientôt convaincu qu'aucun progrès n'était à espérer avec ces malheureux, dont le plus intelligent à qui
je demandais pourquoi il ne semait pas de trèfle, me
fit cette réponse : qu'il ne viendrait pas sur les moins
bonnes terres et qu'il n'en semait pas sur les meilleures,
parce qu'il n'en mangeait pas. Au lieu d'en rire, je
méditai sur cette réponse, et je la trouvai d'une profonde vérité. Ces pauvres gens qui attendent le pain de
chaque jour, peuvent-ils se livrer à des essais de spé-
culation qui ne peuvent pas donner de résultat avant
deux ans ? Je réfléchis à tous les hasards et à la compli-
cation de cette opération de semer du trèfle dans les
meilleures terres, de convertir ce trèfle en viande et
cette viande en argent. Des connaissances spéciales de
marchands de bestiaux qu'elle exige, et de tous les
dangers de cet apprentissage que je ne pouvais faire
qu'à mes propres dépens, j'eus donc la pensée de les
désintéresser de tous ces hasards par un gage fixe, équivalant à cette moitié à laquelle ils avaient droit, sans rien
désorganiser de leur intérieur de famille : en ne payant,
en n'exigeant d'abord aucun service des femmes, je me
délivrais de la nourriture des hommes qui continuaient
à travailler comme avant, et à tout prévoir par habitude sans que j'eusse à donner des ordres chaque matin. Le succès fut considérable, il dépassa mon espérance. Comme tout leur temps m'était dû, aucun
dérangement ne venait les détourner de leurs habitudes
laborieuses. J'obtins à peu près la même somme de
travail, et je pouvais me livrer avec goût à tous les
essais d'amélioration dont j'étais seul responsable. La
conduite des étableries fut tout d'abord la grande diffi-

culté, elle donna lieu à bien des réformes, à bien des tâtonnements; je le déclare, telle est la pierre d'achoppement de tout fermier qui n'a pas les connaissances spéciales du marchand, soit qu'il se livre à l'élevage, bien plus encore s'il fait de l'engraissement; celui-ci n'est possible qu'avec des racines dans une localité où le foin n'a aucune qualité d'engraissement. Je crois cette industrie périlleuse et peu lucrative si elle n'est pas simplement un débouché pour les bêtes de réforme; je ne lui ai pas donné d'autres proportions après avoir fait cependant des essais plus considérables; il ne me restait donc que l'élevage, car la fabrication du fromage dans un pays ignorant de cette industrie et dépourvu de caves, m'a été impossible. Je n'avais donc d'autre ressource que de traduire le lait de mes vaches en viande; la surveillance du bon emploi de ce lait fut longtemps difficile, et pleine d'inconvénients jusqu'au jour où j'imaginai d'affermer le lait de mes vaches à mes colons, au prix de 60 fr. par vêlée, en laissant à leur compte le veau dont je ne retirais pas plus de 30 f. avant cet arrangement, mais avec la faculté de les élever, s'ils me convenaient comme sujets. Je n'avais plus qu'un pas à faire pour perfectionner encore mon organisation, c'était de substituer pour le chef de ma métairie seulement, à la somme de 300 fr. qui représentait son gage, un intérêt dans les pertes et les bénéfices de l'exploitation. Cet intérêt fixé au sixième des dépenses et des recettes lui parut suffisant, il le fut assez pour le stimuler vivement au progrès d'un revenu qui ne lui semblait plus douteux. Ce sixième du bénéfice pour les céréales, je l'élevai au quart pour les profits de bestiaux, afin de déterminer encore leur préférence vers cette partie du produit, ce fut aussi alors que je pensai à mettre à profit pour elles et pour moi, le temps et l'activité des femmes de la métairie, en les intéressant à la porcherie que j'allais créer sur des proportions

considérables, chaque jour plus grandes, pour servir
de débouché à la production considérable de nos récoltes sarclées, pommes de terre et carottes. Je trouvai
de grands avantages à cette industrie dont elles eurent
aussi le quart, et je suis arrivé à une production à coup.
sûr sans exemple puisqu'il sort tous les ans de ma propriété environ 2,000 porcelets ou porcs engraissés.
Mais n'anticipons pas.

» J'étais donc arrivé à réaliser cette pensée de con-
cilier tous les avantages des divers modes d'agriculture : l'intérêt du colon aux recettes et aux dépenses,
suffisant pour stimuler son travail, et sa prévoyance
pas assez considérable pour gêner ma direction, et laissant à mes avances de fonds une part prépondérante,
épargnant de ma part cette surveillance et cette sollici-
tude de tous les instants, et toutes les complications de
l'administration d'un nombreux personnel à nourrir.
Cette organisation est d'ailleurs susceptible de bien des
progrès que je ne saurais indiquer ici.

» C'est là que j'en étais de mes expériences, quand
se présenta l'occasion d'acheter ces trois cents hectares
de bois contigus à ma propriété, formant un parallélogramme à peu près régulier de cinq kilomètres de
longueur sur au moins un de largeur. Il se présente
en amphithéâtre d'une pente assez vive, du nord au
midi, et qui se prête à toute espèce de culture : la partie
la plus élevée, encore couverte de bois dont le revenu
n'est plus en rapport avec le reste de la propriété, doit
avant peu être occupée par un vignoble parfaitement
exposé ; déjà trois hectares sont plantés.

» Chaque fois que je parcourais ces broussailles couvertes de flaques d'eau, j'étais sollicité par ma passion
de transformation et par l'ambition de réaliser mes
plans. J'interrogeais ce terrain souvent calcaire et plus
fertile que le mien. Entre la grande et la petite culture,
ayant trouvé le mieux dans une étendue moyenne de

vingt-cinq à trente hectares au plus, je traçai sur ce parallélogramme de trois cents hectares le plan de dix fermes ou métairies, toutes sur le même modèle, la même surface, la même organisation, le même assolement, n'exigeant aucune intelligence de la part des colons, qui tous cultiveraient, à l'exemple les uns des autres, sous l'impulsion et la direction une fois données. Le programme de cette colonie devait aboutir à un résultat qui n'était pas douteux pour moi, mais que d'obstacles pour en arriver là, quel travail pour le réaliser !

» Ces bois, à la porte de Lezoux, étaient soumis à un droit de pacage de tous les bestiaux de la commune; c'était une lutte de chaque jour bien inégale entre le propriétaire et les usagers : celui-là pour borner, ceux-ci pour étendre leur droit d'usage. La municipalité y croyant sa popularité engagée, réprimait mollement l'intimidation de la part des usagers; aussi pas un acquéreur n'eût osé s'affranchir de cette servitude, et la valeur de ces broussailles ainsi grevées, était inappréciable. Que pouvaient valoir ces landes ravagées chaque jour, rapportant à peine 5 fr. l'hectare ? le propriétaire n'eût osé les estimer : au capital de ce revenu, moi qui devinais la valeur que je leur donnerais par le défrichement, si je pouvais parvenir à lever tous les obstacles, j'en donnai 500 fr. qui furent acceptés avec reconnaissance ; j'en aurais volontiers donné le double pour être affranchi de mes deux servitudes du code forestier, et du droit d'usage avec lesquelles j'allais avoir à compter.

» J'abrège, et me voici enfin à l'œuvre, ne trouvant d'abord que difficilement des terrassiers qui voulussent travailler dans ces steppes couverts d'eau arrêtée par la bruyère ou les trous des pieds des bestiaux, obligé d'exagérer le premier prix de ce défrichement qui ne pouvait se faire qu'avec la bèche à cause des nombreuses souches de bois. Ces prix, d'abord exagérés, m'amenèrent des travailleurs qui se firent concurrence, et se réduisirent au prix le plus juste, et pendant l'hiver de 1846 à 1847, je pouvais compter plus de deux cents ouvriers. Cette abondance de main-d'œuvre avait été la cause déterminante de mon opération. C'est à elle que je dois le succès, facile à comprendre, quand je dirai que la moitié de ma propriété est travaillée tous les ans à la bêche à une profondeur de trente centimètres, et au prix de 50 fr. l'hectare.

» Une première métairie fut bientôt contruite, d'après le modèle bien simple de toutes celles du pays. Sa simplicité suffisante trouvait sa raison d'être dans l'économie la plus stricte ; elle fut suivie de dix autres. Je me serais préparé de grandes difficultés et de grandes dépenses si j'avais voulu innover : c'est au milieu de ces constructions à la ville et à la campagne, et à la traverse de tous mes travaux que sonna la révolution de 1848. Mon procès en rachat de droit de pacage était en instance entre les habitants de la commune de Lezoux qui, tout en menaçant, n'en venaient pas moins travailler en foule ; j'avais bien moins peur de leurs menaces, que confiance en la magistrature qui m'accorda ce que je lui demandais, c'est-à-dire le droit de racheter à prix d'argent ma servitude. Ce rachat m'a coûté 24,000 fr., et je continuai avec résolution. Je me suis arrêté avec trop de complaisance sur toutes ces péripéties, c'est que je ne me rappelle pas sans une certaine satisfaction, tous ces écueils, où chacun prédisait que j'échouerais, et qui n'ont été qu'un exercice salutaire pour ma prudence et ma volonté. Mais ces obstacles expliquent la force de ma conviction dans mon entreprise. Le succès a dépassé mon espérance, bien qu'il m'ait coûté un peu plus que je n'avais prévu. Je rejette à la fin de cette notice, le détail de tous les frais de cette opération en défrichement, drainage, constructions, pertes de temps, chaulages ou engrais phosphatés indispensables pour un premier ensemencement en des terrains saturés d'acide tanique. Ce défrichement n'a pas été ordinaire, et s'il m'a coûté 350 fr. l'hectare, plus l'abandon des souches de bois, c'est que le plus souvent j'ai exigé un défoncement de cinquante centimètres au moyen duquel je pouvais enfouir comme un trésor, et sans le retrouver de longtemps, l'humus accumulé depuis plusieurs siècles des feuilles et des détritus de bruyère.

» Ce détail répond à ceux qui, ne connaissant que l'abus des défrichements, pensaient que j'aurais bientôt épuisé cette première fortune. Celui qui maintenant jugerait ces terrains à la crudité de leur surface, se tromperait étrangement sur leur fertilité réelle toujours croissante, vu la masse considérable de fumier que je leur accorde ; car sur cette propriété sont nourries deux cents bêtes à cornes, et sont produits deux mille porcs engraissés ou porcelets vendus en bas âge pendant tout le cours de l'année.

» Le résultat de mon expérience et de mes réflexions économiques m'a fait comprendre qu'il n'y a d'agriculture constamment rémunératrice que celle qui se propose la production de la viande ou du vin, production qui ne peut suivre les progrès d'une consommation toujours croissante.

» Chaque jour il se produit sur ma propriété trois quintaux de viande, dont je donnerai le détail à la fin de ce rapport. Ce chiffre qui pourrait paraître exagéré s'explique surtout par les proportions énormes données à la porcherie. Chaque métairie nourrit en permanence de huit à dix truies mères, mais dont les deux portées de six à sept porcelets chacune ne donnent pas moins d'une centaine de petits porcelets. Les deux tiers sont vendus en bas âge, mais chaque métairie peut compter en permanence de quarante à cinquante porcs de tout

âge, y compris les mères, ce qui pour les quinze métairies, arrive à un total de production d'au moins deux
mille têtes. Ce résultat sans exemple ne peut trouver
son explication que dans l'organisation de ces quinze
familles, où toutes les femmes n'ont d'autre emploi et
d'autre salaire que cette production. Je demande à
MM. les membres du Jury, d'étudier cette partie considérable du revenu de la propriété dont elle donne à
peu près le quart, tout en servant de débouché considérable aux autres denrées. C'était en effet un grand
écueil à prévoir que l'écoulement du produit des récoltes sarclées, racines ou pommes de terre, sur une
aussi grande étendue ; c'est ce débouché qui nécessite
dans les grandes exploitations l'annexion d'une industrie quelconque, distillerie ou féculerie. J'ai demandé
cette ressource à l'industrie de mes porcheries, dont le
produit, bien que sujet comme tant d'autres à la hausse
et à la baisse, n'est cependant pas sujet à s'arrêter, et
me donne, comme le prouve le compte de la porcherie,
un prix rémunérateur plus considérable de mes denrées
consommées sur place et sans aucun dérangement.

» Je ne saurais entrer ici dans le détail des difficultés
que j'avais à vaincre pour surveiller le bon emploi des
racines et des tubercules qui sont une des grandes cultures de mon exploitation ; je ne pouvais renoncer à
l'avantage de cette culture spéciale au pays et qui se fait
sans frais, à moitié, par tous les colons du pays qui me
demandent comme une faveur, mes terres pour les bé-
cher, les semer, sarcler et récolter les pommes de terre
dont ils n'ont que la moitié, et me rendre mes terres
dans un état de propreté et d'ameublissement tel, que
le blé que j'y sème sans aucuns frais, y est d'une réussite assurée. Ma porcherie a donc été un excellent débouché pour cette énorme production de tubercules
dans cette industrie, encore j'ai eu à payer mon appren-
tisssage. J'avais commencé par accorder une trop

grande prédilection à la race anglaise New-Leicester dont les avantages ne sont pas douteux pour celui qui veut engraisser à peu de frais, mais qui ne trouvaient pas comme élèves de débit sur les marchés. J'ai donc été obligé de produire ce qui m'était demandé, c'est-à-dire contre mon gré, un peu de la grande race blanche si défectueuse du pays, mais surtout la race limousine blanche et noire, et mieux encore la race anglo-chinoise qui gagne chaque jour plus de faveur par sa rusticité, son appétit et sa santé. J'ai dit que ma porcherie me donnait le quart de mon revenu, j'attends l'autre quart de mes étableries de bêtes à cornes. Comme je l'ai dit, c'est le produit qui a été pour moi comme pour beaucoup d'autres sans doute, le sujet des plus nombreuses méditations, et il m'a fallu bien du temps et de l'expérience pour me fixer enfin sur le meilleur système, c'est-à-dire les veaux et l'élevage ; mais si la meilleure conduite d'une écurie de vingt bêtes n'est pas sans difficultés, celle de quinze écuries demandait une bien grande surveillance et des connaissances spéciales. J'y intéressai un marchand de bestiaux de l'Aveyron, qui trouve un bénéfice suffisant dans cette inspection générale et dans la direction d'une des écuries. Voici comment elles sont ou doivent être composées ; tous les travaux les plus pénibles étant faits à la bêche, je ne demande à mes bestiaux qu'un travail facile auquel des vaches suffisent ordinairement. Je n'ai donc qu'un petit nombre de paires de bœufs qui m'ont servi d'étalons pendant leurs premières années, je les vends à cinq ou six ans, quand ils ont atteint leur croissance ; ici encore j'ai subi la mode du pays et son goût pour les bêtes de salers ou pour cette espèce barrée que demande surtout le Forez. Je n'avais ni le temps ni le pouvoir de lutter contre les goûts des marchands qui m'environnent. Mes écuries se composent de dix mères produisant dix veaux : cinq sont vendus à la boucherie, cinq sont élevés et vendus à deux ans ou trois ans, ce qui me fera un total de vingt têtes par chaque métairie. Ce résultat de trois cents bêtes, je l'obtiendrai dans deux ans; il a été retardé par cette dernière année que j'appellerai pour moi désastreuse. Mais mon assolement ne laisse aucun doute sur sa réalisation et sur les moyens d'alimentation qu'il me fournit, puisque les deux tiers de ma production n'ont pas d'autre but. Voici cet assolement.

» Il est quatriennal. J'ai dit que chaque métairie avait autant que possible, une surface de vingt-cinq à trente hectares, dont huit ou dix en prés naturels; je n'ai donc dans chacune que vingt hectares de culture proprement dite.

» 1° Cinq de récoltes sarclées, dont deux de colzas fumés avec les fumiers d'été, trois de carottes ou de pommes de terre, fumés avec les fumiers d'hiver et un supplément d'engrais phosphatés;

» 2° Cinq hectares de blé, froment ou seigle. Je cultive volontiers celui-ci, parce qu'il se consomme en grande partie chez moi, qu'il me fournit plus de paille; mais surtout parce que moissonné plus tôt il est remplacé par une récolte dérobée de raves sarclées qui me donnent un supplément considérable de nourriture pour mes bestiaux et me laissent après un chaulage, ma terre nettoyée pour l'avoine;

» 3° Cinq hectares d'avoine avec trèfle;

» 4° Cinq hectares de trèfle pour mes porcs et mes bestiaux, qui consomment donc dans cet assolement, les carottes, les pommes de terre, les raves, les trèfles, les prés naturels, sans compter les pailles d'avoine: il ne se peut pratiquer une culture plus riche et qui aboutisse à une fertilité plus croissante; le progrès rapide de cette plus-value n'est pas douteux devant les résultats obtenus en quelques années, la réalité de tous mes calculs est maintenant constatée, et si quelques-uns sont encore spéculatifs, c'est que mon opération est à peine terminée. La création des prairies toute récente, n'a pas encore permis de compléter les cheptels, mes espérances ont été cruellement déçues par la sécheresse phénoménale qui m'a privé des trois quart du foin sur lequel je devais compter ; de là des mécomptes nombreux et la vente forcée d'une partie de mes bestiaux ; le manque de trèfle a doublé la dépense de ma porcherie : mais cette épreuve n'a pas été sans enseignement pour la prévoyance des perturbations économiques que pourraient m'apporter les intempéries, et j'ai pu constater une fois de plus avec satisfaction ce qu'avait d'avantageux mon organisation qui, en intéressant tous mes colons, a obtenu d'eux des miracles d'économie dans l'alimentation de tant de bêtes.

» Je n'ai fait qu'indiquer ce mode de colonage dont il serait trop long de donner les détails, il a besoin d'être étudié sur les lieux. Domestiques par leur soumission à mon autorité et à ma direction, fermiers par l'intérêt et la responsabilité la plus grande que je leur laisse, ils sont toujours juges écoutés de l'opportunité d'une dépense à faire, quoiqu'ils n'en supportent que le cinquième ; c'est la meilleure réponse à l'accusation contre le luxe de ma culture, qui paraîtra bien différente, je le crains, à des juges éclairés. Ce système n'est plus à l'état d'essai, il a été éprouvé depuis dix ans, le succès en a été le même dans mes quinze métairies où il a été successivement établi : depuis qu'il est en vigueur il ne m'a pas offert une objection sérieuse, et chaque jour il s'améliore de quelque nouveau perfectionnement. J'en conseille la pratique qui se prête sans danger à toutes les innovations.

» Ces quinze familles dont la nourriture au lieu d'être pour moi un embarras, n'est qu'un débouché à une grande partie de mes denrées, étaient presque toutes à la mendicité avant de venir chez moi. Sans autre capital que leurs bras et leur bonne volonté, dépourvus d'intelligence, ces colons sont devenus par la pratique d'une culture avancée et sous ma direction d'habiles fermiers, et ils apprécient le bienfait de cette éducation.

» Leur aisance croissant chaque année est une douce récompense de mon œuvre, mais elle est aussi le meilleur contrôle de mon administration, car je suis obligé vis-à-vis d'eux, de tenir ma comptabilité avec une rigoureuse exactitude ; leur mémoire et leur journal particulier en signaleraient toutes les semaines et tous les mois la moindre erreur. Cette comptabilité, il est vrai, est fort simple ; c'est un compte ouvert à chaque intéressé dont il a le double, de toutes les recettes et de toutes les dépenses de sa métairie : mes deux domestiques, agents comptables et gérants intéressés aussi, dont je suis heureux d'apprécier ici l'intelligence et la probité, relèvent les recettes et les dépenses de chaque jour sur leur journal. Tous ces journaux se contrôlent et viennent se classer par grands chapitres au compte général que tient mon fils.

» En dehors de ce système ou du fermage qui est une abdication du propriétaire, si celui-ci veut faire de l'agriculture, il doit renoncer au monde et à toutes les relations sociales, car il lui faut une activité et une surveillance sans repos, presque impossibles sur une grande étendue. Ce système, combiné avec le fractionnement de ma propriété en petites fermes, peut seul se prêter au développement énorme de ces deux industries : les porcs et les bestiaux, total permanent de plus de deux mille bêtes, dont le quart ne pourrait être soigné dans trois ou même quatre grandes fermes de cent hectares.

» Par quelles expériences, par quelles études, par quels essais et quels tâtonnements, depuis trente ans, je suis arrivé à ce dernier résultat, ce serait là tout un cours d'économie rurale qui ne serait pas sans utilité peut-être ; l'entreprendrai-je maintenant que j'ai achevé mon œuvre laborieuse, soutenu que j'ai été par une passion qui ne m'abandonne pas encore à mon âge et à laquelle je pardonne toute la fatigue et tous les embarras qu'elle m'a causés, en souvenir de tout le bien qu'elle m'a donné l'occasion de faire autour de moi, tout en contribuant à l'augmentation de la richesse publique, puisque j'ai créé la nourriture au moins d'un millier d'hommes qui n'existait pas ?

» Mais la plus douce récompense de cette vie laborieuse, c'est d'avoir pu développer les mêmes goûts dans le cœur de mes deux fils, d'avoir trouvé dans le plus jeune un successeur qui, en deux ans, a pu acquérir toutes mes connaissances; mûri par la responsabilité de l'autorité sans bornes que je lui laisse exercer, il est arrivé à une prudence et à une expérience bien rare à vingt-deux ans, et qui me permet de croire qu'aucun de mes efforts ne sera perdu, et qu'il en assurera la durée tout en obtenant des progrès bien moins chanceux que nos entreprises; puisse-t-il y trouver le bonheur dans la simplicité d'une vie qui me paraît plus que toute autre remplir les vues de la Providence sur nous en ce monde, en laissant à notre nature toute l'élévation de l'indépendance dans le travail et de la compassion à des misères que l'on fréquente chaque jour.

» J'ai certainement donné dans ce rapport trop de place aux considérations générales : je ne pouvais entrer dans le détail de tous mes travaux sans lui donner des proportions trop grandes, il eût fallu bien des chapitres pour rendre compte de tout ce qui a été exécuté en défrichements, chaulages et drainages sur la plus grande échelle, collection et conduite de tous ces drainages dans des pièces d'eau qui arrosent cent hectares de prairies divisées entre chaque métairie; il faudrait un grand chapitre pour expliquer la création de quinze ou vingt hectares de vignes dans un pays qui n'en connaissait pas; je rejette à la fin les comptes particuliers de ce que chaque chose a coûté.

» Mais je dois une mention particulière à l'établissement de vastes pépinières d'arbres fruitiers en plein vent. Je me livrerais à ce sujet à des espérances bien considérables, si je partageais celles qui ont déterminé un pépiniériste fort intelligent et fort habile jardinier à abandonner son propre établissement insuffisant à satisfaire aux besoins de sa nombreuse clientèle, pour demander à ma propriété dans laquelle il avait trouvé la spécialité du terrain propre à ses vues, de vastes champs défoncés et fumés dont l'étendue de quatre à cinq hectares plantés chaque année, arrivera en quatre ans à fournir au public qui en manque sept à huit cent mille arbres fruitiers. En fournissant le terrain, je partage les bénéfices de l'établissement dont j'indique aussi les frais à la fin de ce mémoire.

DÉPENSE GÉNÉRALE.

Blés semences.............. 175 hectolitres.	}	
Avoines semences........... 243 hectolitres.	}	6,000 fr.
Farine d'engraissement, 420 hectolitres..........		7,500
Supplément d'engrais calcaires ou phosphatés.....		7,500
Semences fourragères ou diverses..............		2,250
Outils et charronnage........		2,250
Assurances et impositions....................		2,250
Frais de culture générale, terres et prairies.......		25,500
Total.........................		53,250

RECETTE GÉNÉRALE.

1,500 hectolitres de blé, à 18 fr. l'hect...........	27,000 fr.
2,850 hectolitres d'avoine, à 8 fr. l'hect.........	22,500
600 hectolitres de colzas, à 25 fr. l'hect.........	15,000
Bestiaux...............................	22,500
Porcs.................................	28,500
Total brut de recette...........	115,500
Total de dépenses.....	53,250
Net....................	62,250
Cinquième des colons, 12,450.........	49,800

ASSOLEMENT.

1° 5 hectares de récoltes sarclées.

2° 5 hectares de blé et récolte dérobée de raves sarclées et chaulées.

3° 5 hectares d'avoine.

4° 5 hectares de trèfle.

5 à 10 hectares de prés naturels par chaque métairie de 25 à 30 hectares.

DÉTAIL DE CULTURE DE CHAQUE MÉTAIRIE
de 25 à 30 hectares.

DÉPENSES.

Culture de 15 hectares...........................	1,200 fr.
Récolte de 10 hectares de prés naturels ou artificiels.	500
Semences des céréales.........	400
Semences fourragères............................	150
Farine pour la porcherie....	500
Engrais supplémentaires.........................	500
Charron, maréchal et outils.....................	150
Assurances et impositions........................	150
Total...........................	3,550

RECETTES.

5 hectares de blé à 20 hectolitres par hectare et à 18 fr. l'hectolitre...........................	1,800 fr.
5 hectares d'avoine à 38 hectolitres par hectare, 190 hectolitres à 8 fr. l'hectolitre.............	1,500
Colzas, 2 hectares à 20 hectolitres par hectare, 40 hectolitres à 25 fr. l'hectolitre	1,000
Vente et profits de bestiaux.....................	1,500
Porcherie	1,900
Total	7,700
Retrancher	3,550
	4,150
Dont il faut encore déduire le 5ᵐᵉ du colon.	830
Par métairie de 30 hect. il résulte un bénéfice net de.	3,320

DÉTAIL DES ÉTABLERIES.

ÉCURIE.

10 vaches mères produisant 10 veaux, affermées au colon 60 fr. par vêlée.....................	300 fr.
5 élèves vendus à 2 ans.......................	1,000
Bénéfices de croissance de 2 taureaux	200
Total	1,500

A la nourriture de cette écurie sont affectés 10 hectares de prés naturels, 2 hectares de carottes à collet vert, 3 ou 4 hectares de trèfle, 3 ou 4 hectares de raves et toutes les pailles d'avoine.

PORCHERIE.

8 à 10 truies mères.

Vente de 70 porcelets à 2 mois, à 10 fr. l'un.....	700 fr.
Vente de 10 porcs de 10 mois.................	600
id. de 8 mois, à 40 fr...........	400
2 ou 3 mères engraissées....................	200
Total	1,900

A cette porcherie sont affectés 3 hectares de pommes de terre et 2 hectares de trèfle, plus 50 hectolitres de farine de seigle.

DÉTAIL DU DÉFRICHEMENT,
du drainage et de l'ensemencement d'un hectare pendant 2 ans.

Une première façon payée par le bois et les racines.

Deux façons à la pioche à 65 fr. l'une.	130 fr. »	
650 kil. poussière d'os à 15 fr. les 100 kil.	97 50	275 fr. 50
Frais d'ensemencement, moissonnage et battage........................	48 »	

DRAINAGE.

3,500 tuyaux à 25 fr. le mille	87 50	
500 mètres de fossés à 20 centimes, y compris la pose..	100 »	197 50
Conduite et mousse...............	10 »	

Deuxième année.

L'hectare est donné à des colons étrangers qui le bèchent à 30 centimètres, le sèment, le récoltent, le battent. J'ai à fournir la moitié de la semence d'avoine, ou 1 hectolitre 1/2......	12 »	
	485 »	
Intérêts de cette somme pendant 2 ans, 12 fr. 60..	12 60	
Total des dépenses pour le défrichement et le drainage..........	497 60	
Rendement du seigle la première année, 16 hectolitres 90 litres, à 14 fr............... 234 f.		
Rendement de l'avoine la deuxième année, 32 hect. 40 à 7 fr. 65, 250 fr., dont moitié. 125	359 »	
Le défrichement, le drainage et l'ensemencement d'un hectare me coûtent donc....	138 60	

COUT DE LA CRÉATION DES VIGNES ET PÉPINIÈRES
par hectare.

VIGNES.

Défoncement..	300 fr.
50,000 kilogr. de fumier............................	200
10,000 pieds à 3 centimes	300
Plantation..	200
Travail pendant 3 ans et intérêts..................	300
Prix d'acquisition..................................	500
	1,800

Revenu probable, 10 pièces à 50 fr...	500 fr.		
Dépense annuelle de travail en échalas.	250		
Reste................	250	ci	250

PÉPINIÈRES.

Défoncement en préparation....................	200 fr.	»
50,000 kilogr. de fumier......................	200	»
45,000 pieds de pourrottes à 15 fr. le mille, dont moitié..	337	50
Les frais qui regardent le propriétaire se montent donc à......................	537	50

(Les autres frais d'entretien regardent le pépiniériste.)

La propriété patrimoniale de la Gagère, d'une contenance de 120 hectares, a été achetée en partage de famille...	140,000 fr.
Il y a été ajouté le domaine de la Gravière acheté.	42,000
Défrichement de 15 hectares de mauvais bois et drainage à 138 fr. 60................................	2,079
Construction d'une métairie	5,000
Outils et matériel de cette métairie 1,000 fr., pour les deux.......	2,000
Drainage de 100 hectares sur toute la propriété, à 197 fr. 50..	19,750
Améliorations, défoncements.....................	20,000
Total général de ce que m'a coûté la propriété de la Gagère.......	230,829

SECONDE PARTIE DE LA GAGÈRE.

Achat de 300 hectares...	130,000 fr.
Construction de 10 métairies	50,000
Construction d'une maison de maître	15,000
Travaux d'art, aqueducs, fossés, pièces d'eau.....	5,000
Matériel et mobilier de chaque métairie à 1,000 fr. l'une....................................	10,000
Rachat du droit de pacage	24,000
Frais de défrichement et de drainage à 138 fr. 60 par hectare................................	41,580
	275,580
Intérêts à 5 1/2 pendant 2 ans.	23,400
Total général de ce que m'a coûté cette seconde partie...........	298,980
Total général de ce que m'a coûté la Gagère.	529,809

Ici se termine le mémoire du marquis.

Je pense devoir ajouter ici quelques notes explicatives, que j'ai prises sur les lieux. Un ancien marchand de bestiaux est chargé de l'achat, de la vente du bétail, et de surveiller les soins à lui donner, dans les quinze métairies. Il reçoit dix pour cent du produit net, comme gages ; il est logé dans une ferme à laquelle on n'a pas joint de terres ; il y nourrit tout le bétail qu'il veut, mais il l'achète de ses deniers. On doit lui fournir la paille pour litière, et tout le foin qu'il désire (celui-ci au prix de 80 fr. les mille kilos). Le fumier fait chez lui doit être employé sur une certaine étendue de prés irrigués qu'il soigne, et dont le pâturage, après la fenaison, lui est abandonné pour ses bêtes.

Sa femme a une porcherie qu'elle soigne aux mêmes conditions adoptées dans les quinze domaines ; c'est-à-dire, elle a, pour les porcs, le quart du produit net.

Le marquis a construit une belle maison dans ses défrichements de bois. Il y loge un de ses régisseurs qui se trouve ainsi à portée du plus grand nombre des domaines ; l'autre régisseur demeure dans la partie de la terre la plus rapprochée du château. Le jardinier-pépiniériste est aussi fort bien logé, dans une jolie maison, contre son grand potager. Il compte créer une pépinière de vingt hectares, en terres légères, qu'on défonce à deux pieds de profondeur. M. de Pierre a l'intention de planter dix mille pommiers sur ses quinze domaines.

Une bonne partie des pommes de terre sont faites à moitié par des ouvriers de Lezoux. Ils bèchent la terre, lui donnent trois sarclages et rendent sur la récolte la moitié de la semence que le domaine leur avance. On met six cent cinquante kilos de phosphate fossile, qui coùtent, rendus ici, 9 fr. les cent kilos. Cette fumure, du prix de 59 fr., fait un bon effet, même dans des défrichements datant de dix à quinze ans ; on n'en fait pas payer la moitié aux cultivateurs des pommes de terre.

Le marquis n'est plus si content des nombreuses familles qu'il l'était, lors de ma première visite ; il préfère les jeunes ménages ayant peu d'enfants, pour lesquels il loue des domestiques. Ces messieurs m'ont appris qu'un élève de Grignon, dont j'ai oublié le nom, avait nouvellement loué une ferme dans leurs environs.

Je suis retourné à Guéras, où j'ai trouvé M. Baudet-Lafarge encore souffrant de la goutte, ce qui ne lui a permis de me faire voir que la partie de sa culture la plus rapprochée. Il a augmenté et embelli son habitation. J'admirais ses jardins et ses plantations ainsi que ses vieux noyers et châtaigniers ; une charmante vallée, couverte de prairies, forme un délicieux paysage. La propriété est de cent-vingt hectares de terres légères. Elle était, lorsqu'il l'a achetée, il y a dix-sept ans, dans le plus triste état pour l'agrément et pour le produit ; il l'avait déjà beaucoup améliorée, il y a huit ans, lorsque j'y suis venu faire sa connaissance. Elle a encore énormément gagné depuis qu'il a achevé de drainer toutes ses terres légères, mais à sous-sol imperméable, et depuis qu'il les a marnées à raison de quarante ou de cinquante mètres cubes. Il a même recommencé cet amendement si essentiel, introduit par lui dans ce pays. On n'y connaissait ni les effets, ni l'existence même de la marne. Il a fait connaître encore la culture du lupin blanc, qui forme une excellente fumure, lorsqu'il est semé, à raison de deux cent cinquante litres, dans la première quinzaine de juillet, après l'enlèvement d'une récolte de trèfle incarnat, ou de vesces d'hiver. Pour peu que l'année ne soit pas trop sèche, ils atteignent jusqu'à 1^m,30 de hauteur, sont très-épais, et remplacent fort bien une fumure de vingt et quelques mille kilos. Les lupins qu'il a semés au commencement d'avril commencent à mûrir ; ils ont un mètre de haut. M. Lafarge m'a dit qu'ils ne viennent pas si beaux que ceux semés plus tard ; ils ne craignent pas, comme les lupins jaunes, l'effet du calcaire, car ceux que j'admirais avaient été semés sur un champ récemment marné pour la seconde fois. Il a de beaux champs de sarrasin, qu'on fauche en pleine fleur pour les vaches.

Les meulons de regain dans ses prés étaient recouverts de chapeaux faits en paille.

M. Baudet-Lafarge pense que ses froments, en terres très-légères, lui donneront vingt-cinq hectolitres en moyenne.

Il a de fort beaux cochons hampshire, dont la souche lui est venue de Grignon ; il les vend, âgés de trois mois, 30 fr. la pièce. Le ménage qui est à la tête de sa culture ne gagne que 280 fr. ; leur fils aîné, qui était son domestique et son jardinier, après avoir été élevé à la ferme et l'avoir servi, est tombé à la conscription ; il a été grenadier dans la Garde. Après son congé, il est revenu et a repris sa place de 200 fr. Le second fils a 180 fr. ; le troisième, âgé de dix-huit ans, a 150 fr. Les deux filles de ces braves gens ont chacune 50 fr.

J'ai vu de beaux espaliers dont les pêchers étaient garnis de fougères vertes ; j'en ai demandé la raison. M. Lafarge m'a dit que l'odeur de cette plante empêchait les rats et les souris de venir lui voler ses pêches ; ces animaux lui en avaient emporté ou mangé bon nombre, avant qu'il eût pris cette précaution : depuis, ils n'y étaient plus revenus. Il m'a cité le pêcher dit d'Égypte, venant de noyau, et donnant de bons fruits, sans avoir besoin d'être greffé.

M. Baudet-Lafarge reçut, pendant que j'étais chez lui, la visite de M. de Riberolles. C'est un de ses trois voisins qui suivent les bons exemples de culture qu'il donne, depuis qu'il est venu se fixer dans ce pays.

J'admirais beaucoup ses beaux noyers et ses châtaigniers, qui sont un grand ornement pour les habitations de campagne ; mais il me dit qu'ils ne produisent pas, à beaucoup près, autant qu'ils font de tort aux récoltes qu'ils avoisinent.

M. Baudet-Lafarge, après avoir drainé toute sa terre, a amené son métayer, qui cultive quarante hectares, sur lesquels cinq sont en prés, à les marner, à faire des lupins, et à bien soigner ses pommes de terre, carottes et navets ; les betteraves ne produisant pas beaucoup dans les sables, ces autres récoltes lui servent à bien nourrir son bétail. Depuis lors, voilà déjà bien des années, cette petite métairie lui rapporte en moyenne 2,500 fr., ce qui fait un loyer de 62 fr. par hectare. Il m'a dit que lorsqu'il avait commencé à marner ses terres, ses voisins l'avaient supposé fou ; ils ont été encore bien des années avant de l'imiter. Maintenant, tout le monde marne, tout le monde fait des lupins blancs, pour fumures vertes ; mais malheureusement, tout le monde ne s'est pas encore mis à drainer : c'est cependant la première des améliorations à faire dans les terres à sous-sol imperméable.

En quittant cet excellent cultivateur et son aimable

famille, je montai dans la diligence qui me conduisit à Thiers. Elle me fit traverser un charmant pays, toujours en terres légères. Je fus étonné de voir, non loin de Guéras, un terrain de pauvres bruyères, dont partie a été défrichée depuis trois ou quatre ans ; il avait porté une récolte de seigle, une autre d'avoine, et il était couvert d'un beau trèfle ; c'était la suite d'un marnage de quarante mètres cubes par hectare ; cette terre si sablonneuse portait des vignes, de très-beaux châtaigniers, hauts de tige et à écorce lisse, et même des noyers, mais qui n'étaient pas fort beaux ; il leur faut du calcaire et de la terre saine.

J'étais enchanté de voir de nombreux champs grands ou petits de lupin blanc, semés pour être enterrés ; cette culture augmente chaque année dans ce pays. Après être descendus de ce plateau élevé, nous avons traversé une large vallée, garnie de beaux prés, et parcourue par la Dorre, un des affluents de l'Allier.

La ville de Thiers est posée sur le flanc d'une montagne élevée, dont l'ascension est raide et très-prolongée. La ville n'est pas belle, mais elle a l'air de prospérer : on y construit un grand nombre de grandes maisons. Pour les placer, il faut faire sauter et enlever d'énormes rochers, car la place manque. Ces nouvelles habitations ont vue sur une profonde vallée, dominée par des rochers noirs et fort élevés.

L'industrie de cette ville, la coutellerie commune, y attire la population. J'en suis reparti pour Vichy, qui en est à trente-six kilomètres. Le pays que j'ai parcouru m'a paru assez beau et fertile, malgré la pluie qui nous a suivis jusqu'à l'arrivée et à la nuit. Je suis reparti avec le premier convoi, pour Saint-Germain et Varennes, où j'ai couché. De là, je suis allé de bonne heure à Belle-Eau, terre d'environ six cents hectares, dont cinquante-cinq peuvent s'irriguer en été et cent soixante-cinq seulement dans la saison pluvieuse. Trois étangs contiennent ensemble deux cent mille mètres cubes d'eau, aidant à ces grandes irrigations. Cette propriété est à M. le baron de Veauce, qui y a établi la ferme-école dont il est le directeur; il y est suppléé par M. Chervier, devenu sous-directeur depuis dix-huit mois. Il était employé depuis sept ans dans l'état-major de cette école; il s'occupait principalement à établir les nouveaux prés; à drainer et à irriguer ces vastes herbages. Après avoir passé la journée avec lui, je l'ai quitté, persuadé qu'il était fort capable de bien remplir une place aussi importante que celle qu'il occupe. Les élèves de la ferme-école sont au nombre de 40; ils y passent trois ans.

Le bétail se compose de bêtes hollandaises, charolaises et croisées durham; enfin, il s'y trouve un taureau et trois vaches de race durham, venus du Pin et de chez M. Salvat. On n'a jusqu'à présent que des moutons à l'engrais, quoique plus de la moitié de la terre ait été drainé. On a le projet de commencer l'année prochaine un troupeau avec des brebis berrichonnes, qui recevront des béliers anglais. Si M. de Veauce se fût trouvé là, je l'eusse engagé à commencer par des béliers cotswold, pour obtenir d'abord de fortes brebis, pour leur donner ensuite des béliers southdown ou des shropshiredown.

La porcherie est montée en bêtes provenant de verrats new-leicester avec des truies craonnaises; c'est un bon croisement, lorsqu'on veut vendre des porcelets âgés de six semaines ou deux mois, dans un pays qui ne sait pas encore ce que valent les bonnes races anglaises.

Il y a parmi les chevaux de culture un certain nombre de juments poulinières et un étalon percheron.

Les instruments de culture se composent d'un semoir de Hornsby et deux de Jaquet Robillard, de deux rouleaux Croskill, d'une imitation de la charrue Vallerand, de deux brabants des environs de Paris, de deux scarifi-

cateurs, de herses Valcourt et Howard, de deux faneuses, de deux râteaux à cheval, d'une moissonneuse
Manny, de machines à laver et à couper les racines,
d'un hache-paille, d'un moulin bouchon, d'une locomobile à six chevaux de force, avec une batteuse de
Cumming, qui bat avec la locomobile cinquante hectolitres de froment; on a trouvé ici le manége Pinet très-
défectueux.

Il existe sur la propriété deux fermes, dans l'une
desquelles il y a un nouveau métayer; l'autre métairie
cultivée par un bon métayer depuis longtemps, produit
pour la moitié du propriétaire, 80 fr. par hectare.

M. Chervier estime que le produit net des terres de
l'école qui ont été bien améliorées, approche de 60 fr.
par hectare. L'état-major de la ferme-école se compose
ainsi : M. Chervier comme sous-directeur touche les
appointements destinés au directeur, ils sont de 2,400 fr.,
et il est nourri; l'irrigateur et draineur a 1,000 fr. et
est nourri; le chef de pratique dont la femme conduit
le ménage, est nourri et a 1,300 fr.; le jardinier professe l'horticulture, il est marié, il a 1,000 fr. et se
nourrit; il y a un stagiaire qui n'est pas nourri et reçoit 1,200 fr., enfin le vétérinaire qui n'habite pas à
Belle-Eau, touche 500 fr. M. Chervier m'a conduit dans
une ferme voisine, qui appartient au baron de Gartempe, elle se nomme Montolin; elle est louée depuis
vingt ans à un fermier général qui paye 8,000 fr. et
les impôts. Il ne cultive que par métayers, ils sont au
nombre de trois; le fermier général laisse dépérir toutes les constructions, et ne fait aucune amélioration
comme c'est l'usage habituel de ces Messieurs.

M. Bertaumier a en outre l'administration d'une
terre appartenant à un hôpital de Moulins; il en paye
11,000 fr. La propriété de M. de Gartempe contient cent
quatre-vingt-neuf hectares, dont soixante-dix-huit sont
en prés partagés par des clôtures; ils sont en très-bon

fond. Mais la grande humidité les empêche de produire beaucoup de foin, et nuit à la bonne qualité;
s'ils étaient bien drainés, ce qui se ferait facilement
pour la somme de 20,000 fr., les prés seuls vaudraient
le loyer actuel, soit 7,800 fr; trente hectares de terres
médiocres valent 30 fr. de loyer, ou 900 fr.; quatre-
vingt-un hectares sont d'excellentes terres argilo-cal-
caires, elles valent au moins 60 fr. ou 4860; c'est un total
de 12.560 fr. Ce drainage dont l'intérêt à 6 %, amorti-
rait en un certain nombre d'années le capital déboursé,
augmenterait ainsi grandement la valeur de location de
cette ferme.

Je quittai M. Chervier très-reconnaissant de sa bonne
réception, et de la complaisance qu'il a mise en m'ac-
compagnant dans cette visite. Après avoir couché à
Moulins, j'allai le lendemain à Bourbon l'Archam-
baud; je fus obligé d'y attendre longtemps le départ de
la diligence de Saint-Amand qui devait me conduire à
Theneuille. C'est la terre de M. Bignon, dont j'avais
remarqué et admiré l'exposition dans le Palais de l'Industrie à Londres. J'avais fait la connaissance de M. Bignon à un concours agricole il y a quelques années; il
m'avait parlé de ses travaux et m'avait engagé à venir
voir ses améliorations agricoles en Bourbonnais.

J'arrivai vers quatre heures à son habitation; j'appris là qu'il était absent, ainsi que toute sa famille.

On me conduisit dans une maison où se trouvait le
sieur Gilbert Guet, métayer du domaine de Bonneau; il
m'offrit très-obligeamment de me servir de guide dans
l'exploration que je désirais faire des cultures de la
terre de M. Bignon.

Nous visitâmes d'abord les jardins; ils sont garnis
d'une immense quantité d'arbres fruitiers, la plupart
étaient couverts de beaux et bons fruits.

Le sieur Guet me conduisit ensuite vers un coteau
qu'il cultive depuis neuf ans; il n'était, avant son arri-

vée, qu'une pauvre bruyère, dont le sommet était garni de grosses roches. Les intervalles en étaient plantés de châtaigniers; le fond cultivé à la main, était planté en pommes de terre, fort bien sarclées. Je vis de beau trèfle dans une terre qui me parut encore bien sauvage; les récoltes étant déjà rentrées à cette époque, je ne pus les juger.

En parcourant cette propriété, je vis des chemins redressés, bombés et garnis de fossés et de haies bien taillées, des enclos bien carrés, un étang qu'on augmentait et approfondissait, pour en faire un réservoir d'eau devant servir aux irrigations, et des prés en grande partie nouvellement faits.

M. Guet me fit voir ses douze hectares de prés dont neuf avaient été créés par lui; pour chacun d'eux, il avait reçu de M. Bignon les semences venues en partie de Paris et 50 fr. d'indemnité pour ses travaux. Il est en train d'en établir encore cinq hectares, qui ne pourront être irrigués qu'au printemps et en automne.

M. Bignon a fait défricher les bruyères et les pâtureaux par les métayers; il avance ensuite pendant deux années du noir animal, dont les métayers lui remboursent la moitié. Au bout de ce temps, il fournit cent quarante hectolitres de chaux qu'il paye; les métayers la charroient et la répandent.

Le sieur Guet a défriché avec six bœufs attelés à la charrue de Dombasle renforcée, soixante-dix hectares de bruyères; il met pour les labours profonds qu'il fait le plus habituellement, deux jeunes bœufs près de la charrue, et deux vieux devant pour les dresser; il met seulement deux bêtes en labour ordinaire. Il m'a fait voir sa ferme qui est fort belle et de récente construction; les étables sont des plus commodes et pourraient servir de modèle, ses bêtes à cornes, pour manger, passent la tête à travers un trou ovale. Cela les empêche de se gourmander; il loge soixante bêtes, élèves compris. Sa bergerie peut contenir une centaine de têtes ; j'ai vu un certain nombre de brebis croisées southdown, qui étaient belles, et des moutons à l'engrais.

Il avait de beaux bœufs limousins et d'autres, croisés charolais ainsi que les vaches.

Il fait beaucoup de composts formés principalement de bruyères et d'ajoncs, qui après avoir été broyés par les roues des charrettes et les pieds des animaux, sont mis en grands tas, puis mélangés de chaux et de terre ; il ajoute 10 %, de chaux aux deux autres matériaux. Il emploie pour les fumures, moitié de ces composts ; l'autre moitié est en fumier ; avec les labours profonds il obtient ainsi de belles récoltes ; M. Guet m'a dit qu'on avait vendu l'année précédente en grains d'hiver provenant de sa ferme, cinq cent trente-six hectolitres de blé et deux cents hectolitres d'avoine.

Il m'a fait voir un champ de belles récoltes sarclées et une bonne chénevière.

Il m'a fait voir aussi un grand nombre d'instruments et de machines agricoles ; les plus coûteuses appartiennent au propriétaire qui les lui confie. Elles se composent d'une moissonneuse faucheuse de Peltier, d'une faneuse, de deux râteaux à cheval, d'un hache-paille, d'un coupe-racines, d'un concasseur, d'un tarare, d'un trieur Pernollet, enfin d'une machine à battre que quatre bœufs mettent en mouvement.

Il a des truies et leurs élèves, de race croisée new-leicester et bêtes du Bourbonnais

Sa famille se compose d'une vingtaine d'individus grands ou petits, dont lui et son frère sont les chefs.

M. Bignon a mis dès le principe, en bon état, les chemins qui sont sur sa propriété, ainsi que les fossés, les métayers sont obligés de les entretenir ; le maître Guet en a dix kilomètres de long à soigner sur sa métairie. Les métayers peuvent être renvoyés tous les ans, en les prévenant six mois d'avance.

Les métayers partagent tous les produits du domaine avec le propriétaire, excepté les fourrages, les racines et les tubercules dont ils peuvent manger, mais qu'ils ne doivent pas vendre ; le lait et les œufs leur appartiennent. Ils ne payent que les impôts du domaine et leur personnel, mais ils n'ont pas d'argent de cour à donner au propriétaire.

Le maître Guet ne sait ni lire ni écrire, mais ses enfants écrivent tous ses comptes, qu'il leur dicte. Ils lui lisent un journal d'agriculture ; je lui ai donné un de mes Voyages agricoles qu'ils pourront lui lire. Je n'ai pu me procurer sur les lieux tous les détails que j'aurais désiré avoir sur cette si intéressante manière d'administrer par métayers, une propriété située dans un pays où l'agriculture est très-arriérée ; mais j'ai visité en décembre M. Bignon à Paris, il a eu la complaisance alors de compléter les renseignements que j'avais déjà obtenus.

Il m'a dit que sa propriété contenait à peu près cinq cents hectares ; le prix d'achat, avec les améliorations qu'il avait faites, ressortait à près de 243,000 fr. Toutes les améliorations faites depuis qu'il en était devenu propriétaire en 1849, approchaient de très-près de 100,000 fr. ; cette somme avait été employée à faire vingt-six mille mètres de fossés, car les vallées étaient en marais, puis à chauler à raison de cent soixante hectolitres par hectare ; la chaux lui a coûté 0,75 c. par hectolitre. Les sept métayers la charroyaient et la répandaient ; il ne faut pas oublier le noir animal pour les deux premières années des défrichements. Plus de 11,000 fr. ont été consacrés aux travaux suivants : drainages irréguliers, dans les endroits les plus humides ; réparation des anciens bâtiments des métairies et constructions neuves ; formation de trente-six hectares de nouveaux prés et amélioration de quarante-neuf hectares de prés anciens ; irrigation de l'ensemble et travaux préparatoires pour en augmenter de beaucoup l'étendue ; redressement, amélioration des anciens chemins et création d'une grande étendue d'autres bordés de haies et de châtaigniers ou d'autres arbres fruitiers ; transformation d'un cheptel d'environ soixante têtes de gros bétail, en un autre de trois cents têtes qu'il se prépare à augmenter encore, et à porter à un chiffre équivalant à cinq cents grosses têtes ; il s'est procuré des reproducteurs de bêtes à cornes, d'abord des espèces limousines, ensuite de la race charolaise, ses béliers d'Alfort, de la charmoise, de race mérinos, et des southdown, il a pu étudier ainsi leur qualité ; il préfère les béliers charmoises et les southdown. Il a cherché à produire des chevaux pouvant convenir à la remonte de l'armée ou à être employés aux transports des produits de la propriété.

Ses cochons sont croisés anglais et bourbonnais. Son cheptel vaut maintenant 50,000 fr. ; il n'en valait guère que le quart à son arrivée.

Les sept métayers et un fermier payent entre 6 et 700 fr. d'impôts et partagent avec le propriétaire les produits, mais sans rien lui donner comme argent de cour. Lorsqu'il est arrivé, les métayers étaient tous misérables ; maintenant ils vivent bien et sont à leur aise. Ils ont la plus grande confiance en lui, puisqu'il les fait prospérer ; enfin son capital déboursé pour achat et améliorations lui produit au moins 6 pour %. Son revenu ainsi que celui de ses métayers, va toujours en augmentant ; les terres et les prés s'améliorent au lieu de s'user, comme cela n'arrive que trop habituellement, entre les mains de fermiers payant un loyer fixe.

M. Bignon m'a paru être un homme très-bien de toutes manières, et d'une grande capacité.

Le bon maître Guet, me conduisit le lendemain matin chez M. Delélisse, un des concurrents à la prime d'honneur du département de l'Allier ; plusieurs personnes du département m'ont dit qu'il la méritait mieux que la personne qui l'a remportée.

M. Delélisse est venu du département du Nord, où il cultivait ; il a acheté une terre d'environ trois cents hectares, espèce de Thébaïde. Il y a construit il y a dix ans, une jolie maison de ferme couverte en pannes vernissées, comme cela se fait dans son pays ; les bâtiments qui entourent une vaste cour, sont fort grands et commodes, ils n'ont été faits que successivement.

M. Delélisse m'a montré un grand nombre de veaux, venant fort bien ; il y en avait plusieurs durham. Il a un taureau et quelques vaches courtes cornes de pure race. Son troupeau provient de béliers southdown ; je n'ai pas vu ses chevaux.

Il nous a fait voir une distillerie champonnoise pour faire de l'alcool ; vingt-cinq hectares de betteraves étaient destinés à l'alimenter. Il y avait en outre un grand champ semé en maïs fourrage ; on le coupait journellement pour la nourriture du bétail qui s'en trouve fort bien. Nous avons vu aussi un champ de pommes de terre ; les colzas étaient en meules, ainsi que les céréales.

M. Delélisse m'a dit s'être mal trouvé de la batteuse Pinet ; il l'a remplacée par une machine de Gérard de Vierzon, qui lui a coûté 1,200 fr. étant à poste fixe et sans manége. Elle marche au moyen d'une machine à vapeur, et bat cinquante hectolitres de froment par jour ; il nous a fait voir une machine à faire des tuyaux de drainage, de Schlosser de Paris. Elle fait d'un côté des tuyaux de toutes dimensions, le plus grand mesure trente centimètres de diamètre ; l'autre côté fait des carreaux en terre cuite, et des espèces de tuiles façonnées.

La plus grande partie de ses trois cents hectares étaient des bruyères lors de son acquisition ; il les a défrichées à la charrue, et les a chaulées à raison de cent hectolitres par hectare. Le four à chaux n'est qu'à trois kilomètres de sa propriété ; il eût été bien plus avantageux pour lui, d'employer pendant les quatre premières années du noir animal. Il aurait chaulé ensuite ; car il faut du fumier en même temps que de la chaux, et le fumier est rare dans une pareille position ; son absence empêche de pousser rapidement les défrichements. Maintenant qu'on peut se procurer à Paris du phosphate fossile pulvérisé à 5 fr. les cent kilos, la meilleure et la plus économique manière de défricher des bruyères ou des bois sur des fonds dépourvus de parties calcaires, est assurément d'employer six cents kilos de phosphate fossile ; cela n'exige qu'une dépense annuelle de 30 fr. par hectare, pendant quatre années ; les récoltes fourniront les moyens de chauler et de drainer, si le sous-sol l'exige.

Le maître Guet m'a conduit ensuite au domaine de Ferret, situé sur la route de Theneuil à Bourbon ; M. Riant, jeune cultivateur de ma connaissance, le fait valoir. Je l'ai trouvé dans un beau champ de récoltes sarclées ; à côté il y avait deux hectares de maïs fourrage très-abondant. Ce monsieur était venu me voir à Paris après avoir fait son apprentissage d'agriculteur pendant deux ans, chez des trappistes fixés dans le comté de Leicester ; ensuite il est allé pendant une année, chez les trappistes de la Meilleraye près de Nantes. Enfin il a fait un séjour de six mois chez feu M. Malingié à la Charmoise ; il y occupait l'emploi de chef de pratique.

M. Riant qui est de Paris, s'est marié en Bourbonnais avec Mlle Clermorrin, dont le père, grand propriétaire dans ce pays, est fixé au château de Coulombier.

M. Riant a amené par les bons exemples de culture qu'il donne depuis lors, son beau-père et plusieurs voisins à adopter une culture perfectionnée.

Il m'a dit que les vingt bêtes à cornes perfectionnées du domaine qu'il cultive, ont très-bien vécu pendant deux mois, avec le produit d'un hectare de maïs-fourrage.

Il a ramené de la vacherie impériale de Corbon, un taureau et une vache qui lui a donné depuis un veau mâle. Il a pris à la Charmoise un bélier pour 200 fr. et trois brebis à 100 fr. la pièce ; il va essayer le moha comme plante fourragère, les lupins blancs pour fumure verte, et les jaunes pour nourrir son troupeau composé de croisés charmoises.

M. Riant possède deux autres domaines qu'il administre par métayers. Un des deux est de quatre-vingt-dix hectares, il l'a récemment payé 72,000 fr. ; il est en bonnes terres, mais très difficiles à cultiver. Il compte le cultiver à la place de l'autre qu'il a déjà amélioré, e qui est plus éloigné de son habitation. Il a déjà commencé à en drainer les parties les plus humides ; M. Riant rend grand service à ce pays, il y donne de bons exemples de culture, il y introduit les meilleures races d'animaux, les instruments perfectionnés et enfin de nouvelles plantes fourragères. Plusieurs de celles-ci produisent une abondante et excellente nourriture, qui arrive à une époque, où les sécheresses privent ordinairement les cultivateurs de toute nourriture verte.

Etant allé coucher à Moulins, j'en repartis le lendemain matin en cabriolet, pour faire une visite à M. du Jonchet. J'avais lu souvent dans le Journal pratique, des articles sur les grands défrichements de bruyères qu'il faisait, en employant des os pulvérisés ; il demeure maintenant chez Mme la Cambre, sa fille aînée, charmante dame, quoique mère d'un assez grand nombre d'enfants, dont elle vient récemment encore d'augmenter le nombre. M. du Jonchet était absent, mais Mme la Cambre, dont le mari est homme de cabinet, me fit les honneurs de sa culture, qu'elle conduit elle-même sous la haute direction de son père. Elle m'a fait voir les améliorations récemment entreprises dans cette terre, de trois cents hectares, achetée il y a huit ans pour 102,000 fr. M. du Jonchet y a construit une fort jolie habitation et a fait de grands travaux d'irrigation. Depuis il a partagé sa fortune territoriale entre ses cinq enfants : deux habitent la terre de Torcy, près Chevagne. M. du Jonchet a trouvé dans cette terre de nature légère et assez bonne mais fort humide, la facilité de faire beaucoup de prés. Il en a déjà créé cinquante hectares, il espère pouvoir en établir encore autant. Il a formé un petit étang et plusieurs réservoirs, dans lesquels il reçoit les eaux de pluie ; il compte ainsi pouvoir irriguer en automne et au printemps ses prés de nouvelle formation.

On soigne ici très-bien les fumiers, on y fait beaucoup de compost de terre et de chaux ; on se la procure dans le voisinage à 10 fr. le mètre ; il existe aussi des marnières dans la propriété composée de trois métairies et d'une réserve de soixante dix-hectares.

J'ai vu un grand champ de topinambours, des choux vache, des betteraves, des carottes et des pommes de terre bien cultivées ; enfin, de bons instruments d'agriculture. J'ai vu surtout avec plaisir une belle dame s'occuper de culture avec suite et entendement.

Je me rendis le lendemain au château de Paray-le-Frésil, chez le comte de Tracy. En approchant du bourg de Chevagne, j'aperçus près des nombreuses fermes de M. Bayon, et dans les champs, un grand nombre de fortes meules. M. Bayon très-grand et riche propriétaire, a suivi les bons exemples donnés par le comte de Tracy dans ce pays. M. Bayon chaule ses terres ; il a ainsi singulièrement augmenté ses revenus, il a en même temps enrichi ses métayers au nombre de trente. Sa terre est d'une contenance de plus de quatre mille hectares. Les métairies nourrissent habituellement par ferme vingt et quelques bœufs, et huit châtrons ou bœufs de deux à trois ans. M. Bayon a construit plusieurs grands fours à chaux ; ses métayers ont dû dans le commencement des chaulages, y prendre au moins pour 200 fr. de chaux à 1 fr. l'hectolitre, mais ils pouvaient en prendre en outre autant qu'ils en voulaient, sans rien payer ; ils avaient alors bien de la peine à prendre les deux cents hectolitres ; à présent qu'ils ont vu les effets extraordinaires que la chaux produit dans les terres froides, ils ne se font plus prier.

M. Bayon demeure dans une terre sur les bords de la Loire, à dix kilomètres de Chevagne ; j'ai vu avec plaisir de grands champs de prairies artificielles auprès de ses domaines.

La terre de M. de Tracy comprend trois mille huit cents hectares : huit cents sont en fort beaux bois, dont une assez grande partie n'a pas été coupée depuis 1780. Le comte fait valoir par domestiques trois fermes : celle du château a trois cents hectares de terre et cinquante de prés, les deux autres couvrent chacune à peu près cent cinquante hectares.

M. Molette qui en est le régisseur depuis treize ans, et qui tient aussi la comptabilité, a beaucoup trop à faire, il ne peut tout surveiller suffisamment. Il faudrait pour une si vaste terre, outre le régisseur, au moins un comptable, qui le remplacerait lorsqu'il serait absent ; il tiendrait la comptabilité et serait chargé des greniers et des distributions, il aurait un aide sous lui.

Au lieu de simples paysans à la tête des trois grandes fermes, il faudrait des chefs de culture, instruits et vigoureux : ils recevraient les ordres du régisseur et sauraient les faire exécuter. La ferme du château devrait être partagée au moins en deux, car les bœufs de labours vont travailler une partie du temps à plus d'une lieue de distance, aussi ne leur fait-on faire qu'une attelée, c'est une grande perte de temps et d'argent. Les transports des fumiers et ceux des récoltes, à de pareilles distances, sont très-onéreux. L'usage de ce pays, d'atteler six bœufs à une charrue que deux pourraient traîner, est aussi fortement à blâmer ; les terres ont de la consistance mais ne sont pas fortes, on pourrait mettre quatre bœufs pour les premières façons, dans les terres les plus compactes ; le mieux, dans les labours ordinaires, serait d'en mettre deux le matin et deux autres le soir, on ferait ainsi presque le double d'ouvrage, et les bêtes ne déferaient pas une partie de leur besogne, par le piétinement d'une attelée de six bœufs.

Il y a ensuite vingt-deux domaines, dont huit sont loués à prix d'argent, et quatorze à des métayers ; ces derniers domaines étaient, avant 1850, loués en argent, mais les fermiers ne payant plus, on les a mis à moitié. Depuis lors, non-seulement on a touché le revenu des domaines, mais encore il est plus que doublé ; les métayers sont à leur aise au lieu d'être misérables ; les huit fermes ont été augmentées de prix de loyer, mais malgré cela, elles produisent beaucoup moins que les métairies.

La pluie continuelle du 4 septembre, m'ayant empêché de visiter les champs, j'ai été voir le bétail de la ferme de la Basse-Cour. Il s'y trouve soixante bêtes à cornes, neuf chevaux de trait, et sept cents bêtes à laine, les agneaux compris. Les brebis sont croisées southdown, cela fait à peu près une grosse bête pour deux hectares de terres labourables. J'ai trouvé les vaches et les élèves trop serrés dans leurs étables, cela doit leur nuire beaucoup. Ces bêtes sont d'espèce charolaise. On a acheté depuis une couple d'années, un taureau durham ; l'autre taureau a un quart de sang durham. Il y a trois béliers southdown venus d'Écosse, et un autre croisé.

On paye ici les journaliers 1 fr. 25 c. en été, et 1 fr. en hiver ; mais on les emploie toute l'année ; ils sont logés, et ont un jardin de cinquante ares pour 50 fr., lorsque leur maison assez nouvellement bâtie est très commode ; le loyer n'est que de 40 fr. pour les vieilles maisons. Les journaliers font les fenaisons et les moissons, à la tâche, à raison de 16 fr. l'hectare ; ils fauchent, lient et mettent en dizains les grains d'hiver ; ils fauchent les avoines et les lient pour 12 fr. Les prés coûtent à faucher 10 fr., le fanage se fait à la journée.

Le père et le frère de M. Molette le régisseur, qui demeurent à Paray-le-Monial en Charolais, ont fait ici des drainages et des irrigations fort bien entendus.

Les métairies de cette propriété sont beaucoup trop grandes ; elles produiraient autant, si on les réduisait à quarante hectares, pourvu qu'elles eussent chacune au moins cinq hectares de prés ; M. de Tracy cultivant six cent cinquante hectares sur trois mille, il en reste deux mille trois cent cinquante. Les huit cents hectares étant en dehors, ôtons encore trois cent cinquante hectares qui peuvent être en bruyères ou en terrains sans valeur, il reste donc deux mille hectares qui sont partagés entre vingt-deux domaines, ce qui donne quatre-vingt-dix hectares par domaine. Si au contraire on les réduisait à quarante hectares, ce serait encore trop grand pour une métairie, qui ne devrait être que de trente hectares, il y aurait cinquante métairies sur la propriété. Sur les métairies de quatre-vingt-dix hectares, plus de moitié reste en friche, il n'y a ni assez de bras, ni assez de bestiaux, ni assez de fumier pour tout cultiver. Dans deux métairies, chacune de quarante hectares, il y aurait beaucoup plus de bétail que dans une de quatre-vingt-dix. Je ne crois pas exagérer en disant que les cinquante métairies donneraient le double de revenu net. La difficulté la plus grande pour partager le domaine trop grand en deux ou en trois, serait dans la nécessité de construire des fermes ; rien ne forcerait à faire cette grande opération en peu d'années. On pourrait construire ici des fermes convenables pour 5,000 fr., comme le fait le marquis de Pierre, car le bois de construction ne manque pas sur la terre, et l'on est à très-petite distance de pays où l'on construit en pisé; une autre difficulté majeure est qu'il faudrait fournir des cheptels aux métairies, au fur et à mesure de leur établissement. On pourrait ne leur donner d'abord que les bœufs absolument nécessaires pour faire les travaux, quelques vaches et un petit troupeau de brebis, avec une truie, pour peupler la métairie peu à peu. On y ajouteraient à mesure que les fourrages et la nourriture des bêtes arriverait. Il y a sur la propriété, pour des sommes considérables de bois à prendre, une partie servirait aux constructions, le reste vendu, fournirait aisément les cheptels, les semences et les engrais; ces derniers assureraient la réussite des emblavures et des semailles de la métairie. Il ne faudrait pas oublier les chaulages et les marnages, qui donnent la vie à ces terres.

M. Molette m'a fait visiter les fermes lointaines; nous y avons vu de bon bétail, et quelques champs de fort belles luzernes dans des terrains très sablonneux; je ne les eusse pas crus susceptibles de les produire si vigoureuses, mais on les avait bien marnées et bien fumées. J'ai regretté beaucoup de ne plus voir sur cette terre, comme en 1855, lors d'une de mes visites à Paray-le-Frésil, une grande étendue en lupins blancs pour fumures vertes; des lupins à fleurs jaunes, produiraient dans les parties sablonneuses et maigres de la terre, une grande masse de fourrage, même sans fumures; leur amertume empêche la cachexie aqueuse dans les troupeaux qui y sont exposés par la nature imperméable du sous-sol. Nous sommes passés près de deux fours à chaux, dont un seul était allumé; il produit cinquante hectolitres par vingt-quatre heures; elle revient à 1 fr. l'hectolitre. La pierre à chaux et le charbon viennent par le canal latéral à la Loire.

Nous avons vu plusieurs grands étangs desséchés, qui ont un fond de terre excellent, ils ne produisent que de mauvais foin et en petite quantité, faute d'être drainés; voilà l'inconvénient des trop grandes propriétés, il y a tant de choses à y faire, qu'il y en a forcément beaucoup qui restent en souffrance.

Il y a beaucoup de terres dont le chaulage ou le marnage datent de longtemps; il faudrait essayer, dans les trois fermes de la réserve, d'imiter les cultivateurs de la Sarthe et de la Mayenne; ils appliquent une vingtaine d'hectolitres de chaux, chaque fois qu'ils fument la terre. Si on était content du résultat, comme je le pense, on adopterait cet usage.

Les cheptels des métairies, sont composés en moyenne de douze bœufs, huit vaches et une dizaine d'élèves, de soixante-dix à cent-trente bêtes à laine et de quatre truies avec leur progéniture; ces métairies étaient affermées 800 fr., leur produit moyen actuel est entre 2,000 et 2,400 fr.

L'aîné des petits-fils du comte de Tracy, m'a conduit chez la belle-fille du comte, madame la générale Beuret, au château de Magny. La terre est de neuf cents hectares, d'une assez bonne qualité, quoique légère; elle est en grande partie saine. La générale aime beaucoup la culture, elle est infatigable et passe une bonne partie de la journée à suivre les travaux. Son régisseur, paysan du pays, a, dans les deux grandes fermes qu'il dirige, vingt-deux bons chevaux et je ne sais combien d'attelages de six forts bœufs par charrue. A cet égard, je lui ai adressé une observation, mais il m'a soutenu que dans ces terres que je regardais comme légères, deux bœufs ne pourraient labourer même en seconde façon, tandis que deux chevaux de moyenne taillé suffisent grandement à faire les premiers labours.

Il y a ici une considérable et belle vacherie charolaise. Le général veut se défaire de ses bêtes à laine. J'ai vu dans la ferme de la Basse-Cour, une bande nombreuse de très-beaux canards de la race d'Aylesbury.

Les étables sont tenues comme les écuries de cavalerie, mais je pense qu'il serait préférable de laisser le fumier sous les animaux pendant quinze jours, ou un mois, plutôt que de le sortir deux fois par jour, et de le laisser laver par les pluies d'orage, et dessécher par le soleil. J'ai vu dix poulains provenant d'étalons des haras impériaux. La générale m'a fait voir un petit champ de luzerne très bien réussie. On devrait en faire beaucoup de pareilles, la terre lui convient à merveille ; il faut, pour les faire réussir, une bonne jachère complète et une bonne fumure, les terres venant d'être marnées.

M. de Tracy aime beaucoup les plantations et en a fait énormément, depuis près de quarante ans qu'il s'occupe de culture ; il a entouré ses champs d'acacias, qui ne se plaisent guères dans les terres froides et non calcaires ; ce sont les mélèzes qui réussissent le mieux ici, après les épicéas ; les pins d'Ecosses et les pins sylvestres ne s'élèvent pas droits, tandis que les laricios poussent toujours perpendiculairement et viennent bien plus vite que les précédents, ils sont aussi moins difficiles sur la qualité de la terre, que les autres arbres résineux.

Le comte m'a fait conduire, le 12 septembre, chez M. Berger, ancien marchand de drap et de nouveautés, à Gannat. Il m'avait écrit une fois pour me consulter sur un point agricole, c'est ce qui m'a fait désirer d'aller le visiter. M. Berger m'a très bien reçu, il m'a fait voir une grande partie de sa propriété, qui se nomme le Pavillon ; elle n'est qu'à onze kilomètres de Moulins. Il m'a dit qu'il y aura dans sa commune, une station du chemin de fer devant aller de Moulins à Chagny, en Bourgogne. Il a acheté cette terre de six cents hectares, dont deux cent vingt en bois, il y a quatorze ans, après avoir marié ses deux filles et avoir mis ses deux fils en pension à Paris.

Il a vendu les taillis âgés de vingt ans, à enlever en trois années, pour 120,000 fr. Cette somme est à déduire sur le prix principal de 250,000 fr. ; elle ne lui a donc coûté que 130,000 fr. Il n'avait alors que 50,000 fr. que sa famille lui avait prêtés pour s'installer et améliorer sa terre, elle était cultivée par huit métayers, ne récoltant à peu près que ce qu'ils consommaient. Le reste des terres était en bruyères et ajoncs nains. M. Berger a fini de les défricher, il a chaulé à cent quarante hectolitres par hectare.

Il a travaillé pendant quatorze ans à améliorer sa propriété, y vivant très-simplement, ne faisant aucune dépense pour son agrément personnel, celui de sa famille, ou pour embellir son modeste pavillon qui a baptisé la terre.

Il a payé les pensions de ses deux fils à Paris, et a remboursé les 50,000 fr. empruntés sur l'argent des taillis. Il a construit plusieurs granges pour augmenter de trois le nombre de ses métairies ; il les a placées à côté de locatures. Il a cultivé, pendant treize ans, cent soixante hectares, qu'il vient de mettre en métairies ; il se sentait fatigué de cette culture, étant âgé de soixante-dix ans. Il a fait sur sa terre neuf kilomètres de chemins bien sablés, la pierre manquant complétement chez lui. Il désire vendre sa terre et espère, après l'avoir tant améliorée, et à l'aide du chemin de fer qui va le joindre, en obtenir 1,200 fr. par hectare.

Un de ses fils l'aide dans ses travaux de culture ; ils battaient leur dernière récolte avec une machine à

battre mue par une locomobile à vapeur. J'ai quitté
M. Berger en le remerciant de sa bonne réception.

J'ai quitté, le 16 septembre, l'excellent et très-aimable comte de Tracy; il venait d'atteindre l'âge de
quatre-vingts ans.

Je suis arrivé le lendemain de bonne heure chez
M. le comte de Bouillé, dans sa terre de Villars, en Nivernais, près la station de Mars. Il m'a fait visiter
d'abord son fameux troupeau de southdown de souche,
sortant entièrement de chez Jonas Webb. Il a acheté,
comme essai, en 1855, un bélier et quinze brebis pleines,
dont une partie a coûté plus de 400 fr. la pièce, rendue
à Villars. Les deux années suivantes, M. de Bouillé
importa encore de Babraham un bélier et cinquante-
cinq brebis; les béliers ont été payés de deux à trois
mille francs la pièce. Cette année-ci, cent quatre-vingt-
quatre brebis ont donné deux cent quarante-cinq
agneaux; c'est un tiers de parts doubles. Il ne lui reste
en ce moment à vendre que quatre béliers antenais, et
vingt béliers agneaux. Il a vendu, depuis le 1ᵉʳ janvier 1862, ou en huit mois, pour vingt-sept mille et
quelques cents francs de béliers, brebis et agneaux; il
fait castrer tous les agneaux mâles qui ne promettent
pas de devenir très-beaux, et vend les agnelles les moins
belles. Le prix moyen de vente de ses béliers est d'environ 300 fr. Les plus chers ont dépassé 800 fr.

Les agnelles vendues de quatre à dix mois ont atteint
les prix de 100 à 135 fr. la pièce; les brebis de réforme
se sont vendues de 150 à 175 fr.; enfin, des moutons
de concours, âgés de treize mois, sont arrivés à 83 fr.
Le poids moyen des toisons est de cinq kilogrammes
cinq cents grammes, pour les antenais de quatorze
mois, qui n'ont point été tondus étant agneaux. Les
brebis tondues, âgées d'un an, donnent trois kilos cinquante décagrammes; les béliers, cinq kilogrammes.

M. Labrosse, marchand de laine à Bourbon-l'Archambault, a payé, le 1er juillet 1861, 2 fr. 40, sans aucune déduction, la laine en suint de ce troupeau, tandis qu'il ne payait les laines du pays que 1 fr. 80.

Les agneaux mâles, mis à l'engrais au moment du sevrage, pèsent à un an, soixante-dix kilos.

Un bélier d'un an pèse en moyenne soixante-huit kilos; à deux ans, cent deux kilos. Un agneau du troupeau a dépensé, à douze mois, 22 fr. 26. M. de Bouillé conserve cinq béliers pour la lutte. Ils sont choisis de manière à remédier aux défauts d'organisation des diverses catégories de brebis du troupeau; ainsi, à celles dont le devant du corps pèche, on donne le bélier qui est le mieux fait par devant; si elles étaient luttées par un bélier parfait dans son train de derrière et qui péchât aussi dans son devant, le produit serait certainement très-défectueux par-devant; il faut donner aux brebis les béliers qui ont les qualités de leurs défauts.

L'espèce de bergerie où se trouve logé ce troupeau hors ligne, est une cour entourée de petits hangars; les bêtes peuvent s'y réfugier lorsqu'elles le veulent; les béliers réservés ont chacun leur box ou loge, de manière à ne pouvoir se battre. C'est là qu'on leur amène, les unes après les autres, les brebis qui leur sont destinées. Un bélier garni d'un tablier sous le ventre, et dont la poitrine est frottée avec de l'ocre, désigne les brebis à faire lutter.

Les brebis sont toutes numérotées et portées sur un registre, sur lequel est spécifié à quel bélier elles devront être livrées. J'ai vu suivre cette manière d'agir pour la lutte, dans divers troupeaux de mérinos, en Allemagne; ces précautions y étaient prises pour améliorer les toisons, tandis qu'ici elles ont pour principal but, de former de beaux animaux.

J'ai compté dans le cabinet de M. de Bouillé trente-huit médailles d'or, dix-huit d'argent, et sept de bronze; quelques-unes de celles en or sont de grand module. Vingt-six de ces médailles d'or et six en argent ont été obtenues par le troupeau ; les autres l'ont été par des bêtes à cornes charolaises, dont M. de Bouillé est aussi éleveur très-renommé. Dans le nombre des médailles, cinq sont à l'effigie de la reine d'Angleterre ; l'une d'elles, de la valeur de cinq cents francs, a été remportée cette année même, à Londres, par un taureau charolais ; une seconde a été obtenue par une vache charolaise.

M. de Bouillé a aussi remporté quatre coupes d'honneur, dont trois pour son troupeau southdown.

Ses étables sont très-belles et voûtées ; elles ont été construites après l'incendie du vieux château, transformé précédemment en ferme. Les grandes tours ont été rétablies comme ornement.

M. de Bouillé n'a plus en ce moment que quatre taureaux à vendre ; il ne les met en vente qu'à l'âge de six mois, époque à laquelle on vient de les sevrer. On les paie à cet âge aussi cher que plus tard, c'est-à-dire 650 fr. et au dessus ; l'un d'eux est arrivé au prix de 1,800 fr.

L'étable contient trente très-belles vaches, de cette magnifique race blanche ; onze génisses non encore pleines, et une vingtaine de veaux.

M. de Bouillé vend en moyenne, chaque année, vingt bêtes charolaises, destinées à la reproduction. Les mêmes éleveurs, en revenant acheter, prouvent qu'ils ont été satisfaits ; un cultivateur à lui seul lui a acheté quatre taureaux. Les demandes sont toujours supérieures au nombre des bêtes à céder. Il ne vend jamais de femelles, quelque prix qu'on lui en offre ; ainsi, il a refusé 2,000 fr d'une vache, et l'année dernière on lui a vainement offert 10,000 fr. de dix génisses, de trente mois environ.

En 1841, la pleuropneumonie a fait perdre une dizaine de mille francs à cette étable ; on ne connaissait pas encore l'inoculation, découverte plus tard par le docteur Villems, de Hasselt, en Belgique.

M. de Bouillé assure que les meilleurs produits qu'il ait obtenus, sont ceux provenant de l'accouplement consanguin; il ne les a cependant employés qu'avec réserve; mais ils lui ont toujours donné d'excellents résultats.

L'introduction de la race charolaise, à Villars, date de 1826. M. de Bouillé a si bien réussi dans son élevage de reproducteurs, que depuis 1843 il n'a pas élevé un seul bœuf; tous les animaux, mâles et femelles, ont été vendus ou conservés pour la reproduction. Ils sont arrivés au nombre de cent soixante-six taureaux, et cent cinquante-cinq génisses ou vaches, en tout deux cent quatre-vingt-un reproducteurs; ils ont été vendus non-seulement dans la Nièvre et les départements voisins, mais encore dans des départements fort éloignés, et même à l'étranger.

Le lait en totalité est réservé aux veaux, les vaches charolaises ayant généralement peu de lait. M. de Bouillé a formé un petit troupeau de bêtes flamandes, composé d'un taureau, quatre vaches, deux génisses et deux veaux. Il dit que ces animaux mangent un tiers de plus que ses autres bêtes. Une de ces quatre vaches, âgée de huit ans, lui donne quatre mille quatre cent quatre-vingts litres de lait dans l'année; elle en donne, après vêlage, vingt-six à vingt-huit litres par jour; il en faut vingt-six pour faire un kilo de beurre. Les autres ne sont âgées que de trois ans, et ne lui en donnent que sept litres par jour, en moyenne, dans l'année, au lieu de douze comme la première. Ces bêtes ont obtenu, au concours régional d'Orléans, un premier prix, deux seconds prix et une mention.

M. de Bouillé a été cinq fois en Angleterre pour y choisir des southdown, et pour s'y instruire de la meilleure manière de les traiter et de les élever; il allait surtout chez M. Jonas Webb, qui le traitait comme un ami, et lui a donné les meilleurs avis à cet égard.

Il donne du son aux agneaux quand ils arrivent à l'âge de trois semaines, ensuite de l'avoine concassée et un peu de foin, plus tard, des betteraves, cela surtout au moment où ils viennent d'être sevrés. Il faut, pour bien conserver les betteraves, même jusqu'à la fin de septembre, comme cela a lieu chez les meilleurs cultivateurs anglais, faire les silos dans des endroits bien abrités des rayons du soleil.

Peu de temps avant l'agnelage, on doit cesser de donner des racines aux brebis ; ce genre d'aliment, qui leur est si profitable en toute autre circonstance, a pour effet d'accroître la masse du sang, et de rendre le part bien plus difficile ; c'est une des premières recommandations de l'excellent M. Jonas Webb. M. de Bouillé dit avoir perdu plusieurs brebis, en 1858, pour avoir oublié cette recommandation. On doit très-bien nourrir les brebis pendant tout le temps de l'allaitement, en leur distribuant une ration copieuse de fourrage, racines et avoine.

M. de Bouillé avait vendu, au commencement de 1862, soixante-quinze béliers, cent vingt et une agnelles et onze brebis ; total, deux cent sept animaux reproducteurs. Son troupeau a été assez favorisé jusqu'ici ; il n'a été atteint d'aucune maladie ; il n'a pas eu un seul cas de pourriture ; il n'a eu que quelques cas de sang : une saignée suffit pour guérir ce mal, si on s'en aperçoit à temps. Ses pertes annuelles ont été jusqu'à présent de trois pour cent. Cet état prospère doit être attribué au régime auquel le troupeau est soumis ; il peut se résumer en ces quelques mots : Grand air, ombre, fourrages verts, ou racines et foin. Il ne fait pas parquer. La porcherie du comte contient de fort beaux yorkshires de race moyenne.

La terre de Villars, d'une contenance de cinq cent

vingt et un hectares, est, depuis l'année 1651, dans la famille du comte de Bouillé. Il en est devenu propriétaire en 1854, par partage et acquisition. La ferme de Villars qu'il cultive, a cent vingt-quatre hectares. Le reste de la propriété est affermé, sauf trente-huit hectares de bois.

M. de Bouillé s'occupe de culture depuis l'âge de vingt-cinq ans. Il avait fini son droit. La moitié de sa ferme est une terre calcaire sans fond, pleine de pierres et de roches ; elle souffre énormément des sécheresses et ne peut être labourée profondément ; l'autre moitié est excellente.

Voici la manière dont les cent vingt-quatre hectares sont occupés :

Bâtiments, cours, jardins					2h.	82a.	77c.
Prés	28h.	95a.	95c.				
Pâtures	11	83	71		63	31	47
Luzernes	12	33	17				
Sainfoins	10	18	64				
Plantes sarclées	24	3	4		30	34	38
Cultures fourragères	6	31	34				
Froment	14	54	86				
Orge	4	65	»		26	19	52
Avoine	6	99	66				
Vignes					1	33	90
					124	2	4

M. de Bouillé suit un assolement alterne. Son bétail est très-nombreux. Les pesées faites le 31 décembre 1861, ont donné pour résultat une tête vingt-deux centièmes par hectare, en calculant la tête de gros bétail à quatre cents kilos. Il est, par suite, forcé d'acheter, chaque année, de cinquante à soixante mille kilos de paille. Ses fumiers sont très-soignés et arrosés du purin que fournit une citerne de la contenance de quarante mètres cubes.

On emploie sur les prés les cendres et les suies qu'on peut se procurer ; on met de trois à quatre hectolitres de plâtre sur les prairies artificielles ; la chaux est employée à raison de vingt-cinq à trente hectolitres par hectare sur les terres fortes, enfin on met quarante mille kilos de fumier pour les récoltes sarclées, et souvent vingt mille kilos pour le froment qui suit une prairie artificielle.

M. de Bouillé s'est arrangé avec un boucher pour lui fournir deux cent mille kilos de betteraves à 12 fr. les mille kilos, plus la litière pour les animaux qu'il engraisse chaque année ; ces animaux logés dans une étable pouvant contenir trente bêtes, appartiennent à la ferme de Villars ; tous les fumiers produits, restent au comte. M. de Bouillé a drainé quarante hectares de terres à raison de 184 fr. par hectare ; il emploie en irrigations les eaux qui en proviennent.

Ses instruments d'agriculture sont bien choisis ; ce sont un rouleau Croskill, une houe à cheval de Smith, une faneuse de Nicholson, un râteau à cheval de Howard, un râteau à bras, anglais, un semoir de Jacquet Robillard, deux machines à battre qu'on veut changer, l'une d'elles est de Renauld et Lotz, un crible Pernollet, une pompe et un tonneau à purin, une bascule pour peser voiture et bétail, une baratte Besnier, un manége à plan incliné, faisant fonctionner un laveur, un coupe-racines, un hache-paille, un concasseur de tourteaux et un autre pour les grains.

On laboure jusqu'à trente centimètres dans les terres qui le permettent ; on fait les semailles en lignes.

La comptabilité est tenue soigneusement.

Le personnel de l'exploitation se compose de douze personnes : un chef de culture à 500 fr. ; quatre charretiers à 300 et 350 fr. ; trois vachers à 110 et 200 fr. ; deux bergers à 250 et 400 fr. ; une servante à 130 fr. ; une ménagère à 150 fr.

Les gages du chef de culture, du maître vacher et du chef berger, sont beaucoup plus considérables que ceux indiqués ici ; les produits de vente les augmentent d'une manière très-notable.

La ménagère tient le ménage à forfait ; en conséquence M. de Bouillé n'a pas à se mêler de la nourriture des domestiques, ni de celle des ouvriers qu'on est obligé de nourrir. Cette femme est veuve, et elle est à la tête de ce ménage depuis dix ans ; voici les conditions de son marché.

Elle nourrit les douze domestiques et entretient d'huile neuf lampes. Outre ses gages, elle reçoit en argent 150 fr., trente-six hectolitres de froment et trente-six d'orge, trois cent soixante livres de viande de porc et les légumes à discrétion ; elle a le lait d'une vache, elle soigne les volailles et peut avoir dix poules à elle, les soins à donner aux cochons sont à sa charge, le son des grains qu'on lui fournit pour les domestiques est employé pour la nourriture des porcs et de la volaille, la ménagère lave le linge du ménage et les sacs, et doit en faire les raccommodages. Les domestiques ne sont pas blanchis. La journée de nourriture des ouvriers lui est payée 1 fr. en été lorsqu'ils font quatre repas ; pendant le reste de la saison, c'est 60 centimes. Le prix de la journée d'un homme est, outre la nourriture, de 1 fr. 50 jusqu'à 5 fr., quelquefois pendant la moisson, suivant le prix de la louée de chaque matin. Pendant les six mois d'hiver les journaliers se nourrissent et ont de 1 fr. 25 à 2 fr. 50.

Voici le détail de l'emploi du capital d'exploitation de la culture de la ferme de Villars, dont l'étendue est de cent vingt-quatre hectares ; il se monte à la somme de 132,000 francs suivant l'inventaire arrêté au 31 décembre 1861.

Deux chevaux (prix de deux juments; il y a en outre six chevaux d'artillerie) . . .	1,500 fr.
Quatre bœufs (leur poids moyen est de 789 kilos)	2,400
Vacherie charolaise.	31,400
Troupeau southdown.	56,525
Porcherie yorkshire	770
	92,595
Mobilier, instruments, matériel d'exploitation	10,674
En magasin	20,820
Avances au sol, fumiers	6,800
Débiteurs divers et en caisse	1,111
	132,000 fr.

Les cent vingt-quatre hectares dont se compose aujourd'hui la ferme de Villars ont été achetés en 1854, au prix de 177,686 fr.; ce prix a été fixé en prenant pour base un revenu net d'impôts de 5,330 fr. calculé à 3 pour $^o/_o$; cette somme réunie à celle de 650 fr. à laquelle s'élèvent les impôts, forme un total de 5,980 fr. Elle doit, ainsi que les intérêts du capital d'exploitation et ceux des capitaux employés en constructions et améliorations foncières, être portée au passif du tableau ci-après, lequel présente les résultats de l'entreprise pendant l'année 1861.

Tableau des résultats obtenus du 31 décembre 1860 au 31 décembre 1861.

	DOIT.	AVOIR.	PERTES.	PROFITS.
Rente de terre et impôts....	5,981	»	5,981	»
Intérêts à 5 p. $^o/_o$ de 132,000 f. formant le capital d'exploitation	6,600	»	6,600	»
A reporter ...	12,581	»	12,581	»

	DOIT.	AVOIR.	PERTES.	PROFITS.
Report....	12,581	»	12,581	»
Intérêts à 6 p. % des constructions et améliorations foncières, s'élevant à 19,250 francs..................	1,155	»	1,155	»
Intérêts à 10 p. % de 5,992 f. employés en drainage.....	599	»	599	»
Frais généraux	2,525	»	2,122	»
Cultures...................	13,290	30,153	»	16,863
Attelages	3,277	4,945	»	1,667
Vacherie	13,869	21,931	»	8,062
Bergerie	14,144	32,607	»	18,463
Porcherie	1,050	1,289	»	239
Travaux étrangers à la ferme.	»	403	»	»
Bénéfices obtenus depuis 1854.	62,590	91,328	16,457	28,838

Du 11 novembre au 31 décembre 1855.	7,898 fr.
Année 1856........................	7,402
— 1857........................	16,420
— 1858........................	8,387
— 1859........................	10,110
— 1860........................	25,473
— 1861........................	28,841

Voilà assurément de bien beaux résultats : ils seraient loin d'être aussi remarquables, si le comte de Bouillé, ne s'était pas fait éleveur de reproducteurs de bêtes à cornes et de reproducteurs de bêtes à laine, comme son ami, l'excellent M. Jonas Webb, le lui avait conseillé.

En outre, M. de Bouillé a compris, ce que malheureusement peu de cultivateurs comprennent en France, que pour gagner de l'argent en agriculture, il faut disposer d'un très-grand capital d'exploitation ; ensuite, il faut savoir bien l'employer.

M. de Bouillé s'est entièrement consacré à son affaire ; il habite toute l'année sa terre : il a su bien choisir ses chefs de culture et se les attacher. Le premier est avec lui depuis seize ans, et les deux autres depuis huit ou dix ans.

Il a construit des locatures et en construit encore, afin de conserver les mêmes ouvriers.

Il a fait de bons chemins d'exploitation ; il ne se sert que de voitures à un cheval, comme il l'a vu faire avec tant de succès, en Écosse, et chez bien des cultivateurs anglais.

M. de Bouillé a deux fermes en bonnes terres qui ne sont louées que 45 et 60 fr. par hectare ; il compte les cultiver directement lorsqu'elles seront à fin de bail. Il achètera alors la meilleure charrue à vapeur connue.

Ses vingt-cinq hectares de betteraves sont très-belles et très-nettes, ainsi que plusieurs hectares en carottes, choux et pommes de terre.

M. le comte Charles de Bouillé est un des concurrents pour la prime d'honneur à donner, en 1863, au concours régional du département de la Nièvre. Je ne connais pas ses concurrents ; mais je serais fort étonné s'il n'était pas le lauréat.

Nous nous sommes quittés à Nevers, où il allait chercher madame de Bouillé, que je n'ai pas l'honneur de connaître.

J'allais oublier de parler d'une belle et longue avenue, qui conduit du château de Villars à la grande route de Paris à Lyon, par le Bourbonnais. Cette avenue a été plantée par le père du comte Charles, il y a une quarantaine d'années : elle est toute en arbres résineux, principalement des épiceas, qui sont bien venus, quoique le sol soit peu profond, calcaire et brûlant ; il s'y trouve aussi un certain nombre de pins du Lord, qui sont beaux, mais le bois en est mauvais ; quelques pins laricios sont dispersés sur plusieurs points de l'avenue : ils sont partout bien plus gros que les autres arbres de cette fort belle plantation. Si un jour, on doit les abattre, ils auront bien plus de valeur, puisqu'on dit qu'on peut en faire des mâts pour la navigation. Il est à regretter que ce bel et bon arbre ne soit pas plus connu et plus souvent planté ; partout où je le rencontre dans mes voyages, en bonne ou en mauvaise terre, et particulièrement dans les craies de la Champagne, j'ai remarqué qu'il est infiniment supérieur à ses voisins ; j'ai remarqué qu'il l'est surtout aux sylvestres et aux pins d'Écosse, qui, dans ce genre de sol, sont toujours contournés ; les laricios, au contraire, sont toujours droits, et n'ont pas besoin, comme les précédents, d'être serrés pour s'élever perpendiculairement.

Je suis arrivé le 17 septembre, vers les quatre heures, chez M. Lafond, un des régents de la banque de France, au château de Nozay, près Pouilly-sur-Loire ; il était à Paris. Mais M. son fils et Madame, que je n'avais pas l'honneur de connaître, m'ont fort bien accueilli.

On me fit faire le tour d'un charmant parc, qui occupe une délicieuse vallée et contient de fort beaux arbres. M. Lafond exploite cent dix hectares de vignes, donnant un vin blanc connu sous le nom de Pouilly : il se vend fort bien. Les bâtiments contenant le pressoir et les caves, sont très-considérables, M. Lafond m'a dit que son père vendait depuis quelques années, à des marchands de fruits venant de Paris, toutes les grappes de raisin chasselas à choisir, jusqu'à une époque fixée, à raison de 30 centimes le kilo. Cela donne, par hectare de vignes, de 1,000 à 2,000 fr. Ils apportent des paniers d'osier blanc, de forme carrée. Ils les remplissent de raisin, de manière à ce que les grappes dépassent de plusieurs pouces les bords du panier ; ils appuient dessus le couvercle d'osier, sans y ajouter autre chose, et serrant peu à peu, les raisins se tassent sans s'écraser. Cette vente, si avantageuse, a encore un autre mérite : c'est de rendre le vin de Pouilly de meilleure qualité ; car le chasselas ne fait pas de bon vin. Les marchands, au contraire, ne prennent pas le raisin dit blanc fumé : c'est celui qui fait le bon vin de Pouilly. On plante maintenant beaucoup de chasselas, puisqu'il se vend si bien.

M. Leduc a régi successivement, depuis dix ans, les deux terres de M. Lafond : d'abord celle de Lurcie-Levis en Bourbonnais, où son frère l'a remplacé ; c'est une terre dont l'étendue dépasse quinze cents hectares. M. Leduc, avant d'embrasser cette carrière, avait été, pendant dix ans, précepteur dans la même famille. Il a énormément à faire ici, ayant, en sus de la culture des vignes, une grande ferme à diriger, et la comptabilité à tenir : aussi, est-il bien rétribué. Il est bien logé et nourri avec sa famille, et reçoit 2,500 fr. ; mais il n'a aucune indemnité dans les ventes.

La culture des cent dix hectares de vignes emploie quatre-vingt-six vignerons, qui font chaque année un nouvel arrangement avec le régisseur. On ne provigne pas dans ce pays ; mais on donne cinq façons de culture. Il a payé d'abord 130, maintenant il paie 180 fr. par hectare. Les ceps occupent chacun un mètre carré, ce qui en porte le nombre à dix mille par hectare. Comme chaque cep emploie depuis deux à cinq échalas, suivant sa force, cela exige une très-grande dépense. Ce serait, je pense, le cas de planter en acacias les terres d'un calcaire coquillier qui occupent une bonne partie de cette propriété, en choisissant celles mal exposées ; on obtiendrait ainsi tous les cinq ans une coupe fournissant de très-bons échalas : ils durent plus que ceux de chêne, devenus très-chers. Mais la grande dépense occasionnée par la culture des vignes ne les empêche pas de donner un très-bon revenu moyen, calculé sur dix années. La manière de planter les vignes est aussi fort coûteuse. On fait, avec un pic, pour chaque cep, un trou ayant cinquante centimètres de profondeur sur pareille longueur. Cela se fait d'une manière bien plus expéditive dans les Charentes et dans d'autres vignobles de France. On y fait les trous en enfonçant simplement un piquet de fer à coups de maillet. On y plante des boutures choisies, dont les bourrelets se sont bien formés dans les quatre ou cinq mois pendant lesquels elles ont été enterrées mises en bottes, à un pied de profondeur. Une fois placées dans les petits trous, on les arrose, lorsque l'on est près de la mer, avec de la vase limpide ; si l'on est éloigné de la mer, on supplée à la vase avec du purin, qu'on remplace au besoin par du guano dissous dans l'eau.

M. Lafond a fait planter, il y a de cela longtemps, une couple d'hectares à la manière du Médoc ; mais il palisse trop haut pour pouvoir cultiver à la charrue attelée de deux bœufs, comme cela se pratique dans le Bordelais. Aussi a-t-il toujours cultivé à bras cette portion de vignes ; avec la cherté de la main-d'œuvre qui va toujours en augmentant, surtout dans les pays de vignobles, il serait prudent d'étudier les manières les plus économiques de cultiver la vigne à la charrue ; jusqu'à présent ce que j'ai vu de mieux sous ce rapport, c'est la culture des cent cinquante hectares de vignes de M. de Saint-Larys, j'en ai parlé dans le commencement de ce volume ; il ne dépense pas 50 fr. par hectare pour cette culture, en ne comptant pas la nourriture des très-petits bœufs, que son métayer tient principalement pour cette culture. Cette culture mérite assurément d'être visitée, par toute personne qui doit planter des vignes ; la terre de M. de Saint-Larys est à cinq lieues d'Issoudun, station du chemin de fer du Centre. Une autre chose utile pour les propriétaires de vignes, est de savoir comment on remplace par du guano en Médoc, et sur les bords du Rhin, le fumier qui est devenu très-cher ; je ne connais pas la quantité de guano qu'on donne à chaque cep.

M. Lafond a planté un hectare en ceps dits gascon ,

il produit énormément, mais il mûrit rarement complétement chez lui. L'oïdium fait depuis une couple d'années bien du mal dans ce pays ; M. Lafond compte soufrer l'année prochaine. Ce qui m'étonne, c'est que M. Lafond n'ait pas déjà essayé de soufrer ses vignes, et qu'il n'ait pas remplacé depuis longtemps les échalas par le fil de fer.

Les luzernes sont très-belles dans ce terrain coquillier, aussi en fait-on beaucoup, ainsi que du sainfoin ; j'ai vu avec plaisir un beau champ de maïs-fourrage, des betteraves, des carottes et des navets d'éteules. M. Lafond vend des pièces de terre détachées de sa propriété, qui est d'un seul tenant, au prix de 4 à 5,000 fr. l'hectare, suivant le plus ou le moins d'éloignement de la ville de Pouilly ; son château en est à deux kilomètres, mais par contre il achète des terres touchant sa propriété de Lurcie-Lévis, à 600 ou 700 f. l'hectare ; en culture, elles lui rapportent tout autant que celles d'ici.

Je suis arrivé le 18 au château de Thauvenet, chez le vicomte de Tascher, jeune cultivateur de trente-deux ans, qui a déjà fait beaucoup d'améliorations fort bien dirigées ; il a du temps devant lui, pour rendre de grands services à l'agriculture du Berry qui a bien besoin de bons exemples ; sa terre est entre la Loire et la ville de Sancerre, il loue les terres qu'il a autour de sa commune, à 100 et 150 fr. l'hectare, et il fait valoir une ferme de cent vingt hectares à deux kilomètres de son château. Cette ferme ne rapportait que 20 fr. par hectare, avant qu'il l'ait prise entre ses mains ; son revenu net se trouve déjà triplé. M. Maurice de Tascher a créé d'une manière fort peu dispendieuse, une bouverie et vacherie qui contient soixante bêtes bovines. Ce grand bâtiment ne lui a coûté que 4,000 fr. ; les étables construites en moëllons, portent un grenier à fourrages très-élevé ; il est fermé par des planches étroites de peupliers, qu'il a goudronnées. Il a construit une grange, et a placé à côté un bâtiment isolé contenant une machine à vapeur fixe, de Farco ; elle fait marcher deux paires de meules d'un petit diamètre, ou bien la batteuse fournie par Gérard de Vierzon, puis le hache-paille, le coupe-racines, un laveur et une pompe qui, à volonté, élève de l'eau ou du purin ; celui-ci, recueilli dans une citerne, sert à arroser les fumiers ou à irriguer un grand pré, à la manière de Kennedy.

Il a construit aussi des bergeries peu coûteuses, pour loger un troupeau de bêtes de pure race charmoise qui sont fort belles ; il a entrepris de perfectionner les formes d'un lot de mérinos de pure race, dont les brebis viennent de chez M. Bobé, au château de Chenailles (Loiret) ; le bélier sans cornes, vient de chez M. Noblet, un des concurrents à la prime d'honneur du Loiret ; il habite Château-Renard ; c'est en même temps, dit-on, un bon médecin.

M. de Tascher sachant que les colons de l'Australie, de la Nouvelle-Zélande et du Cap, viennent chercher en France des mérinos de grande taille qu'ils paient fort cher, veut essayer de former un troupeau de reproducteurs ; mais pour réussir il faudrait avoir bon nombre de béliers ; il est nécessaire de choisir ceux qui ont les qualités des défauts des brebis, et les défauts de leurs qualités ; ce n'est que de cette manière, que les éleveurs de la Grande-Bretagne, qui sont en réputation, comme loueurs ou comme vendeurs de reproducteurs, ont réussi à perfectionner leurs bêtes et à se former une clientèle profitable.

M. de Tascher a encore un troisième petit troupeau formé avec des brebis berrichonnes achetées à Issoudun, et un bélier venant de chez M. de Saint-Maurice, de Châteauneuf-sur-Cher ; il a de fort belles agnelles des trois races ; mais je crains que M. de Tascher, en voulant perfectionner à la fois trois races distinctes, ne puisse réussir dans aucune.

Il m'a dit que son berger était très-habile et fort soigneux ; le fait est que ses trois échantillons de troupeaux sont fort intéressants à voir, chacun dans leur genre, et que j'ai eu du plaisir à les examiner. Ses jeunes béliers sont tous séparés les uns des autres.

J'ai vu aussi des cochons anglais de moyenne taille. M. de Tascher m'a montré du froment provenant de semences qu'il a importées d'Angleterre ; c'est du spalding prolific rouge ; il a de superbes épis, mais sa couleur s'est fortement éclaircie ; il produit beaucoup, et a une paille longue et, malgré cela, fort raide.

Il a du sorgho sucré sur un petit champ fortement fumé et défoncé à 0^m50 ; les tiges en sont grosses et les feuilles larges comme celles du maïs ; il a deux mètres de hauteur et ne montre pas encore ses fleurs ; il est d'une grande épaisseur, et je puis dire n'avoir jamais rien vu d'aussi beau, en fait de fourrage.

M. de Tascher chaule fortement ses terres ; il les défonce d'abord au moyen d'attelages de huit gros bœufs, afin de détruire un sous-sol ferrugineux de faible épaisseur ; son assolement est alterne.

Il défriche un mauvais bois en bon fond de terre.

M. de Tascher élevait des bêtes charolaises ; mais il s'est décidé à acheter des vaches pleines qu'il fera castrer, comme le fait M. Ménard, près de Beaugency ; il les engraissera lorsqu'elles ne donneront plus de lait. J'ai demandé à M. de Tascher s'il avait vendu des raisins aux marchands de fruits de Paris ; il m'a dit qu'ils n'étaient pas encore venus dans sa commune. Il a chez lui un jeune comptable depuis trois ans ; il le nourrit et lui donne 800 fr. ; ce jeune homme est un des élèves formés par M. de la Tour, ancien directeur de la ferme-école qui se trouve entre les deux villes de Paray-le-Monial et Charolles ; cette ferme-école a fourni beaucoup de comptables ; cela continuera-t-il, maintenant que M. de la Tour l'a quittée pour acheter une propriété qu'il cultive, près de Moulins ? On porte ici en dépense au bétail, les fourrages et grains qu'ils consomment, aux prix du marché, après en avoir défalqué les frais de transport ; je pense qu'on ne devrait les faire payer qu'au prix de revient, en ajoutant à la dépense le bénéfice qu'un cultivateur doit raisonnablement faire ; sans cela, le compte bétail est toujours en perte, ce qu'il faut éviter ; car alors on regarde le bétail comme un mal nécessaire, et on en tient le moins possible.

Les instruments remarquables que j'ai vus ici, et de quelques-uns desquels j'ai déjà parlé, sont la machine à vapeur avec ses deux paires de meules ; une bonne batteuse de Gérard, un rouleau Croskill, des herses Howard, une faneuse et un râteau à cheval ; un semoir, une faucheuse Peltier et une pompe sur une citerne à purin.

Je me suis arrêté à la station du chemin de fer qui est à deux kilomètres de Gien, où un omnibus nous a conduits ; de là je suis allé en cabriolet au château de Dampierre. J'y ai trouvé M. de Behague, que je savais devoir s'absenter le lendemain, pour se rendre au concours agricole de la Motte-Beuvron.

Il m'a fait visiter sans perte de temps, une partie de son excellente culture, qui s'est encore fortement améliorée depuis ma dernière visite faite il y a quelques années. Son troupeau southdown s'est augmenté d'une manière notable ; le troupeau croisé southdown dépasse mille têtes. Il y a vingt et quelques durham, sans compter quatre taureaux, dont un âgé de deux ans, est à vendre. Ses cochons new-leicester sont toujours très-beaux. L'exploitation de ses bois, sur neuf cent quarante hectares, dont la plus grande partie ont été semés ou plantés par lui depuis 1834, exige l'emploi d'un nombre assez considérable de bêtes de trait ; c'est pour cela qu'il tient seize chevaux et vingt-deux paires de bons bœufs limousins, qui lui coûtent 400 fr. pièce, à l'âge de quatre ans; il les conserve quatre ans et les engraisse ensuite; ces nombreux attelages lui donnent la possibilité de faire toutes ses emblaves à heure et à temps convenables, ce qui est d'une haute importance pour la réussite des récoltes.

Aussi M. de Behague a-t-il pu me faire voir une très-grande étendue de très-beaux trèfles et de luzernes; ces fourrages ont été semés ce printemps dans ses avoines qu'on fauche maintenant, au moment où le trèfle entre en fleur; avec l'avoine coupée un peu avant maturité, cela donnera une excellente nourriture pour les bêtes à cornes. Il plante chaque année pour sa féculerie marchant par une chute d'eau, une cinquantaine d'hectares en pommes de terre rondes précoces, connues dans le pays sous le nom de johannettes, et en pommes de terre chardon, qui sont tardives et très-productives; M. de Behague a ajouté plusieurs améliorations à son usine, qui ne fonctionne guère que pendant trois mois par an, dans la mauvaise saison; elle fournit de l'ouvrage à onze pauvres pères de famille; par suite de l'abondance de l'eau dans cette saison, cela n'empêche pas les moulins de fonctionner. Il m'a fait voir un champ de maïs à graine; celui pour fourrage vient d'être consommé; on coupe du sorgho de Chine pour le remplacer. Les sarrasins sont coupés et mis en moyettes couvertes de paille.

M. de Behague arrache un de ses premiers semis de pins maritimes; il les fait débiter en planches minces par une scie rotative; cette scie est mise en mouvement par une locomobile louée 9 fr. par jour, à un entrepreneur de battage de grains, demeurant à Gien; cet entrepreneur n'a plus l'emploi de ses machines, quand les grains sont battus; il débite aussi dans ses bois et sur place les pins coupés pour éclaircissage.

Les planches lui sont demandées par deux grandes fabriques de faïence, placées à quelques lieues de chez lui, à Gien et à Briare ; elles servent à faire des caisses d'emballage. Il cultive avec succès les lupins jaunes pour ses troupeaux ; je l'ai engagé à essayer les lupins blancs pour engrais vert, comme je venais d'en voir beaucoup en Auvergne ; car on a beau nourrir beaucoup de bétail, on n'a jamais assez de fumier, lors même qu'on a de nombreux prés naturels et qu'on cultive des terres très-fertiles ; il serait donc fort utile de faire connaître aux habitants du Gâtinais et de la Sologne, les lupins blancs pour fumure verte ; on peut s'en procurer la première graine, dans les environs de Lezoux en Auvergne, et chez M. Bergerand, négociant en grains, à Marsigny (Saône-et-Loire). M. de Behague se sert aussi du phosphate de chaux fossile avec grand avantage ; il l'achète à Paris 5 fr., et il revient à Dampierre à 6 fr. les cent kilos ; il en saupoudre les étables, les bergeries et les porcheries, afin de le faire dissoudre par l'urine ; il l'emploie aussi avec succès, mélangé à de la chaux, sur ses prés et ses prairies artificielles. J'ai quitté le lendemain après déjeuner M. de Behague, et j'ai pris la diligence d'Orléans ; j'en suis descendu à trois kilomètres du château de Chenailles que j'ai rejoint, en traversant une partie considérable de bois plantés et semés, à partir de 1807, par le père du propriétaire actuel, M. Bobé. Celui-ci a continué depuis 1832, à augmenter ces bois qui approchent du chiffre de mille hectares, sur une terre dont l'étendue est d'environ mille huit cents hectares.

Tous les habitants du château étaient allés dans le voisinage ; mais ils devaient rentrer pour dîner ; j'ai donc employé en les attendant, trois heures à parcourir une partie de la grande exploitation de M. Bobé. Elle comprend quatre fermes couvrant six cents hectares d'une terre généralement légère à la surface, mais dont le sous-sol est argileux et en partie imperméable ; les trois quarts en étaient en bruyères, lorsqu'il s'est mis à les cultiver ; malgré cela M. Bobé est parvenu à y établir une centaine d'hectares de belles et bonnes luzernes ; il faut dire d'abord que M. Bobé cultive ces terres depuis 1832 ; il les a marnées ou chaulées plusieurs fois dans ce long espace de temps ; il les fume bien, aussi, depuis lors ; c'est après cette longue préparation, qu'il en est venu au procédé que je vais indiquer. M. Bobé a aussi drainé complétement les champs les plus humides, et au moins les parties les plus humides d'autres champs. Il prépare la terre qui doit les porter pendant plusieurs années, de la manière suivante : après un froment qui a reçu quarante mille kilos de fumier, il sème du trèfle incarnat en récolte dérobée ; après l'avoir enlevé, il fume encore avec quarante mille kilos et sème des navets ; l'année suivante, il met pour la troisième fois quarante mille kilos de fumier et dix mètres cubes de cendres lessivées, payées de 12 à 15 fr. le mètre ; il sème alors sa belle avoine noire, et avec elle vingt kilos de graine de luzerne, à laquelle il ajoute un peu de trèfle rouge ; il met dans les parties les plus maigres de ses pièces, de cinq à dix mètres cubes de cendres par hectare de plus qu'ailleurs ; il obtient ainsi par hectare, de quatre-vingts à cent hectolitres d'avoine qui est si réputée, qu'elle est toute vendue pour semence ; cette année, les troisièmes coupes de luzerne, âgées de trois à cinq ans, ont à la fin de septembre 0^{m}66 de haut ; elles sont très-épaisses et très-égales ; celles qui ont été semées ce printemps, sont un peu moins hautes que les anciennes. Cette manière d'établir des luzernes est très-bonne à imiter dans les pauvres terres. Si on n'a pas assez de fumier à sa disposition, de quatre à cinq cents kilos de guano par hectare le remplaceront et ne coûteront que 140 ou 175 fr. par hectare.

Le lendemain matin, M. Bobé m'a conduit dans ses fermes ; nous avons trouvé bon nombre de belles luzernes que je ne pouvais assez admirer ; nous avons vû de fort beaux trèfles rouges et des trèfles blancs, de beaux champs de betteraves, de carottes et de topinambours. Le troupeau mérinos de pur sang, a eu dans le principe des béliers de Naz, qui ont été remplacés depuis 1850, par des béliers de Rambouillet; ses toisons, en moyenne de sept à sept livres et demie, sont vendues de 1 fr. 25 à 1 fr. 50 la livre, en suint. Il a vendu cette année à des bouchers ses agneaux mâles, gras, de 20 à 25 fr. la pièce, et ses brebis de 30 à 36 fr. Il ne s'est jamais occupé d'avoir un débouché pour ses béliers, et n'en fournit qu'aux cultivateurs de ses environs.

Il a une bonne espèce de cochons croisés new-leicester et hampshire.

Ses vaches sont des normandes, ayant un peu de sang durham.

J'ai visité le 22 septembre la grande et fertile terre de la Briche. M. Cail qui en est le propriétaire, est un célèbre constructeur de machines à vapeur ; il a monté quatre fabriques très-considérables : la première à Paris, la deuxième à Valenciennes, la troisième près Marseille et la quatrième à la Martinique. Il améliore depuis quelques années avec beaucoup de suite, cette terre qui s'étend sur onze cents hectares dont cent cinquante en bois.

M. et Mme Cail étaient absents; j'ai trouvé un de leurs fils, jeune homme qui doit aller bientôt passer quelques années en Allemagne, et ensuite en Angleterre comme l'a fait précédemment son frère aîné.

M. Pimpin, cousin de M. Cail, est chargé de la direction de la terre de la Briche. Ce jeune homme a fait son apprentissage en agriculture près de M. Hette, fabricant de sucre et très-habile cultivateur à Bresle (Oise).

M. Pimpin a récolté deux cent cinquante hectares de froment qui sont dans une immense grange. Une machine à vapeur, de la force de quatorze chevaux, posée à l'une des extrémités de la grange, mettait en mouvement, au moyen d'un petit câble en fil d'acier, une machine à battre de Duvoir ; la courroie de la machine s'est défaite plusieurs fois pendant que j'assistais au battage. Le grain qui passait dans le tarare de la machine en sortait fort sale. Cette machine doit battre quatre-vingts hectolitres de froment par jour. M. Pimpin m'a dit qu'il veut mettre ses dix-huit batteurs à leur tâche ; il espère qu'en leur fournissant la machine, le combustible, l'huile et le chauffeur, ils battront l'hectolitre à raison de 50 centimes.

L'intérêt à dix pour cent du prix des deux machines (le coût de la batteuse seule est de 2,400 fr.), les raccommodages et les fournitures augmenteront beaucoup le prix du battage qui, à 50 centimes, serait déjà fort élevé. Chez M. Holland, membre du parlement anglais, que j'ai visité cette année pour la seconde fois, on bat aussi à la tâche. On fournit la machine à battre et une locomobile de la force de sept chevaux, à une société de treize ouvriers, qui ont l'habitude de s'en servir. On leur donne le charbon et l'huile, mais sans le chauffeur. Ils se placent près d'une meule, faite de manière à contenir, si le grain est bon, environ quarante-cinq quarters : le quarter contient deux hectolitres quatre-vingts litres. Ils battent ces quarante-cinq quarters ou cent vingt-six hectolitres de froment dans une journée, pour 30 shillings, ou 37 fr. 50 ; cela fait 30 centimes l'hectolitre. Chacun de ces treize hommes gagne dans sa journée 2 fr. 88 c., et a battu huit hectolitres quinze litres de grain, prêt à aller au marché ou à être semé. La locomobile de sept chevaux coûte chez Hornsby, un des meilleurs fabricants d'Angleterre, 5,375 fr. Elle brûle, par heure et par cheval, trois livres et demie anglaises de charbon.

La machine à battre, du même fabricant, coûte 2,625 fr. : c'est un total de 8,000 fr.

Je suis étonné de ne connaître aucun cultivateur français, qui ait une de ces bonnes machines à battre, qui débitent beaucoup tout en nettoyant parfaitement. M. Bodin, directeur de l'école d'agriculture des Trois-Croix, à Rennes, est en même temps fabricant d'instruments et de machines agricoles. Il emploie dans sa fabrique plus de cent ouvriers, et construit une de ces machines à battre, nettoyant le grain complétement. Elle est, je crois, une copie de celle de Tuxford, aussi un des meilleurs fabricants d'Angleterre. M. Bodin vend sa machine 2,500 fr. ; ainsi, elle n'est pas plus chère qu'en Angleterre. Il faut espérer qu'une partie de nos agriculteurs, riches ou à leur aise, se décideront à un peu plus de hardiesse en dépenses utiles en agriculture. J'en connais un assez grand nombre, fort riches et fort généreux dans toute autre circonstance, mais dès qu'il s'agit d'agriculture, ils sont très-serrés. Je sais au contraire qu'en Allemagne, en Hongrie, en Hollande, en Russie, et même dans la petite principauté de Mecklembourg, les machines agricoles anglaises de haut prix sont très-répandues. Il y a même dans ces divers pays des charrues à vapeur, du modèle le plus perfectionné et le plus cher, celui de Fowler. Je désire me tromper, mais je crains qu'il n'y en ait pas encore une seule de ce modèle en France. La machine à battre de M. Cail coûte presque aussi cher que les machines anglaises. Elle bat un tiers de moins, et on peut dire qu'elle ne nettoie presque pas.

On cultive ici des froments de Saumur, et une très-belle espèce de blé à épis barbus et très-lourds, dont la couleur est blanche : la paille a plus de cinq pieds de hauteur. Cette espèce est connue sous le nom de froment géant, de Galand, grainetier à Ruffec.

On s'occupe de l'installation d'un nouvel appareil

distillatoire, inventé par un des employés supérieurs de M. Cail; on construit en même temps un très-grand hangar, sous lequel sont deux immenses silos, devant contenir des pulpes; la distillerie aura à fabriquer le produit de deux cent cinquante hectares de betteraves bien réussies.

Les trois étables peuvent loger chacune deux cents grosses bêtes; elles ne contiennent maintenant que seize chevaux, dix vaches et cent vingt bœufs; mais on va acheter pour les labours cent cinquante bœufs des deux races salers et parthenaise. Plus tard, quand la distillation sera en train, on achètera des bêtes à mettre en graisse.

Les bœufs salers et parthenais se paient de huit à neuf cents francs la paire, tandis que les charolais coûtent de mille à quatorze cents francs.

Parmi les vaches, il y en a quelques-unes de race durham; on n'a pas encore de bêtes à laine.

Les semoirs à betteraves qu'on emploie ici sèment deux billons à la fois; les deux boîtes en fer-blanc d'où sort la semence ont des trous qui ne peuvent ni s'agrandir, ni se rétrécir. Cette disposition les rend défectueuses. Aussi ai-je remarqué beaucoup de lacunes dans les champs de betteraves.

Les billons sont séparés par soixante-six centimètres; les racines sont belles, mais d'une variété trop feuillue.

Je suis arrivé le 24 septembre chez M. Paul Allibert, au château de Montchenin, près Cormery (Indre-et-Loire). La situation en est charmante; elle domine une très-jolie vallée, garnie de prés arrosés par des sources et par une petite rivière qui clôt le parc d'un côté; des coteaux couverts de bois et de vignes donnent beaucoup de gaieté au paysage.

Le parc est naturellement très-accidenté. M. Breton, jardinier paysagiste, demeurant à Tours, l'a dessiné et en a tiré un très-bon parti.

M. Allibert cultive fort bien une centaine d'hectares, dont un cinquième provient de défrichements de bois ruinés depuis longtemps. La terre de ces bois est de fort bonne qualité ; elle a été chaulée.

Sur sept hectares de vignes qu'il possède, M. Allibert en a planté environ un cinquième. Les lignes sont à 1ᵐ,40 de distance, et les ceps à même distance. Ils sont palissés sur un double rang de fils de fer galvanisés. Le premier fil de fer est à quarante centimètres de terre et le second est à trente centimètres au dessus. La culture se fait à la charrue : comme dans le Médoc, dans les anciennes vignes, un rang de cep, sur deux, a été supprimé, afin de pouvoir cultiver aussi à la charrue. L'espacement en est de plus de deux mètres.

M. Allibert a onze hectares de fort belles betteraves, semées au semoir de Jacquet Robillard, d'Arras.

Les luzernes s'étendent sur plus de vingt-cinq hectares ; il y a en outre sept hectares de prés ; près de six hectares de sainfoin et de trèfle, quelques hectares en seigle, fourrage et en trèfle incarnat, et beaucoup de navets d'éteules. Les récoltes de vesces, de lupuline, de moutarde et de pois à moutons se sont succédées. Un essai de maïs à dents de cheval a parfaitement réussi comme nourriture verte : les tiges, assez nombreuses et à larges feuilles, avaient jusqu'à trois mètres de hauteur. J'ai vu une petite étendue en topinambours : M. Allibert veut en planter davantage.

Les froments cultivés dans ce pays sont, pour la plupart, inférieurs au blé bleu ou de l'île de Noé, qui a été introduit chez M. Allibert. Il est très-beau, et l'on compte sur un rendement moyen de trente hectolitres, d'après ce qui a été battu jusqu'à présent.

De nombreuses variétés de froments, dont j'ai donné quelques épis, sont essayées. Plusieurs de ces blés promettent beaucoup, entre autres le froment géant, importé par M. de la Tréhonnais. M. Liazard qui a une nombreuse école de froment, m'a informé qu'il en était très-content, et qu'il le répandait le plus possible dans ses environs.

Tous les fourrages, verts et secs, passent ici par le hache-paille ; par ce moyen, il ne s'en perd pas. Si on a du fourrage médiocre, on peut ainsi le mêler à d'autre de bonne qualité. Les récoltes sarclées, passées au coupe-racines de Champonnois, sont mêlées aux balles de blé et aux siliques de colza ; lorsqu'il n'y en a plus, on se sert de paille hachée, à laquelle on ajoute du tourteau de colza.

M. Allibert augmente la quantité des engrais produits dans sa très-belle ferme, par des achats considérables de guano. Il va essayer un mélange du guano et du superphosphate de chaux, du nitrate de soude, qu'on emploie beaucoup dans la Grande-Bretagne. Il va aussi essayer le phosphate fossile, comme le fait M. de Behague. Il le mettra sur ses fumiers et dans les logements du bétail, afin de pouvoir l'employer sur ses vieilles terres : sur les défrichements, il l'emploiera seul.

M. Allibert ayant à chauler ses défrichements, je l'ai engagé à s'adresser à M. Bernier, administrateur de la terre d'Argy, près Buzançais (Indre). M. Bernier fait de la chaux dans des trous qu'il creuse dans des tertres de trois mètres de hauteur ; la chaux s'y fait à meilleur marché que dans les fours à feu continu. M. Bernier est mal placé pour faire de la chaux, à cause de son grand éloignement de Montluçon, d'où vient le charbon. Cependant il la produit au prix de 63 centimes par hectolitre. M. Bernier a obligeamment envoyé à M. Allibert un de ses hommes. On lui a payé ses frais de route, plus deux francs par jour. On l'y a nourri. Il a dressé un ouvrier intelligent de Montchenin, qui continue à faire de la chaux dans deux de ces trous nommés fours dormants. L'un d'eux cuit dix-huit mètres dans une semaine, et l'autre vingt-quatre mètres, la semaine suivante. Jusqu'à présent, le prix de revient est de 1 fr. 25 l'hectolitre ; cela doit être attribué à ce que le nouveau chaufournier n'est pas encore très-habile dans son métier.

En outre, on est obligé de faire sauter la roche à l'aide de la mine. La pierre est très-dure à casser : on la casse ici trop petite. Enfin, au lieu d'employer de l'anthracite, on n'a encore eu que des charbons de terre, dont une partie n'était pas de bonne qualité ; mais je ne doute pas que M. Allibert ne parvienne bientôt à faire de la chaux, au moins au prix de revient d'Argy. En tous cas, elle coûte moins cher à M. Allibert, que s'il l'envoyait chercher, au prix de 1 fr. 60, au four à chaux, à trois lieues de chez lui. Il en met cent hectolitres par hectare sur ses défrichements. Il m'a mandé depuis, « que l'effet en est considérable, merveilleux » même, » ce sont ses expressions. J'ai vu l'effet de la chaux, répandue chez lui, sur une luzerne en vieille terre : elle y a produit aussi un effet remarquable. La luzerne, sur la partie chaulée, était d'une couleur bien plus foncée, a poussé bien plus vite et est devenue plus épaisse que celle qui la joignait, et qui n'avait pas eu de chaux.

M. Allibert a monté un troupeau avec des brebis de Berry ; il y a ajouté, deux ans plus tard, des brebis métis mérinos. Il leur a donné, en premier lieu, des béliers southdown : ils provenaient d'un éleveur qui a commencé son troupeau avec des béliers et des brebis de chez M. Jonas Webb.

M. Allibert a fait venir en mai 1860, un bélier cotswold qui pesait soixante-seize kilos à son arrivée, à l'âge d'un an ; en 1862, il pesait cent dix-sept kilos, après avoir fait la lutte ; il venait de chez M. Lane, un des deux éleveurs qui remportent habituellement les premiers prix de cette race, au concours de la Société royale d'agriculture ; il a été payé sur place à Cirencester 200 fr. M. Lane en a loué ou vendu devant moi en août 1859, depuis 175 jusqu'à 700 fr.; sur soixante et quelques béliers exposés à cette enchère, il n'en est resté qu'un seul.

M. Allibert a donné la première année ce bélier cotswold à ses plus petites brebis du Berry ; un de ses fils élevé pour bélier destiné à la vente, pesait quatre-vingt six kilos à l'âge de dix mois et vingt jours ; un autre de ses produits mâles, avec une brebis mérinos , a pesé à l'âge de dix mois, soixante-deux kilos.

La première année, les brebis du Berry n'ont donné en moyenne qu'un kilo cinq cents grammes par toison ; l'année suivante , leurs toisons pesaient un kilo sept cent cinquante ; leurs filles croisées âgées de dix-huit mois, ont fourni après une année de tonte, des toisons pesant en moyenne trois kilos. De trois béliers southdown, le plus vieux a été vendu ; les deux autres âgés de trois ans et demi, pèsent quatre-vingt quinze kilos chacun ; une des belles brebis southdown et berry, née à la fin de 1858, pèse cinquante-deux kilos ; une brebis de 1860, trois quarts southdown, pèse quarante-quatre kilos ; les brebis métis-mérinos assez chétives ont produit avec des béliers southdown, des brebis qui nées à la fin de 1860, pèsent en 1862 de quarante-cinq à quarante-huit kilos ; les agnelles de la fin de 1861 , ayant reçu deux fois du sang southdown, pèsent trente-deux kilos ; celles dont les mères sont métis-mérinos , et qui sont aussi au second croisement southdown, pèsent deux kilos de plus.

Le bélier cotswold , avec des brebis du Berry, a donné des brebis de la fin de 1860 pesant quarante-quatre kilos. Les mêmes croisements venus fin de 1861 ont donné des antenaises-cotswold-berry pesant trente-deux kilos cinq cents ; des antenaises-cotswold-mérinos, de trente-huit kilos.

M. de Nathuzins, au château de Hundisburg , près

Magdéburg, l'un des meilleurs s'il n'est pas le premier
éleveur et cultivateur d'Allemagne, a déjà fait tous ces
croisements et bien d'autres; il m'a dit que le croisement qui donnait le plus de laine et de viande, était
celui d'un bélier dishley, ou d'un bélier cotswold, avec
ses plus petites brebis mérinos; aux femelles qui en
proviennent, il donne des béliers southdown; il s'en
tient à ce second croisement, mariant ensuite les plus
beaux béliers de ce double croisement, avec les femelles
du même sang; il m'a assuré que ces bêtes payaient
mieux leur nourriture, que toutes les autres races qu'il
connaît; il en excepte bien entendu, l'élevage des reproducteurs lorsqu'on sait bien les faire, et qu'on est
en bonne position pour les vendre.

M. Allibert pourra suivre cette manière de procéder;
il essaiera ce qui lui sera le plus avantageux, entre les
croisements suivants :

N° 1 aux brebis cotswold-berry, un de leurs frères.
   2 id. id. cotswold-mérinos,   id.
   3 id. id. southdown-berry,   id.
   4 id. id.   id.   mérinos,   id.
   5 aux femelles cotswold-berry, un bélier southdown, et aux femelles de ces trois sangs, un de
leurs frères.

N° 6 aux femelles cotswold-mérinos, un bélier southdown, et aux femelles qui en proviendront, un de leurs
frères; celui-ci fournirait les meilleures toisons; le
numéro cinq serait le plus rustique; c'est à voir par la
suite lequel des deux conviendra le mieux. Deux autres
essais à faire, seraient de donner aux brebis des nu-
méros cinq et six, un bélier d'Alfort qui pourrait améliorer la toison, sans nuire beaucoup aux carcasses, ou
bien un bélier de M. Pluchet ou de M. Pilat, aussi à
cause de leurs toisons : celles du premier sont plus fines,
celles du second sont moins belles, mais la laine en est
plus longue, par conséquent plus pesante. La carcasse

du troupeau de M. Pilat, moitié dishley et moitié mérinos, doit être plus lourde, mieux faite, et enfin plus précoce que celle des bêtes de M. Pluchet ; celles-ci ont plus de sang mérinos, et les toisons sont plus fines. M. Allibert m'ayant entendu faire l'éloge des nouvelles races shropshiredown et oxfordshiredown que je venais de revoir en Angleterre, et qui ont énormément gagné dans l'estime des éleveurs anglais, s'est décidé à en essayer. Au lieu de deux nouveaux béliers southdown qu'il voulait faire venir, il s'est procuré un shropshire de chez M. Randell, fermier à Chadebury près Evesham, et un oxfordshire de chez M. Charles Howard, fermier à Bidenham près Bedford ; il les a payés tous deux 250 fr. la pièce pris sur place, plus les frais de voyage ; il pourra donc faire de nouveaux croisements et de nouveaux essais comparatifs, qui pourront devenir fort utiles aux éleveurs français.

M. Allibert m'a conduit chez M. Trousseau, au Plessy-Saint-Antoine, à huit kilomètres, au nord de Tours, et à deux kilomètres au-delà de Mettray. M. Trousseau nous a fait voir cinquante hectares de betteraves très-bien réussies, dont un tiers en Silésie et deux tiers en globes jaunes ; il veut de nouveau vérifier les résultats comparatifs de ces deux variétés, pour leur produit en racines, en alcool, en résidus, et enfin en argent. L'année précédente, les globes lui avaient donné 4 pour °/₀ d'alcool, et les Silésie 5 ; mais les globes ayant donné un tiers en sus des Silésie, avaient procuré un bénéfice beaucoup plus considérable que les Silésie. Sa distillerie fonctionnait depuis quelques jours, lors de notre visite ; j'ai vu employer là, pour la première fois, des résidus de clarification d'huile de colza, pour la fermentation des jus ; M. Trousseau nous a dit qu'ils remplacent avec avantage le savon vert.

Nous avons vu que sa fabrication d'instruments aratoires avait encore fait des progrès en qualité, et en nouveaux instruments. Il construit une nouvelle charrue, sans avant-train ; elle peut se transformer en charrue à double versoir, ou en houe à cheval ; on y fabrique des semoirs à betteraves pour semer deux billons à la fois ; des herses anglaises formées d'anneaux ; des râteaux à cheval ; des charrues Howard et une charrue écossaise sans avant-train. M. Trousseau a deux cents brebis croisées southdown, qui ont déjà reçu plusieurs fois du sang southdown ; il compte continuer à leur donner des béliers de cette bonne race, afin d'arriver à avoir un troupeau southdown ; il engraisse un nombreux troupeau de moutons de pays. Sa porcherie contient les plus belles bêtes que j'aie vues cette année, en France. Ses étables sont garnies de quelques vaches à lait et de bêtes à l'engrais.

Nous avons rencontré en venant chez lui, trois de ses charrettes qui ramenaient du fumier des casernes de cavalerie de Tours ; il le paie 11 centimes par tête de cheval et par jour ; il a soumissionné pour tout le temps que le régiment actuel de cavalerie restera en garnison à Tours ; il en cède un tiers à M. Manuel, au château de l'Orphrasière ; l'ensemble de l'opération monte à près de 50,000 par an.

L'assolement que M. Trousseau a adopté est le suivant : 1re sole, betteraves avec soixante-dix mille kilos de fumier ; 2e sole, betteraves avec la même dose de fumier ; 3e sole, froment ; 4e sole, trèfle mélangé avec un peu de ray-grass d'Italie ; 5e sole, froment ; 6e sole, luzerne, dont une sixième partie se défriche chaque année, elle est remplacée par un nouvel ensemencement de cet excellent fourrage sur un autre champ. Ses soles sont de vingt-cinq hectares ; cela lui donne chaque année cinquante hectares de betteraves pour sa distillerie ; il en a autant en froment, et la même étendue en prairies artificielles ; il faut y ajouter le foin de ses prés, dont je ne connais pas l'étendue. Il a en outre, des terres semées pour former des pâtures à moutons ; elles fournissent de l'avoine lorsqu'on les défriche. Ce qui nous a le plus intéressé dans cette belle ferme que nous visitons souvent, c'est outre un grenier Pavy, une transmission de force prise sur un moulin à eau, situé à neuf cents mètres de la ferme. M. Trousseau peut ainsi faire marcher sa distillerie, les soufflets de forge, son grenier Pavy et sa machine à battre, sans compter les deux paires de roues du moulin, lorsque l'eau est en assez grande quantité ; lorsqu'elle manque, il se sert de la machine à vapeur. M. Trousseau espère pouvoir employer sa chute d'eau, à labourer quelques champs qui l'avoisinent.

La transmission de force se fait très-aisément et sans perte importante, malgré deux changements de direction. Le prix de cet appareil ne lui est revenu qu'à 3,500 fr. ; le petit câble de fil d'acier coûte 50 centimes le mètre ; les roues coûtent 100 fr. pièce ; il en faut deux par support ; les paliers graisseurs au nombre de deux par roue valent 30 fr., il y a quatre supports.

Nous avons vu, en nous promenant sur les bords de l'Indre, des pommiers qui portaient plus de pommes que de feuilles ; j'ai questionné une personne qui avait un certain nombre de beaux pommiers près de sa maison, sur l'emploi qu'elle ferait de ses fruits ; elle me répondit que toutes les pommes de couleur blanche, étaient vendues à des marchands venus des environs de Paris, à raison de 5 fr. l'hectolitre ; mais elle doit les livrer à bord de bateaux sur la Loire, à Nantes ; on les embarquera pour l'Angleterre. Un des arbres avait fourni huit hectolitres de pommes et avait produit par conséquent de 30 à 40 fr. Les marchands n'avaient pas voulu des pommes de couleur rouge.

En me rendant au château de la Basme chez ma belle-sœur, je me suis arrêté à Contres, petite ville à cinq lieues de Blois ; c'était jour de marché ; j'ai vu entre autres choses, du beurre à 1 fr. 60 le kilo, et des dindons maigres à 8 fr. 50 la paire.

Les terres à seigle de ces environs, se vendent de 1,500 à 1,800 fr. l'hectare au détail. Les journées d'ouvriers de campagne valaient 1 fr. 75 au commencement d'octobre ; elles se payaient 2 fr. 25 près de Cormery en Touraine ; cette différence dans le prix des journées tient probablement à ce que dans cette partie de la Touraine, il y a plus de petits propriétaires, et moins de simples journaliers.

Durant le séjour que j'ai fait chez ma belle-sœur, elle a loué à un fermier de la Beauce, cent soixante hectares partagés en deux fermes, à raison de 50 fr. l'hectare. Mon frère avait payé ces terres moins de 500 fr. l'hectare en 1827 ; voilà encore une preuve que les parents qui veulent améliorer la fortune à laisser à leurs enfants, feraient bien d'acheter des terres dans les parties de la France où la culture est fort arriérée.

J'ai visité le 14 octobre, le marquis de Vibray, dans son magnifique château de Cheverny, à quatorze kilomètres de Blois. Il est un des meilleurs sylviculteurs de France, et peut-être d'Europe ; il a planté ou semé plus de mille hectares de bois, dans sa terre de Cheverny, depuis 1827, époque à laquelle son père en est devenu propriétaire ; cette terre a plus de trois mille cinq cents hectares d'étendue. Elle avait appartenu anciennement à sa famille. Lorsqu'il y est arrivé encore bien jeune, il s'est occupé d'améliorer les bois de son père qui couvraient alors mille cinq cents hectares ; ils étaient si abîmés par les bestiaux de plus de vingt fermes, et si mal administrés, que leur produit net ne dépassait guères cinq mille fr. On a repeuplé les clairières des anciens bois ; on les a assainis par de nombreux fossés. On y a ouvert de nombreuses tranchées ; on a cherché à détruire les bruyères ; on commence dès

à présent à tirer bon parti des bois les plus anciennement créés par le marquis ; les deux mille cinq cents
hectares de bois de la terre de Cheverny , produisent
maintenant un revenu de 50,000 fr. M. de Vibray possède près de Mondoubleau une autre terre aussi importante, qui porte son nom. Le marquis en me faisant
parcourir ses plantations , m'a dit que la pratique lui
avait appris , qu'il ne fallait pas mettre de chênes dans
les terrains sablonneux dont le sous-sol n'est pas argileux ; il plante ce genre de terres en châtaigniers, bouleaux et pins ; il a une grande étendue de taillis de
chênes, sur terrains à sol ou à sous-sol argileux ; ils
ont été semés avec trois hectolitres de glands, en même
temps qu'on y semait des pins maritimes et des pins
sylvestres ; on a enlevé les pins dans les douze, ou
quinze premières années , en laissant de préférence
comme baliveaux , des pins sylvestres. Le marquis fait
grand cas des pins noirs d'Autriche , des pins laricios,
et des pins de Hagueneau ; ces trois espèces forment des
arbres poussant perpendiculairement ; il ne craint pas
de les élaguer à une assez grande hauteur , disant que
leur bois n'en souffre pas , comme les chênes et autres
arbres à feuilles caduques.

Il ne m'a pas paru approuver la manière de voir de
M. de Courval, qui a publié il y a peu de temps, une
brochure pour conseiller l'élagage des chênes , en cou-
pant les branches très-près du tronc , avec recommandation d'enduire soigneusement la plaie , avec du goudron de gaz ; M. de Courval dit en avoir élagué ainsi
un grand nombre et assure qu'en enlevant l'écorce qui,
au bout de quelques années , recouvre parfaitement la
plaie , on retrouve dessous l'enduit le bois très-sain ;
le goudron a empêché le nœud de se pourrir ; M. de
Courval ajoute qu'il a beaucoup d'imitateurs , dans le
voisinage de sa terre de Pinon, en Picardie.

M. de Vibray m'a fait voir un semis de cinq hectares

de pins noirs d'Autriche ; ils craignent beaucoup l'humidité comme au reste presque tous les pins. Le marquis a établi plus de soixante kilomètres de routes ou de tranchées dans ses bois ; une bonne partie en est macadamisée. A chaque traversée de deux grandes lignes, il a établi des ronds points, au milieu desquels il a planté un arbre rare, tel que le cèdre du Liban, ou celui de l'Algérie, ou encore celui de l'Hymalaya ; il a aussi planté des sequoia gigantea, des sequoia sempervirens, des abies douglasii, des abies nordmannia, des pinsapo, des thuya gigantea, etc., etc. Il estime beaucoup ce dernier, et en a fait un grand nombre de boutures, ainsi que du sequoia gigantea ; le premier qu'il a planté en 1856 a si bien profité, que son tronc près de terre, a 0^m,16 de diamètre, la tige a plus de trois mètres de hauteur ; les premières boutures qui en ont été faites, forment de belles touffes dans diverses parties du parc ; elles ont deux mètres de haut, et plus d'un mètre de diamètre en branches.

M. de Vibray aime beaucoup le pinsapo ; il en a un grand nombre qui ont cinq ou six mètres de haut ; il en a repiqué plusieurs milliers de petits, qui ont été payés 60 fr. le mille. Le marquis s'est procuré, il y a une vingtaine d'années, des glands de nombreuses espèces de chênes d'Amérique. Il en a planté un grand nombre, sortis de ses pépinières, le long de ses plus larges tranchées ; mais la plupart tournèrent mal et ont dû être recépés ; ils périssaient par la tête ; on en voit cependant quelques-uns qui sont devenus beaux.

M. de Vibray plante en arbres rares, au nombre de seize cents, une grande pièce de terre circulaire près de sa faisanderie ; il les entoure d'un treillage en baguettes de chêne reliées par des fils de fer ; il reçoit d'une fabrique de Paris ce treillage qui coûte 0 fr. 70 le mètre, cela est destiné à empêcher les lapins de ravager les jeunes plantations.

Le marquis cultive depuis six ans une ferme en assez bonnes terres; il y en a ajouté une seconde moins fertile, sur laquelle M. Guillot, le précédent propriétaire, avait construit un seul bâtiment très-grand; ces deux fermes contiennent ensemble deux cent cinquante hectares; la majeure partie en était restée en bruyères, quoique susceptible, étant drainée et chaulée, ou marnée, de devenir de fort bonnes terres. Les vingt fermes de la terre de Vibray, ne rapportent que 10 à 12 fr. l'hectare.

Il y a dans sa plus ancienne ferme, des vaches normandes; dans l'autre celle des Landes, des bêtes de pays; dans les deux il a des bêtes à laine solognotes; mais il vient d'acheter du comte de Bouillé, dix brebis southdown à 150 fr. la pièce, et autant d'agnelles à 120 fr.; il prendra l'été prochain plusieurs béliers dans la même bergerie. Il veut avoir trois troupeaux, l'un de southdown, le second de croisés southdown, enfin, le troisième de bêtes de Sologne, qu'il essaiera d'améliorer par sélection. J'ai regretté de voir une porcherie fort bien construite et très commode, garnie de vilains cochons, hauts sur jambes, et plats de conformation; on les baptisait du nom de craonnais; si encore il y avait eu un verrat anglais, j'en aurais pris mon parti.

La grange contient une machine à battre de Cuming, d'Orléans, avec manége pour trois chevaux; elle bat, m'a-t-il été dit, de vingt-cinq à trente hectolitres par jour. J'ai aperçu une moissonneuse qui a besoin d'un homme armé d'un râteau, pour débarrasser la plate-forme du grain coupé.

On espère que les froments donneront une récolte de vingt-cinq hectolitres en moyenne. Un champ considérable de récoltes sarclées, contenait de bonnes betteraves, des choux vaches et des navets.

Un champ de colzas de toute beauté est fauché pour les vaches, on les avait semés après une vesce d'hiver. Les vesces d'hiver semées pour l'année prochaine, sont très belles. On plantait un petit massif en arbres verts, principalement des épiceas; ils serviront par la suite, à abriter la seconde ferme contre les vents du nord; on les entourait d'un treillage, pour en éloigner les troupeaux et les lapins.

M. de Vibray a planté sur les bords des chemins principaux, des pommiers à cidre, qui viennent bien.

Depuis trois ans il emploie avec succès du phosphate fossile sur les terres de défrichements; il fait faire dans ce moment deux tas de fumier; l'un est saupoudré de phosphate fossile, tandis que l'autre n'en aura pas. Il vérifiera ainsi, si l'urine peut suffire pour dissoudre le phosphate employé dans les vieilles terres.

Il serait à désirer que quelques grands propriétaires, habitant la Sologne, voulussent acheter la charrue défonceuse de M. Vallerand, ou celle de Cotgreave, que M. Bodin fabrique à Rennes, pour 260 fr.; la première se tire de chez l'inventeur, près Vic-sur-Aisne, et coûte 400 fr.; elles serviraient l'une et l'autre à ramener à la surface, l'argile du sous-sol. En faisant cette opération avant l'hiver, cette terre forte se pulvériserait; en l'enterrant ensuite au printemps avec une herse, elle se mélangerait convenablement au sable, et lui donnerait la consistance dont il a le plus grand besoin. La charrue à vapeur de Fowler, conviendrait bien mieux encore; mais elle coûte 25,000 fr. avec son scarificateur et sa locomobile à vapeur de quatorze chevaux de force. Si on ajoutait à cette acquisition une charrue à drainer du même inventeur, on drainerait à moitié prix, dans les terres à sous-sol argileux, qui ne contiennent pas de grosses pierres.

Je voudrais voir dans les fermes de la réserve du château de Cheverny, maintenant qu'elles fournissent abondamment d'excellents fourrages et des racines, un taureau durham bien écussonné, et un verrat de chez M. Trousseau, ou bien un de Grignon.

Il n'y a que les grands et riches propriétaires, auxquels il soit donné de rendre aux cultivateurs de la France, l'immense service de leur faire connaître les importantes machines agricoles, qui journellement s'établissent et se vulgarisent dans la Grande-Bretagne. Déjà ces machines, chères, mais éminemment utiles, ont été importées dans bien des pays lointains; tandis que nous, qui sommes les plus proches voisins de l'Angleterre, nous ne les connaissons pas, du moins les plus chères; pour les autres, telles que bons semoirs et bonnes machines à battre, elles ne sont encore que chez bien peu de cultivateurs.

J'ai dit au commencement du compte-rendu de ma visite à M. de Vibray, qu'il était un éminent sylviculteur; mais je n'ai pas assez dit qu'il joignait à ses qualités de grand planteur et d'excellent administrateur de bois, celle de cultiver plus de cent variétés d'arbres résineux de pleine terre, et quantité d'autres arbres rares. J'ai lieu d'espérer, que d'ici à quelques années, il deviendra aussi un des meilleurs cultivateurs de notre pays, il est en outre excellent pisciculteur. Il est de plus très instruit en beaucoup de sciences, entre autres en géologie. Cette science peut être très-utile aux cultivateurs.

J'ai aussi fait ma visite annuelle à M. Duquesnoy, excellent cultivateur, mon compatriote; il est de Metz et moi de Nancy. Cette année a été favorable à toutes ses récoltes. Il vient de vendre son vin rouge et son vin blanc, 65 fr. la pièce de deux cent quarante litres. Ses carottes sont superbes, et lui rendent plus que les betteraves et les rutabagas; elles sont en moyenne, grosses comme des bouteilles à vin de Bordeaux. Ses autres racines quoique réussies, donneront un poids bien moindre par hectare. Il a semé beaucoup de navets et a de beaux choux cabus, les meilleurs de ces derniers feront de la choucroute. Son sorgho a mal levé, il n'est pas beau comme à l'ordinaire. Le maïs fourrage est consommé, et le sorgho ferait bien maintenant. Le fourrage qui lui produit le plus au printemps, est un mélange de trèfle incarnat, avec seigle, orge, avoine, pois, vesces et jarosse, semés au commencement de septembre. Au printemps il sème des pois, des lentilles, de l'avoine, de l'orge, du maïs, du millet et du moha ; lorsqu'une partie de ces plantes vient à manquer, les autres les remplacent.

M. Duquesnoy estime beaucoup la pomme de terre shaw, pour son excellente qualité ; il dit qu'elle souffre moins de la maladie que la plupart des autres ; le mal a été grave cette année chez lui, au point qu'il est obligé de défaire les silos, et d'ôter les tubercules malades. Il fait beaucoup de pommes de terre chardon, elles n'ont pas été atteintes de la maladie. Il assure qu'elles se mangent fort bien au printemps, lorsque les autres germent et ne sont plus bonnes ; un autre mérite est celui de donner moitié en sus du produit des espèces les plus productives.

M. Duquesnoy a fait venir un petit semoir anglais de chez M. Bodin, de Rennes, il ne coûte que 120 fr. ; il est très léger, et permet d'éloigner ou de rapprocher à volonté les lignes ; on y attèle un cheval ; il sème son froment en lignes séparées par dix pouces, et n'emploie qu'un hectolitre de semence, au lieu de deux que demandent les semailles à la volée.

Il sème un mélange de six à huit variétés de froment, qu'il a choisies dans un grand nombre d'espèces cultivées par lui avec soin pendant plusieurs années, pour connaître les meilleures. Je lui ai donné cette fois comme à plusieurs personnes visitées dans le cours de ce voyage, un épi d'une vingtaine des plus belles variétés, glanées dans divers lieux, mais surtout à Grignon ; je lui ai parlé de l'extrême beauté des épis du froment Hallett, de Brighton ; je lui ai dit qu'on en trouvait à 2 fr. le litre chez Vilmorin ; il m'a dit qu'il allait en faire venir, ce que d'autres personnes ont aussi fait sur mon conseil.

M. Duquesnoy, demeurant sur un coteau à sous-sol crayeux, a des puits profonds de quarante mètres ; il a vu chez un notaire de Valençay, un appareil, au moyen duquel une personne monte facilement sept cents litres par heure, tandis que deux personnes auparavant ne le faisaient que très difficilement ; il a fait venir cet appareil de chez Dupré, mécanicien à Château-Gonthier (Mayenne), il en est fort content ; il l'a payé 200 fr. tout rendu. M. Duquesnoy, depuis environ vingt-cinq ans qu'il a acheté cette propriété, a planté plus de sept hectares de vignes à la manière en usage dans le pays ; et voilà une année qu'il plante à la manière du père Denys, du village de Bônes, près Montrichard (Loir-et-Cher) ; il l'a modifiée, et plante deux lignes de ceps au lieu d'une ; il sépare ces deux lignes de ceps par un intervalle de deux mètres, et ne laisse qu'un mètre entre les ceps eux-mêmes ; ces doubles lignes de ceps sont séparées de leurs voisines, par onze mètres. Les huit vignerons, chargés de la culture de ses anciennes vignes, sont d'accord avec M. Duquesnoy, pour lui cultiver deux fois par an avec leur houe armée de deux crochets, les rangées de vignes, au prix de 0 f. 50 c. les cents mètres courants, et de donner à cette culture un mètre de largeur. Le reste de la terre, est labouré et emblavé, à l'exception de l'entre-deux des doubles lignes. Voici comment M. Duquesnoy s'y est pris pour faire économiquement sa plantation.

Il a jalonné les lignes destinées à recevoir les ceps. Un habile laboureur est venu avec une forte charrue attelée de quatre chevaux, et a tracé un sillon profond, il est revenu dans le même sillon pour l'approfondir le plus possible ; lorsque tous les sillons ont été terminés, les quatre chevaux ont été attelés à une fouilleuse

solide qui a passé dans tous les sillons. Les vignerons
ont enfoncé ensuite les boutures à un mètre les unes
des autres dans les lignes ; ils ont cultivé pendant le
mois de mai toutes les lignes de ceps, et la dépense de
main-d'œuvre pour une plantation de deux hectares
quarante ares, s'est élevée à la somme de 57 fr., en ne
comptant pas l'ouvrage fait par la charrue. Les bandes
de terre de dix mètres de largeur, puisque cinquante
centimètres doivent être cultivés par les vignerons le
long des rangées de ceps, seront emblavées par M. Duquesnoy comme à l'ordinaire ; les longues branches ou
verges du côt, seront étendues sur la planche libre de
onze mètres de largeur. Cette planche aura été labourée,
hersée et roulée au plus tard, pour la fin de juin, après
l'enlèvement de la première coupe de la prairie artificielle ; on devra semer alternativement en fourrage
chaque côté du double rang de ceps ; l'autre planche
portera du froment. Les verges seront supportées à
trente-trois centimètres de terre, par des bouts de
fagots fourchus, ce qui évite la dépense des échalas.
Ce genre de culture évite la dépense des porteurs de
hottes, soit pour la terre ou pour le fumier, soit pour
les vendanges, et souvent on est forcé de les apporter
de loin ; ici les voitures peuvent circuler sur les chaumes du froment et être toujours près des vendangeuses,
qui vident elles-mêmes leurs paniers dans les cuves
posées sur les voitures. Sur un hectare ainsi planté de
huit doubles rangs de ceps, les ceps n'occupent à peu
près que le tiers de la terre, et seulement un quart
aura été cultivé à bras ; le produit en sera aussi considérable que celui des vignes plantées à l'ancien usage ;
il ne coûtera que le quart pour les cultures à bras ; il
produira encore du froment sur trente-trois ares ; il
donnera une coupe de fourrage sur la même étendue.
Le maître Denys, qui a imaginé ce genre de culture de
la vigne, il y a vingt-cinq ans, est arrivé par cette mé-

thode, avec sa femme seule pour l'aider, à une fortune de 100,000 fr. environ. Il faut aussi tenir compte de sa grande activité et de sa sévère économie. Il avait débuté par un héritage de 5,000 fr. Il vend son vin au même prix que celui de ses voisins. De très nombreux propriétaires des communes environnantes, adoptent sa manière de cultiver les vignes, après l'avoir désapprouvée pendant dix ou quinze ans.

M. Duquesnoy continue à vendre les terres qu'il faisait cultiver par un métayer. Comme le vin se vend bien, il a lieu d'espérer que bientôt il ne lui restera plus rien de cette partie de sa propriété.

Je suis venu passer une huitaine de jours au château de Chissay près de Chenonceaux, chez le comte de Baillon. De là je suis allé chez M. de Ferrière, au château de la Ménaudière, situé même commune ; il a déjà planté une bonne partie des vingt-quatre hectares de terre labourable de sa réserve en lignes de ceps de côt ; il continue et il pense d'ici à trois ou quatre ans, compléter ainsi la plantation de ces vingt-quatre hectares; il a modifié la méthode du père Denys, de la manière suivante ; il a d'abord créé une pépinière de ceps de côt, afin d'avoir du plant enraciné, âgé d'un ou deux ans; cela lui permettra de vendanger une année ou deux plus tôt ; il ne laisse que six mètres d'espace entre les lignes simples de ceps ; il plante les ceps à trois mètres au lieu de deux dans la ligne, son projet est de palisser ses ceps, au lieu d'étendre les verges à un pied au-dessus de la terre labourée. Il allongera une verge d'un cep à l'autre, et la fixera après ledit cep. Cette verge fournira des brindilles montantes qui porteront les grappes ; je pense que les cinq mètres qui resteront pour la culture, la rendront très-gênante ; les plantes qu'on y sémera, ne s'arrangeront pas bien de l'ombre projetée par la vigne. M. de Ferrière m'a dit que si cela n'allait pas bien ainsi, il changerait de méthode.

Il m'a conduit chez un voisin, très-petit propriétaire, qui a étudié à Tours le jardinage. Il a quarante ans, il ne s'est pas marié, afin de rester avec madame sa mère, dans une jolie maison de paysan, tenue fort proprement: elle est singulièrement ornée par de beaux espaliers de pêchers, d'abricotiers, et des treilles : tout est parfaitement taillé ; les chasselas étaient fort beaux et très-abondants. La maison est entourée de vignes et d'un petit verger. J'y ai remarqué avec le plus grand plaisir une belle collection de chrysantèmes, en pleines fleurs.

M. Séricier était dans ses vignes, où nous fûmes le rejoindre. Il cultive ses trois hectares de vignes et les soigne très bien. Sur une petite partie, il fait des essais sur de vieilles vignes qu'il a fallu arracher ; il les a replantées de la manière suivante : il met les ceps de côt à deux mètres dans la ligne, et sépare les lignes par quatre mètres ; il place une verge à droite et l'autre à gauche ; il étend ensuite les branches à fruits de manière à couvrir les quatre mètres de terre qui devront être béchés l'automne, le printemps et l'été. Cette méthode pourra, je crois, être productive ; mais elle ne sera pas économique.

M. Séricier a grand soin de ses anciennes vignes ; il était occupé à en fumer une partie d'une manière excessivement dispendieuse, encore en usage dans ce pays ; il avait ouvert dans une partie entre chaque rang de ceps un fossé dans le fond duquel étaient couchés des fagots de menus branchages, achetés dans la forêt voisine au prix de 10 fr. le cent ; il en faut par hectare trois mille cinq cents ; c'est d'abord 350 fr. pour commencer ce genre de fumure ; les fossés reviennent au moins à cinq centimes, à faire et à reboucher ; c'est encore 175 fr.; le port des fagots doit employer, si l'on fait deux voyages par jour, dix-sept jours à cent fagots par voyage ; cela exige dix-sept journées d'un homme et d'un fort cheval au moins ; en né comptant qu'à 5 fr. cela fait

85 fr. ; les trois sommes réunies forment le chiffre de 610 fr. C'est une somme effrayante, surtout pour les petits propriétaires de ces pays, qui sont d'une économie extraordinaire ; mais heureusement il ne s'agit pas de débourser cette somme entière ; ces gens sont d'une extrême activité lorsqu'ils travaillent pour eux ; ils font tout cela eux-mêmes ; les charrois sont exécutés par leur baudet ou leur petit cheval, ou leur mulet.

Nous avons remercié M. Séricier en le quittant ; c'est un homme qui a une instruction supérieure à sa position sociale.

Le château de la Ménaudière est d'une date fort ancienne ; il a été fortifié dans le temps ; une de ses façades, domine une jolie petite vallée.

Le 30 octobre j'ai fait une visite à M. Févet, au Roger, grande distillerie de grains ; comme le seigle est maintenant trop cher, il a fait venir du maïs d'Amérique ; il donne à peu près la même quantité d'alcool que le seigle. M. Févet préfère ces résidus à ceux du seigle, pour ses étables qui contiennent habituellement cent dix bêtes à cornes ; ce sont les taureaux réformés vers l'âge de trois ans, qui lui donnent le plus de bénéfice ; seulement depuis quelque temps, il a de la peine à s'en procurer ; le boucher de Blois qui a obtenu la fourniture de la viande pour toute la garnison, a dû s'engager à donner les animaux complets, c'est-à-dire le train de derrière aussi bien que celui de devant ; cela fait qu'il recherche les taureaux. M. Févet dit, je crois avec raison, que la troupe serait mieux servie avec les quartiers de devant de tous les bouchers de la ville qui tuent des bêtes grasses, qu'avec des taureaux à demi-gras.

Il engraisse un grand nombre de bêtes de race parthenaise ; un marchand de bestiaux, connu par son honnêteté, et qui demeure dans la ville de la Haie, dans le département de la Vienne, les lui amène moyennant 18 fr. par tête ; c'est l'indemnité que lui accordent les bouchers qu'il fournit.

M. Févet m'a dit qu'il connaissait un des professeurs du collége de Pontlevoy, dont le père est vétérinaire dans le Cantal ; il lui a appris que les éleveurs de cette contrée avaient eu beaucoup à souffrir de la pleuropneumonie ; ils ont essayé l'inoculation depuis quelques années, et en ont été si contents, qu'ils sont convenus entre eux d'inoculer toutes leurs bêtes bovines sans exception , afin d'éviter cette terrible maladie ; ils ont obtenu des autorités départementales, qu'elles poursuivraient et mettraient à l'amende les éleveurs qui négligeraient ce remède préventif. M. Févet va essayer d'importer des bêtes du Cantal ; il continuera si elles lui donnent les mêmes bénéfices que les autres races, qui sont restées sujettes à cette épizootie.

Il vend maintenant au poids la plus grande partie de ses bêtes, du moins celles qui sont livrées dans des villes où il y a des abattoirs ; il s'arrange avec les directeurs de ces établissements, pour qu'ils lui fassent connaître le poids de la carcasse et celui du suif ; il est convenu avec eux de leur donner cinquante centimes par bête, pour cette information.

Les bêtes qu'il engraisse, reçoivent autant de résidus de distillation qu'elles peuvent en consommer ; il n'y ajoute rien autre que trois kilos de paille, mis dans les râteliers ; ce qui en reste sert de litière ; les animaux séjournent environ quatre mois chez lui. Il ajoute à cette nourriture, un peu de foin pour les bœufs de travail, qui ne font qu'une attelée par jour ; ils prennent ainsi de l'embonpoint.

Son assolement est alterne : froment tous les deux ans, et fourrage ou cameline, qu'il préfère au colza, parce qu'elle reste moins longtemps en terre ; elle ne se sème qu'au printemps et lui donne une abondante litière, ce dont il manque.

Il achète le plus possible d'ajoncs ou de bruyères, n'ayant point à sa portée de tourbières, ou de tanneries ; les sables, mêlés de falun, de ses environs, ne conviennent pas à ses terres, assez brûlantes.

M. Févet plante tous les ans des vignes, et n'y met plus que du carmenet-sauvignon qu'il a tiré du Médoc. Ce cépage ressemble beaucoup au côt, mais il a l'avantage sur celui-ci, de fleurir quinze jours plus tard, cela aide à le préserver des gelées du printemps ; il dit aussi qu'il est moins sujet à être gelé en hiver, attendu que ses yeux sortent moins du bois, que ceux du côt ; il plante en lignes simples à quatre mètres les unes des autres, afin de cultiver à la charrue ; mais il ne veut rien semer dans ses vignes. En quittant M. Févet, je suis allé faire une visite à M. Thauvin, qui occupe dans le bourg de Pontlevoy une fort belle maison, placée entre deux jardins ; il cultive quatre fermes qui lui appartiennent ; mais deux sont éloignées d'une couple de lieues ; il y a mis des maîtres-valets, qui moyennant du grain et une certaine somme, sont chargés de nourrir les domestiques et les journaliers.

Il vendait ses betteraves à M. Févet, mais depuis que celui-ci a renoncé à distiller des racines, M. Thauvin a monté il y a trois ans, une distillerie qui travaille dix-huit mille kilos de betteraves par vingt-quatre heures. Ses récoltes produisent de trente-cinq à quarante mille kilos de betteraves ; il paie 18 francs des mille kilos de Silésie et 16 fr. des globes jaunes ; il refuse les disettes, il m'a dit ne pouvoir faire que 4,75 pour % d'alcool. Il conserve ses racines en immenses tas dans la cour de sa distillerie, terrain qu'il a dû payer sur le pied de 50,000 fr. l'hectare, pour l'avoir à portée de sa maison ; cet emplacement ne donne cependant que sur une petite rue. J'ai trouvé ses chevaux percherons fort beaux, et je lui en ai fait mon compliment ; M. Thauvin m'a dit qu'il les achète dans le

Perche, âgés de deux ans, dans les prix de 8 à 900 fr.;
il les fait labourer de l'âge de trois ans à celui de cinq ans,
et se défait de ceux qu'il ne trouve pas assez bons ou
assez forts pour conduire dix-huit hectolitres de 3/6 à
Blois ; ils ramènent du charbon ou des acides de Blois,
qui est à six lieues de Pontlevoy, avec deux fortes
côtes ; ils font donc dans leur journée douze lieues, étant
chargés. M. Thauvin m'a dit que, de cette manière, il
ne perd jamais sur ses chevaux qui sont de choix et
valent 1,500 fr., à l'âge de cinq ans. Je l'ai remercié
de ses bonnes informations, et je me suis rendu à la
ferme-école de la Charmoise ; j'ai regretté de n'y pas
trouver M. Malingié, qui ayant été nommé maire de
Pontlevoy, y avait été appelé par ses fonctions. Après
avoir fait une petite visite à Mme Malingié, une charmante personne, je suis allé visiter les récoltes encore
sur terre.

J'ai vu un beau champ de dix hectares, en topinambours ; M. Malingié en fait consommer les tiges à son
fort beau troupeau, à partir du 15 de septembre.

Il vend ses béliers 200 fr., et ses brebis de 75 à 100 f.
la pièce ; il a trois cents mères brebis, qui sont vraiment
remarquables.

J'ai vu avec plaisir un champ de très-beau colza
semé en lignes, ainsi qu'un grand champ de navets
d'éteule. Il a de très-beaux choux de Poitou, qui devront
être consommés avant les fortes gelées ; on en repique
dans ce moment qui seront mangés au printemps.

Il fait beaucoup de maïs-fourrage et en récolte la
semence chez lui. Il fait aussi du sorgho de Chine, qui
lui a bien réussi cette année ; ses trèfles incarnats, ainsi
que ses trèfles rouges, promettent d'être beaux ; on est
occupé des semailles de froment ; il est désolant pour
ce jeune et habile cultivateur que le riche propriétaire
de la Charmoise ne comprenne pas qu'il serait de son
intérêt de drainer les terres à sous-sol imperméable de

sa belle ferme ; M. Malingié le lui demande inutilement ; il lui propose cependant de lui payer l'intérêt à 5 pour % de la somme dépensée en drainage ; il n'y a encore que peu de propriétaires français, qui aient des idées justes à cet égard. Je suis allé le 5 novembre, faire une visite au comte Alfred de Marolles, au château d'Aiguesvives ; il a dans sa culture de réserve, un taureau et des vaches de la race agenaise, pour le travail ; mais il est forcé d'avoir aussi des vaches d'autres espèces pour avoir du lait ; elles reçoivent un taureau de demi sang durham, qui a produit plusieurs vaches fort bien faites et qui donnent beaucoup de lait. Il cultive toujours du maïs-fourrage et fait lui-même sa semence ; il se loue de cette excellente et très-abondante nourriture. J'ai admiré dans sa basse-cour, de gros canards à fort beau plumage ; ils proviennent de canards de Barbarie avec des canes barbottières ; j'ai remarqué aussi des volailles croisées brahma poutra avec des poules de la Flèche ; elles sont fort grosses et excellentes à manger.

J'ai fait ma visite annuelle au père Maigny, à Saint-Georges ; lui et son gendre ont récolté sur trois hectares quatre-vingt seize ares, trente pièces de vin ; leurs vignes sont cultivées à l'ancien usage. Le père Denys cultive les siennes en lignes fortement espacées ; l'intérieur est labouré au lieu. d'être travaillé à bras ; il a eu près de soixante pièces sur à peu près pareille étendue. J'ai remis au père Maigny, une douzaine d'épis d'autant de variétés de froments très-productifs, et un peu de celui de M. Hallett de Brighton ; ce brave homme a toujours cultivé avec soin les échantillons de froments que je lui ai donnés, au retour de mes voyages ; et il a cherché à répandre ceux qui réussissaient le mieux chez lui.

J'ai quitté Chissay le 7 novembre pour Blois, d'où M. Salvat m'a conduit au château de Nozieux. J'y ai

de nouveau admiré ses magnifiques vaches durham ;
l'une d'elles est âgée de neuf ans ; il l'engraisse pour
Poissy, ainsi qu'un jeune bœuf ; la vache pesait neuf
cents kilos au moment où on la mettait à l'engrais ; j'ai
vu aussi deux très-beaux taureaux. M. Salvat a vendu
deux jeunes taureaux à la suite du concours d'Angers,
à M. de Kerjegu, directeur et propriétaire de la ferme-
école du département du Finistère, près de Châteauneuf, et à un autre Breton, qui sont venus le voir à
Nozieux ; l'un des taureaux âgé de six mois, a été payé
400 fr.; et l'autre, âgé de trente jours, a été vendu
150 fr. Je vois avec plaisir M. de Kerjegu se livrer au
durham ; je l'ai visité en 1857, il s'était enthousiasmé
pour la petite race du Morbihan, et avait de la peine à
essayer le croisement ayrshire ; il a enfin appris par expérience que le croisement durham est le seul profitable, lorsqu'on peut en bien nourrir les produits.

M. Salvat ne cultive que vingt hectares d'excellentes
terres, qui pourraient se vendre de 7 à 8,000 fr. au
détail ; il a trois hectares repiqués en betteraves, après
une récolte de seigle et de trèfle incarnat ; cette variété
de betteraves que je lui ai rapportée de Belgique, provient d'une hybridation entre la disette et la betterave
jaune longue d'Allemagne ; il la préfère à toutes les
autres espèces ; il dit que les vaches les mangent les
premières, lorsqu'on leur en donne de plusieurs espèces
ensemble. Il a aussi de fort belles carottes à collet
vert.

Après avoir labouré ses chaumes de froment, il y a
repiqué des rutabagas qui sont devenus fort beaux,
l'été ayant été pluvieux. Je lui ai parlé du froment pedigree ; il a écrit de suite à la maison Vilmorin, pour en
essayer un demi hectare ; il sèmera une partie en lignes, comme il le fait pour toutes ses céréales ; il
compte aussi en planter, grain par grain, pour avoir
de meilleure semence, comme le fait M. Hallett. Des

vignerons demeurant dans les environs du château de Nozieux, viennent tous les ans demander des terres à M. Salvat, pour y faire du chanvre à moitié; ils bèchent la terre, emploient les six cents kilos de guano qu'il avance par hectare, et dont ils lui remboursent moitié du prix; ils sèment le chanvre, l'arrachent, le mettent en bottes et en tas égaux, qu'on tire au sort; le produit de cette année a été de 1,200 fr. à partager entre lui et ces bons ouvriers. Il sème en blé cette terre de chanvre sans y ajouter d'engrais, il en tire de trente à quarante hectolitres par hectare, lorsque le blé ne verse pas; cette récolte est tout entière pour lui.

M. Salvat m'a raconté avoir entendu citer un habitant de Blois, M. Arnautison, comme ayant une vigne prodigieusement chargée de raisins; il était allé le voir avant la vendange, et avait été très-étonné du produit extraordinaire en vin, qu'elle annonçait; M. Arnautison, qui demeure en été à une lieue de Blois, lui a dit qu'il avait acquis cette propriété il y a deux ans; il y a trouvé soixante ares plantés, il y a quelques années, en gamet; les plants étaient en lignes espacées d'un mètre trente-trois centimètres; les lignes étaient garnies d'un double rang de fil de fer; il avait fait tailler, pincer et soigner cette vigne de la manière indiquée dans le livre du docteur Guyot; c'était le résultat de cette méthode que voyait M. Salvat qui a appris depuis par le bruit public, que cet arpent avait donné cinquante-cinq pièces de vin rouge, de la contenance chacune de deux cent vingt-cinq litres; on ajoutait que M. Arnautison faisait arracher toutes ses anciennes vignes, pour les planter et les arranger à la manière du docteur Guyot; cette méthode au reste est essayée par bien des propriétaires de ce pays; M. Salvat a déjà planté depuis deux ans une assez grande étendue de vignes destinées à être traitées ainsi.

En quittant M. Salvat, je traversai la Loire, pour

aller coucher chez le comte Ferdinand de Beaucorps, au château de Saint-Denys ; son habitation est fort belle, et ses jardins joignent de grands et excellents prés.

M. de Beaucorps ne cultive plus ; il a quelques vaches, dont deux croisées durham, sont de fort bonnes laitières. Le lendemain matin, je me suis rendu à la station de Meung, où mon neveu le comte Albert de Gourcy m'attendait, pour me conduire au château de Luz, chez ses beaux parents, le comte et la comtesse de la Bourdonnaye.

Cette partie de la Beauce, est en terres trop fortes pour pouvoir être labourées convenablement avec des attelages de deux chevaux ; c'est cependant l'usage des fermiers, quoique leurs chevaux que j'ai vus, ne soient pas très-forts ; une partie des terres sont pierreuses et peu profondes, sur un sous-sol de marne ; mais la majeure partie serait très-productive je pense, si elle était labourée profondément, drainée là où c'est nécessaire, et bien fumée.

Les fermes sont bien bâties, les terres calcaires sont en grande partie très-bonnes ; les fermiers n'en paient cependant que 30 fr. l'hectare, ce qui me paraît bien au-dessous de leur véritable valeur ; les fermiers n'ont pas de prés ; leurs bêtes à cornes vont pâturer dans les trèfles, dans les luzernes et les sainfoins, lors même que la pluie a détrempé ces prairies artificielles. Ce sont cependant leurs seules ressources, pour obtenir des fourrages, pour nourrir leurs chevaux, leurs bêtes à cornes, et leurs moutons métis-mérinos. Toutes les prairies artificielles que j'ai vues, sont couvertes de trous que les pieds des animaux y ont imprimés ; l'eau séjourne dans ces trous, et pourrit les racines des légumineuses ; celles qui ne sont pas détruites par l'humidité, le sont par les dents du bétail qui étant mal nourri, mange jusqu'au cœur des plantes ; ce qui survit et résiste à tous ces mauvais traitements, ne peut pas donner de bonnes récoltes, dans des terres naturellement fortes, et que le piétinement des animaux, et puis la sécheresse ont rendues dures comme la pierre. Le grand mal de ces environs, comme de beaucoup d'autres parties de la France, c'est que les fermiers prennent des fermes beaucoup trop grandes pour leur capital ; ici, deux fermiers dont un n'est nullement dans l'aisance, et l'autre est pauvre, cultivent entre eux deux trois cent vingt hectares, tandis que chacun d'eux aurait de la peine à en cultiver cent passablement.

Je ne vois qu'un moyen de sortir d'une pareille impasse ; ce serait d'aller chercher dans un pays à terres calcaires assez fortes, où l'on cultive bien, de bons fermiers à leur aise ; si on ne peut en trouver qui aient un capital convenable, il faut en chercher alors qui, pour tout capital, aient beaucoup de bras en état de travailler, et une réputation d'honnêtes gens ; il faut surtout qu'ils soient bons cultivateurs ; on les prendrait comme métayers ; on leur fournirait tout ce dont ils auraient besoin pour bien cultiver ; au bout de cinq ou six ans, ils seraient en état en leur laissant le cheptel à 5 pour % de devenir de bons fermiers ; ils seraient en position de gagner de l'argent, tout en améliorant leur ferme, ils pourraient alors payer un loyer en proportion avec la valeur réelle de la terre ; le partage des récoltes leur aurait fait connaître cette valeur réelle de même qu'au propriétaire.

J'ai quitté les bons et aimables habitants de **Luz**, dont j'ai trouvé fort beaux l'habitation et le grand parc, pour me rendre à Vierzon et, à huit lieues de là, au château de Loroy, chez mon ami, M. Lupin. J'ai traversé d'abord une superbe forêt impériale, ensuite un pays très-peu peuplé. Les communes y ont ordinairement des milliers d'hectares de bruyères communales. Défrichées, drainées et chaulées ou marnées, ces bruyères se louent plus cher que les terres de Beauce, que je venais de quitter. Un grand avantage des pays à terres légères, c'est qu'on les cultive mieux avec deux chevaux ou deux bœufs, qu'avec quatre, dans les terres fortes ; mais dans ces dernières, les charrues à vapeur feront révolution. On a fait de belles récoltes de grains, de fourrages et de racines, dans les six fermes de la terre de Loroy ; on y a construit plusieurs belles étables.

M. Lupin a obtenu d'appliquer d'avance, pendant un certain nombre d'années, ses très-nombreuses prestations, pour faire une route de cinq kilomètres, qui passe devant le château et réunira sa commune de Merié-es-Bois à la grande route qui va de Bourges à Gien et Montargis ; elle ira plus tard, après avoir traversé cette route, rejoindre celle qui va de Bourges à Henrichemont, chef-lieu d'arrondissement. On travaille avec suite à cette assez grande entreprise qui sera fort utile au pays : le chemin vicinal était devenu tellement impraticable, qu'on ne pouvait même plus y passer à cheval. Ce pays, couvert de forêts, n'était anciennement traversé que par des routes presque parallèles : elles ne se rejoignaient que par des chemins à peu près impraticables. Il va bientôt se trouver traversé par plusieurs routes de grande et petite vicinalité, qui aideront à sa régénération.

Revenu à Paris, je suis allé passer un jour dans les environs de Poissy, chez le marquis de Crux, beaupère d'un de mes neveux. Ces messieurs m'ont conduit au château de Videville, chez M. Gilbert, fermier de la Bassecour ; le grand-père du fermier actuel a commencé, il y a de longues années, le beau troupeau métismérinos, qui jouit depuis fort longtemps d'une réputation fort étendue. Cette bonne réputation est principalement due à M. Gilbert le père, qui a cédé, il y a peu de temps, sa ferme à son fils aîné. Il avait établi ses trois autres enfants, qu'il a élevés tous avec l'intention d'en faire de bons fermiers et de bonnes femmes de fermiers : il continue à les aider de ses bons conseils.

Le jeune fermier actuel a bien voulu nous faire voir en détail ses très-belles et très-nombreuses bêtes à laine : il nous a dit que son premier berger gagne mille francs et est nourri chez lui. Dans ce troupeau, on vend annuellement au moins cent béliers, au prix moyen de 400 fr. ; dans le nombre, quelques-uns dépassent 1,000 fr., d'autres atteignent 1,500, 2,000 et même 3,000 fr. ; on vend de cent à cent cinquante antenaises, au prix de 100 à 200 fr., pour le Cap, pour l'Australie, la Nouvelle-Zélande et la Plata. Dans de si belles conditions, il faut avant tout de bons bergers. Les deux autres bergers gagnent 500 et 600 fr. ; mais ils ne sont pas nourris.

M. Gilbert ne pouvant vendre que de jeunes bêtes pour des colonies si éloignées, conserve ses brebis, tant qu'elles donnent de bons agneaux : il n'en réforme guère qu'une cinquantaine chaque année : elles sont remplacées par le choix de ses antenaises : il agit de même pour les béliers qu'il réserve pour la lutte ; il tient ces bêtes à part, et ne les montre pas aux acheteurs, afin de n'être pas tourmenté inutilement par eux. Il ne conserve pas beaucoup de béliers; car ici, la chose essentielle, c'est une toison fine et tassée. On ne fait, je crois, que peu d'attention aux formes des reproducteurs. M. Gilbert ne fait sauter à chacun de ses béliers que cinquante brebis, afin de ne pas les fatiguer. Il les tient dans des boxes, où on leur donne une brebis après l'autre. La lutte se fait de bonne heure chez lui : il peut vendre après ses béliers pour faire une seconde lutte. Ce sont eux qui sont vendus le plus cher, car ils ont été choisis sur plus de cent béliers.

M. Gilbert donne à ses brebis et à ses antenaises un demi-litre d'avoine et un litre de son : il augmente l'avoine jusqu'à un litre, lorsque les agneaux deviennent forts. Les béliers ont un litre d'avoine et autant de son.

Il hiverne huit cents têtes. Les toisons des béliers pèsent de huit à neuf kilos en suint : celles des brebis, quatre en moyenne.

Il a ordinairement trois cents agneaux qui arrivent à l'âge d'antenais ; mais cette année, par extraordi-naire, il ne lui est venu que deux cent vingt agneaux. J'ai entendu d'autres éleveurs se plaindre d'avoir éprouvé le même inconvénient.

M. Gilbert cultive trois cents hectares : douze sont en prés, et quarante en luzernes. Il ne sème pas de trèfle rouge ; ses terres sont, pour la plupart, trop brûlantes.

Ayant quitté Paris, je me suis arrêté à Epernay, pour me rendre, à quatorze kilomètres de là, au châ-teau de Chaltrait, chez la comtesse de Saint-Chamant. C'est la grand'mère de la femme d'un autre neveu de mon nom. M. de Saint-Chamant, l'oncle de ma nièce, étant mécontent de son fermier, l'a remplacé par un cultivateur ardennais qui m'a paru fort intelligent et en même temps instruit en agriculture ; il a déjà fait bien des améliorations dans sa ferme, depuis deux ans qu'il y est. Il a fait extraire une énorme quantité de pierres dans un champ ; elles empêchaient les bons et profonds labours : il m'a dit qu'il trouvait à les vendre de manière à être à peu près indemnisé des frais d'ex-traction ; aussi a-t-il l'intention de continuer cette grande amélioration. Il marne ses terres, dans un pays où ce genre d'amélioration n'est pas, à ce qu'il paraît, en usage. Il forme, à l'imitation de son propriétaire, des prés qu'il pourra irriguer avec les eaux d'une source et celles du drainage. Il a défriché bien des recoins et des bordures engazonnées : c'est un homme qui a la meil-leure volonté et beaucoup d'activité. Il mérite d'être encouragé dans ses bonnes intentions.

Le comte de Saint-Chamant transforme en prés toutes

les terres contenues dans son grand parc. Il achète les semences nécessaires à Paris ; il va aussi essayer de marner ses prés qui touchent des marnières. Il a agrandi un étang dont les eaux servent à irriguer ; mais je crois qu'il ferait bien d'essayer les divers engrais qui ont une grande valeur sous un petit volume, tels que guano du Pérou, nitrate de soude, os pulvérisés, cendres lessivées, suies, sang desséché, il verrait ceux qui produisent le plus d'effet pour la somme dépensée ; il verrait ensuite si, en employant les meilleurs de ces engrais sur les prés, l'augmentation de produit en foin peut payer en deux années, la dépense qu'ils ont occasionnée, et donner en sus un bénéfice raisonnable.

Le comte de Lamberty, beau-frère de M. de Saint-Chamant, s'occupe d'horticulture, depuis plusieurs années, avec une véritable passion. Il a constamment de six à huit jeunes gens qu'il élève, pour en faire des jardiniers très-instruits : ils restent deux ans révolus à Chaltrait, et sont ensuite en état de diriger convenablement un jardin. L'expérience en a été déjà faite bien souvent.

M. de Lamberty fait chaque année, pendant six mois (du 1er septembre au 1er mai), un cours d'une heure par jour. Il traite du jardinage proprement dit, et des sciences accessoires, botanique, géographie botanique, géologie, entomologie, chimie et physique. Le maître jardinier, qui a de l'instruction, fait mettre les leçons en pratique. Toutes les branches de l'horticulture sont enseignées : arbres fruitiers et arbres d'ornement ; toutes les tailles et toutes les opérations de multiplication ; culture forcée des fruits et légumes, la culture maraîchère, celle des plantes de serre chaude, de serre tempérée et d'orangerie, celle enfin des plantes vivaces et des plantes annuelles de pleine terre ; puis la manière de faire des corbeilles pour l'ornement des parcs, et des jardinières pour les appartements.

Voici les conditions d'admission :

Il faut avoir au moins seize ans, et avoir une bonne conduite ; on ne garde jamais un élève qui se conduit mal ; il faut que le jeune homme ait un goût décidé pour l'état et qu'il sache bien lire et écrire. Toute la journée est consacrée au jardin. On ne travaille jamais la nuit, ni les jours de fête. Les jeunes gens sont nourris et couchés chez les habitants du village : il leur en coûte environ 500 fr. par an.

M. de Lamberty reste complétement étranger aux détails d'argent. En un mot, il échange l'instruction qu'il donne contre le travail des jeunes gens. Il trouve toujours à les placer convenablement au bout de deux ans, s'ils ne doivent pas retourner chez leurs parents, ou chez leurs protecteurs.

M. de Lamberty a une collection complète de conifères, les plus rares compris. Il a une très-grande culture de légumes forcés ; ils sont faits pour un fruitier très-connu ; il demeure au coin de la place du marché des Jacobins.

Les jeunes gens qui ont envie d'apprendre et qui sont assez intelligents, sortent de chez lui beaucoup plus capables que ceux qui se sont formés chez les plus habiles horticulteurs, qui ont en général des spécialités, tandis que dans les jardins de Chaltrait, on s'occupe de tout ce qui est horticulture.

Je me suis remis en route pour gagner la station de Vitry-la-Ville : de là, je n'étais qu'à quatre kilomètres de chez M. Ponsard, au château d'Aumé. C'est un des bons agriculteurs de France ; il se tient toujours au courant des bonnes découvertes en agriculture. Une de ses étables ne contient que des durham pur sang. Elle est occupée par deux taureaux, huit vaches ou génisses pleines et quatre élèves.

Il vend les jeunes veaux, âgés de trois à quatre mois, de 250 à 300 fr. Ses vaches durham lui donnent de douze à seize litres d'un lait plus gras que celui des vaches du pays. Il a renoncé à l'élève des ayrshire pures ; il donne maintenant aux vaches de cette race qui lui restent, des taureaux durham. Pareille détermination a été prise dans plusieurs vacheries ayrshire de ma connaissance.

M. Ponsard cultive aussi une autre propriété en terre complétement de craie, à huit kilomètres de chez lui : il y tient ses vaches croisées durham.

Ses deux cultures nourrissent environ huit cents métis-mérinos. Ses béliers sont achetés chez M. Conseil, à Oulchy-le-Château. C'est un éleveur et cultivateur connu, qui demeure à six lieues de Château-Thierry et à même distance de Soissons.

J'ai vu chez M. Ponsard un bélier et six brebis de race d'Astracan ; leur aspect n'est pas flatteur.

Il a le fumier de quatre vingt-cinq chevaux de la garnison de Vitry-le-Français : il le paie 15 centimes. Il le donne à sa nouvelle culture, dont la ferme est plus rapprochée de la ville. Le prix d'achat est de 3 fr. le mètre. Le transport en porte le prix à 6 fr. le mètre. Dans ces terres de Champagne, on a le grand tort de labourer le plus superficiellement possible. On se sert de doubles charrues, attelées de deux chevaux conduits par un laboureur. On laboure ainsi un hectare et cinquante ares par jour.

J'ai engagé déjà plusieurs fois M. Ponsard, à aller visiter MM. les frères Saint-Denis : ils demeurent commune de Boult-sur-Suippe. Ils cultivent des terres de craie comme celles de M. Ponsard. Ces messieurs, nonseulement cultivent leurs terres de craie profondément ; mais encore, le bon exemple qu'ils donnent depuis fort longtemps a amené tous les cultivateurs de leurs environs à les imiter.

M. Ponsard met dans ses pauvres craies cent mètres de fumier de cavalerie ; ses froments lui rapportent jusqu'à vingt hectolitres; ses avoines, de quarante à quarante-cinq hectolitres. Il sème, l'année après cette forte fumure, de l'orge avec de la luzerne et un peu de sainfoin : cette prairie artificielle dure de six à neuf ans. On y sème l'avoine lors de son défrichement et l'on recommence l'assolement. La luzerne améliore singulièrement la terre.

Comme le fumier ne peut suffire pour d'aussi fortes fumures, M. Ponsard achète d'autres engrais, entre autres, des chiffons de laine, qu'il paie 120 fr. les mille kilos; des onglons de mouton, à 220 fr. le même poids. Il est très-content de leur effet. Il est très-bien monté en instruments aratoires; il est très-satisfait de la faucheuse Wood Peltier, pour ses prairies artificielles.

Il a de très-belles et très-grosses poules basses sur jambes et bonnes pondeuses : il les a obtenues de divers croisements.

Il a peuplé ses environs d'oies de Toulouse, en en donnant des œufs à ses voisins. Il a une porcherie peu nombreuse, mais garnie de bonnes bêtes anglaises.

M. Ponsard avait une immense roue hydraulique, de huit mètres de diamètre, qui faisait mouvoir deux pompes, et ne montait que quatre cent quatre-vingts litres par minute à quatre mètres de hauteur. Il a remplacé les pompes par huit tympans, qui montent à la même hauteur mille litres par minute ; l'eau élevée par une chute qu'il a créée à l'aide d'une dérivation de la Marne, lui sert à irriguer douze hectares de prés. Il a mis ses prés à l'abri des inondations intempestives de la rivière, au moyen de petites digues : ils donnent en moyenne six mille kilos de foin, tandis que les prés qu'il n'a pu irriguer ne donnent guère que la moitié de ce poids.

Il a récolté une énorme quantité de betteraves de la plus grosse espèce : ce sont celles connues sous le nom de globes jaunes à base plate, de M. Pargon de Salivalle, le lauréat de la prime d'honneur de la Meurthe, cette année. Il en donne quinze kilos par bête à cornes, et deux kilos par bête à laine, les agneaux de cinq à six mois compris.

M. Ponsard m'a fait boire du vin champanisé, qu'il fait pour lui, dans ses vignes, près de Vitry-le-Français, où il a une maison de ville. Ce vin m'a paru fort agréable. Voici comment il le prépare : on presse le raisin de choix sans le mettre en cuve ; on le laisse dans le fût jusqu'en mars ; on le met alors en bouteilles de champagne, qu'on pose perpendiculairement sur le bouchon. Au bout de trois à six mois, on le transvase, en y ajoutant, suivant la bonne ou la mauvaise qualité de la vendange de l'année, de huit à seize pour cent d'une liqueur composé moitié du meilleur vin de Champagne qu'on puisse se procurer, et moitié de sucre candi blanc.

Il m'a dit que le meilleur vin de Champagne revient au fabricant à 2 fr. la bouteille ; il se vend de 6 à 8 fr., suivant la réputation de la maison.

Le vin vendu 3 et 4 fr. ne revient guère qu'à 1 fr.

J'ai quitté cet excellent et fort aimable cultivateur, et je suis revenu chez mes enfants, à Pont-à-Mousson, le 31 décembre, après une absence de plus de six mois. Ce temps a été employé à la recherche de faits pouvant être utiles aux agriculteurs, que leurs occupations de tous les jours retiennent chez eux.

EXTRAITS INTÉRESSANTS

TIRÉS

DES JOURNAUX D'AGRICULTURE ANGLAIS

Depuis mon retour de ce pays, en 1862.

Concours de moissonneuses à Preston Lancashire,
en 1862.

Les machines qui ont concouru, sont celles :
1° De Mackormick (la nouvelle);
2° De Samuelson ;
3° De Picksley and sims ,
4° De Wood ;
5° De Gardner ;
6° De Brown and Young.

C'est la machine de Mackormick, perfectionnée, à râteau automate, qui a dépassé toutes les autres ; l'opinion générale de l'assistance a été en sa faveur, et le jury lui a accordé la médaille d'argent et 375 fr. de prime.

Cette faucheuse-moissonneuse de Mackormick, a travaillé concurremment avec une autre du même inventeur, mais arrangée par Burgess et Key ; cette dernière était employée depuis quatre ans dans la ferme où les essais ont eu lieu, près Norwich , comté de Norfolk. La nouvelle machine a été attelée à une heure, de deux chevaux appartenant à cette ferme ; elle a continué son travail jusqu'à cinq heures ; pendant ces quatre heures, elle a coupé deux hectares quarante ares, soit six hectares dans une journée de dix heures. Tous les assistants ont trouvé qu'elle opérait à merveille ; les javelles étaient très-bien faites ; il ne traînait point d'épis quand on a mis en gerbes ; les glaneuses, dit-on, n'avaient rien à glaner. Les deux chevaux étaient en bon état, tandis que les trois chevaux attelés à l'autre machine, celle de Burgess et Key, étaient très-mouillés de sueur. On cite comme ayant été présents à cet essai, M. Ricasoli, l'ancien premier ministre de Toscane, M. Mackormick lui-même, et MM. Burgess et Key ; ces derniers se sont mis d'accord avec l'inventeur, pour la fabrication de sa nouvelle faucheuse-moissonneuse, ce qui prouve beaucoup en sa faveur ; elle est donc fabriquée à Londres, par MM⁑ Burgess et Key, Newgate Street, qui la vendent 800 fr. ; ils en ont un dépôt à Paris, chez Ganneron. Je viens d'apprendre que M. Albaret, successeur de Duvoir, l'établit aussi à Paris.

Froments versés, coupés par une faucheuse.

M. Evelyn Denizon, propriétaire, bon cultivateur et membre distingué de la Société royale d'agriculture d'Angleterre, lui a fait part de ce fait : ses froments avaient été versés en grande partie par un vent violent qui les avait inclinés du même côté. Son régisseur prit une faucheuse, et les faucha en revenant à vide : il ne prenait qu'à rebrousse-poil ; pendant ce temps il faisait lier en petites gerbes qu'on mettait en moyettes, hors du chemin des chevaux. Sa moisson fut terminée ainsi infiniment plus vite et beaucoup mieux, qu'elle ne l'eût été faite à la faucille, sans compter qu'on a dépensé bien moins.

*Manière de se rendre un compte exact du produit
d'une récolte de froment.*

On choisit une place qui paraisse aussi semblable que
possible au reste du champ ; on y marque par quatre
piquets, un mètre carré, que l'on entoure d'une ficelle ;
on coupe tous les épis partant des pieds de froment
existant dans le mètre carré ; on les égraine soigneusement, on les vanne, et on les mesure ; en multipliant
le produit par dix mille, on a le produit d'un hectare.

*Produit moyen du froment pendant treize années,
chez M. Coleman, régisseur du duc de Bedford.*

M. Coleman, régisseur du duc de Bedford, à Woburn Abbey, a dit au farmers club de Londres, que le
produit moyen du froment, récolté dans les terres fort
sablonneuses de la ferme, pendant les treize dernières
années, ressortait à vingt-neuf hectolitres soixante-
dix litres par hectare. 1854, l'année la plus productive a donné une moyenne de trente-sept hectolitres
trente-cinq litres. Les quatre meilleures récoltes sont
ensuite celles de 1851, 1855, 1856, 1858 ; elles dépassent trente-deux hectolitres. La plus mauvaise année a
été 1853 ; elle n'a donné que dix-huit hectolitres quatre-vingt-dix litres ; elle a été suivie par trois années
des plus productives
Il faut observer qu'une grande partie des terres de
la ferme que cultive M. Coleman sont très-sablon-
neuses.

Froment Pedigree.

M. Frédéric Hallett, propriétaire à Manorhouse, près
Brighton, a rendu compte à la Société royale d'agriculture d'Angleterre, de la manière par laquelle il était

arrivé à créer la magnifique espèce de froment, connue sous le nom de Pedigree Wheat.

M. Hallett a commencé, il y a une douzaine d'années, à chercher les moyens de perfectionner les froments; ce n'est qu'en 1857, qu'il a trouvé la véritable manière de s'y prendre, manière qui lui a complétement réussi. Il choisit deux bons épis de froment Nurserie, regardé comme une excellente variété de froment rouge. Il prit le plus beau grain de chacun des deux épis contenant ensemble quatre-vingt-sept grains; il les planta dans son jardin, chacun sur un pied carré, le 17 décembre 1857; le produit fut de dix à douze bons épis : les trois plus beaux donnèrent, l'un soixante-dix-neuf; l'autre, soixante-seize; l'autre, soixante-quatorze grains. Il prit le plus beau grain de l'épi qui en contenait soixante-dix-neuf, et le planta dans son jardin le 22 octobre 1858; ce grain produisit dix-sept épis arrivés à maturité et cinq restés verts. Il les avait mis à l'abri des oiseaux à l'aide d'un filet. Ces dix-sept épis produisirent mille cent quatre-vingt-dix grains; le plus bel épi en contenait quatre-vingt-onze, dont le plus beau grain fut planté le 19 septembre 1859 dans le jardin. Il produisit cinquante-deux épis, mais le temps froid et de terribles vents de mer les abîmèrent. Le meilleur épi n'avait que soixante-quatorze grains; le plus beau grain fut planté le 19 septembre 1860, et produisit un épi de 0^{m}22 de longueur qui contenait cent vingt-trois grains. Le plus beau grain fut planté toujours dans le jardin, le 31 août 1861 et l'on n'en a pas encore le résultat. Mais j'ai vu à l'exposition de Battersea, deux pots de fleurs contenant chacun une touffe de froment non encore épié. Ces deux pots contenaient chacun plus de soixante-dix tiges, je les ai comptées moi-même. On assurait qu'elles provenaient d'un seul grain.

Les autres grains sont semés par M. Hallett dans les

champs, à la main, à neuf pouces les uns des autres dans des lignes séparées entre elles de douze pouces. Lorsqu'il a eu plus de grains, il a employé un semoir ayant de petites cuillers destinées à semer des navets, elles ne peuvent contenir qu'un seul grain de froment. Chaque grain en tombant se trouve à peu près espacé à neuf pouces comme ceux plantés à la main ; il ne faut les enterrer qu'à deux pouces. Vingt litres de froment suffisent pour semer un hectare, lorsqu'on le fait en septembre. A cette époque et avant on les espace de neuf pouces dans les lignes. En octobre, on doit espacer en tous sens à six pouces et il faut trente-deux litres, plus tard on doit espacer les lignes à six pouces et les grains à quatre, et il faut quarante litres par hectare. Si on peut semer de bonne heure, on doit sarcler une couple de fois à la houe à cheval de Garrett, avant l'hiver et plusieurs fois au printemps.

Comparaison des semences à la volée avec celles faites avec des semoirs.

Plusieurs des meilleurs cultivateurs anglais et français ne sèment qu'au semoir. Les lignes sont distantes de vingt-cinq à trente centimètres ; lorsque l'époque de la semaille n'est pas trop tardive, ils mettent de quatre-vingt-dix litres à un hectolitre. Dans la plus grande partie de la France on sème à la volée, on emploie au moins deux hectolitres, et même dans les environs de Paris trois. Il y aurait une grande économie à adopter la culture en lignes qui permet le sarclage à la houe à cheval ; en détruisant les mauvaises herbes, on augmente le produit des céréales, en leur donnant de l'air, qui raidit la paille, ce qui empêche la verse. L'acquisition d'un semoir anglais qui sème de douze à treize lignes à la fois, peut effrayer (800 à 1,000 fr.) ; mais on peut semer avec des semoirs moins chers,

quoique d'une manière moins expéditive. Un bon pétit semoir anglais à un cheval, qui a le mérite de distancer les lignes à volonté, ne coûte que 120 fr. chez
M. Bodin, à Rennes : il sème les céréales, les féverolles
et les navets.

*Pommes de terre estimées en Angleterre, et qu'il serait
utile de propager en France.*

Nous les partageons en trois classes. La première
sorte contient les bonnes, ce sont les pommes de terre
des pauvres gens ; elles produisent beaucoup et se
nomment white roch, la protestante, white apple,
scotch down. Pour les cuire et les avoir bonnes à manger, il faut les mettre dans une marmite avec de l'eau
froide, et les faire bouillir vite et sans intervalle, jusqu'à ce qu'elles soient bien cuites ; on évacue alors
l'eau, on les sale suffisamment, on remet le chaudron
sur le feu pour les faire sécher et on les mange sans les
laisser se refroidir ; si on ne suivait pas ces indications,
elles seraient moins bonnes. La seconde classe est meilleure : ce sont les carly prysle, red kidmey, irish fortifold, skerry blue et les champions. Ces espèces sont
plus farineuses, mais ont, comme toutes les pommes de
terre colorées, un certain goût particulier, estimé des
connaisseurs. Il faut aussi pour les faire cuire les
mettre dans de l'eau froide, elles cuisent plus vite, ce
qui indique leur bonne qualité. Les espèces supérieures
sont les fluke, défiance, ashleaf kidneys, kidney, prise
laker, dalmahoy d'Ecosse, david d'Australie, king
George. Meilleures elles sont, plus vite elles cuisent.
Les yeux enfoncés sont un défaut.

Engrais. — Excellente culture d'un fermier écossais.

La Société des Higlands a décerné, il y a un an, une
grande médaille d'or à un fermier écossais, M. Simp

son, de Teawig, pour un mémoire qu'il lui a lu. « Sa ferme se compose de cent vingt hectares ; son habitude est depuis plusieurs années, en suivant l'assolement quadriennal, de planter quinze hectares de pommes de terre, recevant cinquante mètres cubes de fumier de bêtes mangeant du tourteau, deux cent cinquante kilos de superphosphate de chaux et cent vingt-cinq kilos de guano du Pérou employé au moment de la plantation, le tout par hectare ; enfin cent vingt-cinq kilos de guano au moment du premier sarclage. Il donne aux quinze hectares de betteraves et de turneps, cinquante mètres de fumier et trois cent soixante-quinze kilos de guano ; il ajoute pour les betteraves six cent vingt-cinq kilos de sel de peaux ou de morue. Il arrache les betteraves et turneps au plus tard en novembre et sème le froment sans engrais ; il vient au secours des parties faibles avec deux cents kilos de guano ; le trèfle mêlé de ray-grass, ou les vesces d'hiver, reçoivent en mars un mélange de deux cent cinquante kilos de guano et cent vingt-cinq kilos de nitrate de soude ; il obtient ainsi une grande abondance de fourrage, vert et sec ; on a encore une excellente pâture pour le troupeau, après la seconde coupe du trèfle. Le colza est consommé en vert en automne avant la maturité des turneps, qui ont reçu un mélange de guano et de superphosphate de chaux.

La 4ᵉ sole est en avoine fauchée un peu verte, avant complète maturité ; alors sa paille vaut presque autant que du foin ; on objectera peut-être qu'elle sera trop difficile à battre ; il ne la bat pas ; mais il la fait passer au hache-paille, pour être consommée par les chevaux et les bêtes à l'engrais en guise de foin. Ces dernières reçoivent avec cela des tourteaux de graine de coton ou de noix de palmiers, qui sont très-bons et moins chers que ceux de lin et de colza. On mélange avec le vert qu'on donne en été aux chevaux, des gerbes d'avoine non battues et passées au hache-paille. Il dépense annuellement par chaque hectare de sa culture, 75 fr. en engrais de commerce, ce qui peut paraître effrayant à bien des cultivateurs ; mais c'est en opérant ainsi qu'on obtient des récoltes complètes, seul moyen de gagner de l'argent en agriculture.

Engrais.

Voici les méthodes de culture d'un des meilleurs cultivateurs d'Angleterre, M. Hudson de Castle Acre (Norfolk). Il donne ces détails à la date du 23 février 1862. Sa ferme contient trois cent vingt hectares de terres labourables et quatre-vingts d'herbages ou prés ; les terres sont légères. Il emploie :

Pour betteraves, par hectare, soixante-quinze mètres de bon fumier ; trois cent soixante-quinze kilos de guano à 40 fr. les cent kilos ; trois cent soixante-quinze kilos de sel à 2 fr. 50 les cent kilos ; trois cent douze kilos de superphosphate à 17 fr., ou 213 fr. d'engrais achetés.

Pour orge par hectare, trois cent douze kilos guano 125 fr. ; deux cent cinquante kilos sel 7 fr. = 132 fr.

Pour les rutabagas ou navets, soixante-quinze mètres de fumier par hectare ; trois cent soixante-quinze kilos de superphosphate 66 fr.

Pour froment, cinquante mètres de fumier ; cent cinquante-sept kilos guano 64 fr. ; soixante-deux kilos nitrate de soude 22 fr. ; deux cent cinquante kilos de sel 6 fr. 25. = 92 fr. 25 c.

M. Hudson ajoute qu'il achète par an pour 75,000 f. de tourteaux pour engraisser ses moutons et bêtes à corne ; un tiers est porté en dépense au fumier. La moyenne des dépenses faites en achats d'engrais est de 95 fr. par hectare, il faut y ajouter pour le tiers des tourteaux 62 fr., total 157 fr. par année par hectare, pour fertiliser ses terres, sans compter la valeur du fumier. M. Hudson ne fume ses herbages que tous les deux ou trois ans , parce qu'ils sont sur un sol très-fertile ; vingt-cinq mille kilos de bon fumier leur conviennent beaucoup. Lorsqu'il ne les fume pas , il leur donne un mélange de cent vingt-cinq kilos de guano , autant de nitrate de soude, et deux cent cinquante kilos de sel par hectare ; dépense de 105 fr. par hectare. Ses prairies artificielles reçoivent annuellement cette dose d'engrais.

Engrais.

M. James Porter a obtenu de la Société des Higlands, la grande médaille d'or pour son mémoire , sur les meilleurs fertilisateurs pour herbages et prés. Il a essayé pendant plusieurs années, divers engrais pour améliorer ses herbages et augmenter ses produits en foin. Il conclut que guano , nitrate de soude , sulfate d'ammonique , os pulvérisés , suie et cendres sont les meilleurs pour cet usage. Il a trouvé qu'un mélange de plusieurs engrais valait mieux que leur emploi séparé.

La terre sans fumure a donné du foin pour. 178 fr.
Pour une dépense de 100 fr. en fumier
    (trente mètres cubes). 284
100 fr. de superphosphate de chaux à l'hectare. 260
100 fr. de guano. 318
100 fr. de nitrate de soude. 312
100 fr. de sulfate d'ammoniaque. . . . 323 fr.

Le nitrate de soude , joint au sel en poids double , eût produit plus que tous les autres engrais.

Expériences comparatives d'engrais.

FROMENT.

	Hecto-litres.	Litres.	Augmenta-tion du produit par hectare	Profit net, prix de l'engrais déduit.	Produit en paille.
312 k. guano ont produit	42	12	11,52	240 fr.	4,580 k.
187 k. nitrate de soude...	39	87	9,27	210	4,707
187 k. nitrate de soude et 375 k. sel......	42	84	12,24	294	5,620
250 k. de sulfate d'ammoniaque	39	60	9,00	183	4,720
30 hectolitres de suie ..	37	08	6,48	173	4,250
Sans fumure..........	30	60	»	»	3,200

Pour les terres légères on met ensemble cent soixante-dix-sept kilos de nitrate de soude à 45 fr. les cent kilos ; trois cent cinquante-quatre kilos de sel de peaux ou de poisson ; deux cent cinquante kilos de guano bien pulvérisé ainsi que les précédents. Ce mélange forme une excellente fumure pour cent vingt ares avec une dépense d'environ 208 fr. par hectare. On doit passer ces engrais au tamis pour en séparer les petites mottes qui dans le guano sont très-dures , on y mêle du sable pour aider la pulvérisation, les mottes de guano sont employées à améliorer les purins contenus dans des citernes.

Fumier laissé sous les animaux.

Un bon fermier anglais a essayé de laisser le fumier sous ses chevaux tenus en boxes pendant un temps plus ou moins long. Une fois il l'y laissa pendant neuf mois , une autre fois pendant quinze. Ses chevaux ne s'en sont pas mal trouvés ni pour leur santé ni pour leurs pieds. Il avait l'attention de faire arroser le fumier tous les jours ; on mettait ensuite un peu de terre et de la litière. Il conseille de défoncer le sol des boxes à un mètre de profondeur , puis d'y remettre la terre. Elle boit l'urine et devient ainsi un excellent engrais ; on l'extrait une ou deux fois par an pour la remplacer par d'autre terre. La terre franche a le mérite de détruire la mauvaise odeur. Ce fermier s'est aussi assuré de la quantité de fumier produit par mois par un bon cheval de culture , tenu en boxe et qui reçoit neuf kilos de paille pour litière. Ses expériences de plusieurs mois sont ressorties en moyenne à mille kilos par mois.

Excellente culture et excellents animaux de ferme c he
M. de Nathuzius.

M. de Nathuzius, propriétaire du château de Hundisburg, près Magdeburg, cultive en grand, depuis plus de vingt-cinq ans, des terres fertiles et de pauvres sables. Depuis bien des années, il visite souvent l'Angleterre et en importe de bonnes méthodes de culture, tous les bons instruments, les meilleures machines et les plus belles races de bestiaux : durham ayrshire, dishley, cotswold, southdown ; grandes et moyennes races de cochons, étalons de luxe et de travail. Il y ajoute des juments percheronnes qu'il vient prendre en France. Il avait, il y a quatorze ans, un troupeau mérinos de deux mille cinq cents têtes, de petite taille, à toisons très-fines, mais peu pesantes. Il fit venir d'Angleterre des béliers dishley et vingt brebis de même race. Il sépara les brebis moyennes des petites ; à ces dernières, il donna les béliers dishley. Cependant ces brebis lui donnaient la laine la plus fine, mais il leur reprochait leur exiguïté de taille. Il fit venir à la même époque un petit troupeau de southdown. Les béliers furent donnés aux antenaises dishley-mérinos. Il donna ensuite aux antenaises de ce troisième croisement des béliers pris dans ledit croisement. C'est cette sous-race qui produit en viande et en laine le plus de produit net.

Ses brebis mérinos les plus fortes reçoivent d'abord des béliers mérinos de grande taille, et plus tard des rambouillet. Il essaie aussi les mauchamps.

Ses dishleys disparurent au bout de quelques années. Quoique soignés comme en Angleterre, l'herbage et le climat ne leur convenaient pas. Il les remplaça par une importation peu nombreuse de cotswold. Le troupeau southdown a prospéré de manière à lui permettre de vendre, depuis trois ans chaque été à l'enchère, cinquante béliers de cette race. Le prix moyen de vente a été, en 1862, de 300 fr. Ce troupeau a été singulièrement amélioré depuis plusieurs années par des béliers et des brebis venus de chez Jonas Webb. Il est bien remarquable que dans le nord de l'Allemagne, où tous les troupeaux sont de race mérinos, cinquante béliers southdown et cinquante autres de diverses races et croisements, en dehors des béliers mérinos, puissent trouver des acquéreurs à de si hauts prix.

M. de Nathuzius m'a mandé que les durham étaient bien supérieurs aux ayrshire, et qu'il supprimait ses taureaux de cette dernière race pour donner aux femelles un taureau durham. Il m'a envoyé un prospectus de la vente qu'il va faire le 6 mai. Elle se composera de cent béliers, dont moitié southdown ; de cent brebis, dont moitié southdown ; de dix taureaux durham, quarante à cinquante verrats des meilleures races anglaises et de cinquante truies de diverses races. Ce sont les cochons des grandes races qui se vendent le mieux, quoiqu'ils produisent de la viande à des prix plus élevés que les races moyennes.

M. de Nathuzius a encore importé les deux années dernières de nombreuses bêtes achetées dans les deux ventes de Jonas Webb, ainsi que des taureaux durham qui venaient d'être primés.

Il vend ses béliers et ses brebis mérinos de la main à la main.

Il me mandait qu'il semait toujours, chaque année, une centaine d'hectares de terres sablonneuses en lupins jaunes, pour ses troupeaux, et que ses vaches les mangeaient fort bien.

Excellente disposition de bâtiments de ferme. —
M. Mariage, fermier près Raygate.

M. Mariage est fermier de M. Gurney, qui demeure à Red-Hill, près la station de Raygate, chemin de Folkstone, à Londres. L'auteur de l'article a parcouru toute l'Angeterre pour en visiter la culture; il assure n'avoir pas encore vu une ferme aussi commodément construite que celle de M. Mariage. Son étendue est de cent huit hectares de terres fort légères, avec sous-sol imperméable, lesquelles ont été drainées : il y a en outre vingt-huit hectares d'herbages.

Les bâtiments de ferme sont placés sous une seule toiture, qui couvre un carré de trente-sept mètres sur vingt-neuf. Il y a des boxes pour loger les chevaux, et quarante bêtes à l'engrais; une étable pour quarante vaches laitières; une bergerie où l'on engraisse cent grosses bêtes à laine. Les toits à cochons sont, comme la bergerie, placés sur des planchers à claires-voies. Une machine à vapeur fixe est placée à côté d'une petite grange et d'une pièce où se prépare la nourriture du bétail. Les greniers à grain, les corridors ou passages sont garnis d'asphalte. Le tout est bien ventilé et sous la main.

L'auteur de cet article y venait pour examiner le travail exécuté par l'appareil complet de Fawler, qui n'y est arrivé que le 26 août 1862. Sa visite avait lieu le 15 novembre.

L'été et l'automne ayant été très-pluvieux, les labours ont été très-souvent arrêtés. Voici ce qui a pu être exécuté : dix-neuf hectares ont été labourés à six pouces de profondeur, trente-huit ont été défoncés à dix pouces ; trente-huit hectares ont été cultivés avec le scarificateur, ensuite vingt ont été défoncés pour des fermiers voisins.

Les labours ordinaires ont retourné en moyenne quatre hectares par journée de dix heures. Les défoncements qui entament pour la première fois le sous-sol compacte de tout temps, durci par le piétinement des chevaux, n'ont pu se faire que sur deux hectares par jour. On n'eût pu les exécuter avec des chevaux qu'à l'aide de deux charrues attelées de trois forts chevaux chacune, se suivant dans la même raie : ce qui eût coûté, dans ce pays, 94 fr. par hectare, exécuté par des fermiers du voisinage ; avec la charrue à vapeur, cela ne revient qu'à 24 fr. par hectare, ou 48 fr. pour une journée de dix heures. L'intérêt, l'amortissement et les réparations de la machine sont ajoutés à la dépense, à raison de vingt pour cent du prix de l'appareil de culture à vapeur de Fowler, qui est de 24,000 fr.

Vente annuelle de durham de MM. Cruickshank, à Syttyton, près Aberdeen (Ecosse).

Je leur ai fait une visite, il y a quatre ans. Ils avaient deux cent soixante durham de tout âge, et allaient faire quelques mois après leur vente annuelle, ordinairement en octobre. Celle de 1862 a roulé sur trente taureaux et dix génisses. Les plus vieux de ces animaux n'avaient pas atteint l'âge d'un an. Le prix moyen des trente mâles est arrivé à 825 fr. Le plus cher, âgé de sept mois, a été vendu 1,400 fr. ; le second a été vendu 1,275 fr. : il avait huit mois. Ceux vendus le moins cher sont arrivés à 550 fr. et 525 fr. La moyenne des génisses a été de 550 fr. La plus chère (sept mois) a été vendue 1,000 fr. ; la moins chère (quatre mois), 290 fr.

Un excellent ami d'Aberdeen m'a répété souvent, que si des cultivateurs du continent désiraient acheter un taureau durham, sans vouloir augmenter le prix

par la dépense d'un voyage, aller et retour, il leur suffirait d'écrire à MM. Cruickshank. On leur enverrait
un taureau de l'âge et du prix fixés. Les acheteurs
peuvent s'en rapporter à ces messieurs, avec certitude
qu'ils n'abuseront pas de la confiance placée en eux. Ils
expédient, pour 25 fr., jusqu'à Londres, où l'animal
sera déposé dans le vapeur indiqué. En écrivant, il faut
consigner le prix des animaux à acheter.

Vacherie durham de M. Stuart Majorybanks.

M. Stuart Majorybanks vient de se défaire de sa vacherie durham de Bushey-Growe près Watford, à dix-
huit milles de Londres. Elle se composait de soixante
vaches ou génisses et de vingt-deux taureaux, dont les
plus âgés avaient un an. Les femelles ont produit
106,860 fr. : c'est en moyenne 1,781 fr. par tête. Les
taureaux sont arrivés à 27,742 fr. et en moyenne à
1,261 fr. ; le total de la vente donne 134,617 fr. Seize
vaches ont dépassé le chiffre de 2,500 fr. et ont donné
une moyenne de 3,601 fr. : total, 57,025 fr. La plus
chère a donné 5,125 fr. ; la seconde, 5,000 fr. La plus
chère a été achetée pour lord Spencer. Le taureau le
plus cher a produit 4,000 fr., et le second 2,750 fr. Les
trois moins chers ont atteint 425 fr., 500 et 575 fr. En
comparant la vente d'une vacherie hereford (ci-après),
réputée comme remarquable, on verra combien les durham sont préférés. Sur soixante-sept femelles, cinq
seulement ont dépassé 1,000 fr. La plus chère est arrivée à 1,275 fr. Quatre taureaux ont produit 2,850 fr. ;
le plus cher a atteint 1,200 fr. Les durham vont toujours en augmentant de valeur et surtout de nombre.

*Expériences comparatives entre le produit en lait de
vaches du comté de Glocester et de vaches durham.*

Le professeur de chimie agricole, M. Wœlker, qui
jouit d'une haute réputation parmi les agriculteurs

anglais, vient de rendre compte à la Société royale d'agriculture, d'expériences comparatives entre le produit en lait de vaches du comté de Glocester et de vaches durham pures. L'essai s'est fait sur trois bêtes de chaque race. Celles de Glocestershire, pays où l'on fabrique des fromages, donnèrent en moyenne, pendant trois jours, ou six traites, chacune trente et une pintes le matin et vingt et une le soir : total, cinquante-deux pintes par jour. Les trois durham donnèrent, le matin, vingt-huit pintes et le soir vingt et une, soit quarante-neuf pintes au lieu de cinquante-deux. Le lait a été analysé, et le docteur n'y a pas trouvé une grande différence.

Vente de southdown par M. Jonas Webb.

Le fameux troupeau southdown de M. Jonas Webb était formé de deux mille quatre cent vingt-cinq bêtes bonnes pour la reproduction. Ce grand nombre a fait qu'elles se sont vendues moins cher que cela n'avait lieu dans les louées annuelles. En 1861 et 1862 la somme de 415,925 fr. a été le produit de deux ventes. Ce sont des Allemands qui en ont acheté le plus : dix-sept béliers et cinquante-cinq antenaises pour la somme de. . . . . 25,900 fr.

Un bélier sur ce nombre a été payé. . . 2,275

L'Espagne a payé pour cinq béliers et soixante-quinze antenaises. 22,775

La Suède, pour { un bélier 2,150 / vingt antenaises 5,312 } 7,462

MM. de Charnac, de Fontenay et Monneau (Français), ont payé pour deux béliers et dix antenaises 3,300

Les deux premiers ont chacun cinq antenaises. M. Monneau a acheté un bélier 875 fr. Les Français ne dépensent pas volontiers leur argent en agriculture. J'ai entendu dire à plusieurs Anglais que M. Webb, prévoyant que les shropshire et oxfordshiredown, seraient préférés aux southdown, s'était décidé à vendre les siens. Un assez grand nombre de béliers n'ont produit que de 100 à 250 fr.

Expérience sur l'engraissement comparatif de trois espèces de bêtes à laine faite sur douze bêtes de chaque espèce.

RACES.	Poids des toisons lavées à dos.	POIDS des 12 bêtes.	Augmentation du poids.	POIDS des 12 bêtes engraissées.	Poids moyen de chaque bête maigre.	De combien chacune a augmenté.	POIDS des toisons d'une bête.
Shrophire...	66	1,514	695	2.209	126 liv.	58	5 liv. 1/2
Dishley.....	100	1,406	581	1,987	117	48	8 1/3
Lincolnshire	147	16,96	518	2,114	141 1/4	43 1/6	12 1/4
Disley du Nord.....	96	1,535	484	2,019	123	40 1/3	8

(Poids en livres.)

Les shropshire sont supérieurs aux trois autres races, qui sont cependant connues pour s'engraisser facilement, et qui se vendent toujours environ cinq centimes de moins par livre anglaise que les races auxquelles on ajoute le nom de down (shropshiredown), parce qu'elles sont couvertes de suif. Mais les shropshire pèchent par leurs toisons. Un bon fermier et engraisseur leur reproche leurs légères toisons ; les oxfordshiredown s'engraissent aussi fort bien et ont plus de laine.

Prix de vente à l'enchère de moutons southdown et de shropshire, gras.

Dix moutons et un certain nombre de brebis shropshire, mis à l'enchère par lots de cinq, ont produit une moyenne de 114 fr. par tête. Toutes ces bêtes étaient âgées d'environ quinze mois et tondues. On voit par là que la race des shropshire, qui provient de divers croisements et qui donne plus de laine que les southdown, est aussi précoce, puisqu'au même âge elle produit plus de viande et par conséquent plus d'argent. Aussi bien des cultivateurs, qui avaient de bons troupeaux southdown, les croisent-ils avec des béliers shropshire, et leur prix de vente aux enchères augmente chaque année. Je n'ai pu obtenir, il y a trois ans, un bélier shropshire du troupeau de M. Holland, membre du parlement, à Humbleton, Glocestershire, près d'Evesham, à moins de 250 fr., en laissant le choix au vendeur. On m'a demandé, cette année, pour un bélier du même troupeau, 375 fr., et il s'en vend à 1,000 fr. et plus la pièce.

Avantages de la culture à la vapeur.

M. Holland, un des membres du parlement de la Grande-Bretagne, a dit au club des fermiers de Londres, où se font recevoir les meilleurs cultivateurs de toute l'Angleterre, et qui a des réunions mensuelles, qu'il avait adopté, il y a quatre ans, l'appareil de culture à vapeur complet de Fowler ; il y a fait ajouter les perfectionnements les plus récents, et peut dire, d'après son expérience, qu'un labour de cinq à six pouces anglais de profondeur pour le froment, et de huit à dix pour les racines, lui revient en moyenne, sur les deux profondeurs, à 13 fr. 15 par hectare, dans ses terres qui sont très-fortes. Il compte non-seulement la main-d'œuvre, qui occupe trois hommes et deux garçons, le charbon, l'huile, mais aussi l'intérêt et l'amortissement du capital déboursé ainsi que les réparations courantes.

DÉTAIL DE LA DÉPENSE D'UNE JOURNÉE.

Chauffeur.	3 fr.	75
Laboureur.	3	10
Journalier.	2	50
Deux garçons.	2	50
A reporter.	11	85

Report.	11	85
Un cheval pour approcher l'eau..	3	75
100 kilog. charbon et huile pour dix heures de travail.	10	»
Intérêt et raccommodage . . .	24	40
Total.	50	»

La charrue à vapeur laboure en un jour deux hectares à huit ou dix pouces de profondeur; mais comme on emploie beaucoup plus le scarificateur, qui fait au moins six hectares de culture par jour, il compte l'ouvrage fait par journée de culture à vapeur en moyenne à quatre hectares.

Avant d'avoir l'appareil à vapeur de Fowler, il employait vingt forts chevaux pour ses cent soixante et un hectares de terres labourables, toutes très-fortes. Maintenant il n'a plus que huit ou dix chevaux. Ces dix chevaux, de plus, mangeaient aussi quand ils ne travaillaient pas, tandis que sa machine locomobile de quatorze chevaux de force ne dépense pas de charbon les dimanches. Quand le mauvais temps retient les chevaux à l'écurie, elle bat le grain, fait la farine, hache du fourrage et coupe des racines, aplatit l'avoine, concasse des tourteaux, remplit les réservoirs d'eau en pompant, scie des planches ou du bois de chauffage. Enfin, la vapeur perdue cuit la nourriture des porcs. Son appareil peut cultiver ses terres argileuses, quand elles sont encore trop humides pour que le piétinement des quatre chevaux attelés à ses charrues ne les gâte pas. Il lui faudrait plus de cinq charrues et vingt chevaux pour labourer en un jour deux hectares de trèfle ; lorsque la terre à cultiver n'est pas couverte de gazon, on emploie de préférence le scarificateur qui abat plus du double de besogne. C'est un immense avantage dans une terre forte qu'il est essentiel de cultiver, lorsqu'elle n'est ni trop humide, ni trop sèche ; il faut observer que le labour à vapeur est bien meilleur que celui fait avec les chevaux. Leur piétinement est nuisible, même lorsque la terre est sèche ; enfin, il est impossible de labourer avec des chevaux aussi profondément qu'avec la vapeur.

Culture à la vapeur.

M. Barton, fermier qui cultive deux cents hectares de terres très fortes avec le scarificateur de Smith, de Woolstone, s'est arrangé de cette manière avec les hommes qui dirigent son appareil à vapeur : il fournit le charbon, l'huile, un cheval pour approcher l'eau. Ils font, de leur côté, toute la besogne et reçoivent 6 fr. 55 par hectare pour tout genre de culture.

Avant la charrue à vapeur, les bons cultivateurs délaissaient les terres fortes ; maintenant, on en vient plus facilement à bout : aussi, sont-elles déjà plus recherchées. Le labour des terres fortes au moyen d'attelages qui ne labourent qu'une trentaine d'ares par jour coûte près de quatre fois plus cher que celui à vapeur et n'est pas aussi bon.

M. Holland a fini son discours en disant que son appareil à vapeur avait deux cents hectares à cultiver, sur ses cent soixante et un hectares de terres labourables.

Souscription pour témoigner à M. Fowler la reconnaissance des cultivateurs.

M. Ruck, un des fermiers les plus considérables du Wiltshire, a été chargé par le principal club du comté d'adresser une circulaire aux cultivateurs marquants d'Angleterre, d'Ecosse et d'Irlande, dans le but de les engager à ouvrir des souscriptions. Dans le Wiltshire, on a déjà réuni 25,000 fr., destinés à prouver à M. Fowler la reconnaissance des agriculteurs anglais, pour sa belle invention de la charrue à vapeur.

Par cette charrue Fowler, M. Dring, membre du club central des fermiers anglais, dans trente-six hectares de terres fortes semées en froment, a récolté six hectolitres de plus par hectare, que sur le même genre de terres cultivées par ses chevaux.

Inventeurs d'appareils de culture à vapeur.

1. Fowler (John), 28, Cornhill, London ; 2. Smith, de Woolstone-Station de Bletchley ; 3. Howard, à Bedford ; 4. Brown, à Clayton ; 5. Coleman et fils ; 6. Tasker et fils, Andover, Hauts Waterloo iron works ; 7. Evenden ; 8. Handcok ; 9. Steevens, Godolphin Road, Hammer-Smith, London.

Cette dernière a remporté un prix au dernier concours de la Société royale d'agriculture, et a été achetée pour la Reine.

Trop d'importance aux bâtiments de fermes.

Nous avons en France l'habitude de garnir les fermes bien construites de deux granges considérables, une pour le froment et le seigle, l'autre pour l'avoine et l'orge. Ces granges augmentent singulièrement la dépense de construction d'une ferme ; des granges ont coûté de 6 à 15 et même 20,000 fr. On pourrait loger les récoltes en grains et en foin tout aussi bien, sinon mieux, dans de bons hangars, témoin celui que M. Rieffel, directeur de la ferme régionale de Grand-Jouan, vient de construire pour la somme de 2,800 fr. En voici les détails :

La longueur intérieure est de trente et un mètres, la largeur de dix, ce qui produit trois cent quinze mètres carrés. La hauteur du sol au sommet des piliers est de cinq mètres, et de ce dernier point au faîtage, de 4^m,50. Avec ces dimensions, on peut utiliser largement un espace de deux mille mètres cubes, soit 100 kil. de paille et grains par mètre cube ; cela fait le logement de 200,000 kil. Le rapport du grain à la paille étant de

55 p. 100, il en résulte que le hangar peut suffire à loger une récolte de treize cent soixante-dix hectolitres de froment en gerbes (28,571 gerbes d'environ 7 kil.). Ce hangar a une arche en pierres, au milieu, pour porter la machine à battre. Le bois de construction a coûté 700 fr., les fournitures et la main-d'œuvre 2,000. La couverture est en ardoises.

Relevé de la fabrication de chaux dans les fours dormants, à Argy (Indre).

1º Extraction de la pierre : 6 fr. par toise de 8 mètres cube, soit par mètre cube . . . . 0^f 75

Valeur intrinsèque de la pierre par mètre cube. 1 »

Chargement des tombereaux . . . . » 15

Total du prix de la pierre par mètre cube. . 1 90

2º Charbon : 24 fr. 50 le mètre cube, pris à Châteauroux . . . . 24^f 50

2 fr. 50 de frais de transport, pour une voiture contenant 2^m,60 cubes de charbon, soit par mètre cube. . . . . » 96

Prix de revient du charbon 25 46

Un mètre cube de chaux coûte :
1º Pierre . . . . 1^f 90
2º Charbon, 0^m,164 cubes, 25 fr. 46. . . . . . 4 18
3º Main d'œuvre. . . . . » 56

Total du prix de revient. . . 6^f 64

TABLE DES MATIÈRES.

Bons produits de bruyères défrichées. — MM. Fournier ; défrichement de 200 hectares, assolement biennal ; construction économique ; nourriture des chevaux lors d'un fort travail ; assainissement des défrichements. — Château et grande terre d'Argy, à une famille belge, qui fait valoir sept fermes contenant 1,100 hectares. — Superbes chevaux boulonnais. — Essai de béliers de diverses races. — Grande fabrication de chaux pour les terres ; elle est très-économique, ne coûtant que 63 centimes l'hectolitre ; amélioration des récoltes par le chaulage des terres. — Administration de cette grande culture ; comptabilité en partie double. — Nombreux Belges, achetant ou louant des terres en France. — Visite à M. Mauduit, propriétaire berrichon, faisant de grandes améliorations ; adresse d'un éleveur de béliers southdown. — Lupins à fleurs jaunes. — M. Bisson, excellent fermier, près la Châtre ; beau bétail et récoltes sarclées.   22

Bonne et profitable culture par métayage. M. Valette, propriétaire, résidant toute l'année à Paris. — MM. Durand, à Bois-d'Habert ; belles bêtes à cornes provenant de divers croisements. — Achats de guano pour compléter de bonnes fumures. — Bonnes machines à moissonner. Le colonel de Saint-Georges, leur voisin, en a une pareille ; sa plantation de vignes, d'après le système de M. Genty-Jacob ; vigne surchargée de grappes. — Bonnes terres et belle culture de M. Edmond Augier ; belles bêtes charolaises. — Terre de la Lande-Chévrier, propriété du comte Charles de Gourcy, un de mes cousins belges ; son régisseur belge pourrait procurer des métayers de son pays, cultivant bien de pauvres terres ; grand drainage et chaulage, vignes nouvellement plantées, pêchers de vignes. — Croisés Durham, béliers southdown. — Beau verger à Bois-d'Habert. — Trèfle hybride, féverolles d'hiver, excellente méthode de faner le foin — Moyettes de céréales ; prix des moissons..   28

M. Lupin ; château de Lorois ; moissonneuse Hussey-Dray ; betteraves, leur fumure, leur culture soignée. — Guano sur prés et prairies artificielles. — M. Pillywuit, grandes fabriques de porcelaine. — Grand hangar couvert en papier goudronné, remplaçant avec avantage d'immenses granges, ou les meules. — Terre de Sainte-Marie ; M. Paulinier, propriétaire ; M. Nouguier, régisseur. — Trop belle ferme, machine à vapeur locomobile ; excellentes machines d'intérieur et pour préparation de nourriture du bétail, 7 litres d'avoine aplatie remplaçant bien, 10 litres d'avoine entière.

Foire de bétail, très-renommée, à Champigné. Jolie et bonne propriété ; bonne culture d'une métairie et très-nombreux bétail croisé durham. — Beaux chanvres hors des terres d'alluvion. — Bonnes dispositions des jeunes culti-vateurs de la vallée de la Loire pour aller louer de bonnes terres d'alluvion ailleurs que dans leur pays. — Petite ville de Bourgueil. — Visite à M. Cail à la Briche ; les six lieues que j'ai parcourues sur ce plateau me firent voir une espèce de désert. — Près la Briche, les terres calcaires reparais-sent avec la fertilité. — Distillerie de seigle ajoutée à celle de betteraves. — Immense grange, machine à vapeur de 20 chevaux de force et accessoires. — De nouvelles et très-grandes constructions : chemins de fer parcourant les bâti-ments et cours. — Succursale de Mettray. — Vastes entre-prises de M. Cail. — Bœufs des races salers ou parthenaise. — Immense culture de betteraves fort belles, plaines cou-vertes de beaux froments. — Immenses drainages ; M. Gaté, ingénieur draineur. — Emprunt considérable au Crédit foncier pour cette amélioration ; augmentation des produits sur terres bien drainées. — Immenses drainages dans ce départe-ment. — Château de Montchenin à M. Paul Allibert ; com-mencement d'un troupeau croisé southdown et mérinos, en débutant par le croisement avec béliers cotswold, suivi par béliers southdown. — Visite à M. Delaville-Leroulx au château de la Guéritaude. — Moissonneuse Manny. — Instruments et machines agricoles. — Belle vacherie durham et aussi de bêtes croisées. — Bergerie de mérinos croisés southdown. — Autre propriété de M. Delaville-Leroulx dite Kerleroulx, où il cultive aussi. — Visite à un autre voisin de M. Allibert ; M. Révérand suit la culture des environs en la soignant ; plantation de vignes pour culture à la charrue. — Bon tarare, bons cochons berks-hire perfectionnés. — Enlèvement des haies. — Bonne machine à battre peu coûteuse. — Visite à Mettray, mai-son de correction de la jeunesse pauvre ou riche. — Visite à M. Trousseau au Plessis-Saint-Antoine. — Excellente et grande culture, fabrique de bons instruments anglais. — Belle culture de betteraves........................... 62
Vente de paille et achat de fumier. — Luzerne semée seule. — Fumure des betteraves ; croisement southown. — Fro-ments mis en moyettes couvertes. — Ferme-école des Hubeaudières ; M. Daveluy, directeur ; beau troupeau. — Concours du Comice agricole de Tours à Montbazon, très-beau ; durham, moutons et cochons anglais ; beaucoup de

Seconde partie. — Courses agricoles en 1861.

Troisième partie du voyage de 1862.

Quatrième partie. — Voyage en Angleterre en 1862.

Cinquième partie du voyage de 1862.

Notes extraites principalement des journaux agricoles d'Angleterre.

Concours de six moissonneuses dans le comté de Lancastre.
Autre concours de moissonneuses dans le Norfolk. — Manière de se rendre un compte exact du produit d'une ré-

ERRATA.

Page 12, côté, *lisez* côté.

28, où ils passaient, *lisez* où elles passaient.

30, la plupart de ceux qu'on nomme, *lisez* la plupart de ceux qui sont placés sous ce qu'on nomme.

31, Samuel son, *lisez* Samuelson.

39, M. Poulinier, *lisez* Paulinier.

40, M. Nonguier, *lisez* Nouguier.

57, un des engrais le meilleur marché, sont, *lisez* est.

63, sa mère, *lisez* la mère.

69, suffirait et, *lisez* serait plus que suffisant pour payer, etc.; et ensuite.

— il aura, *lisez* il y aura.

77, charmoist, *lisez* charmoise.

81, fumier pur, *lisez* fumier pas.

83, dont il, *lisez* ils.

122, fauchait en vert, *lisez* du vert.

141, qui fait un cours d'agriculture, *lisez* d'apiculture.

151, ne vendent plus leur foin, *lisez* leur fumier.

153, 209 agneaux, *lisez* 229.

173 et 174, M. Fevet, *lisez* Fiévé.

181, produit pour le froment, *lisez* précédent pour le.

— on fourche pour, *lisez* on fauche.

109, Fasker et fils, *lisez* Tasker.

190, Aveling et Poter, *lisez* Porter.

— pour culturer, *lisez* cultiver.

— comte de Condenhove, *lisez* Coudenhove.

337, Russey, *lisez* Hussey.

310, décagrammes, *lisez* grammes.

375, des semences à la volée, *lisez* des semailles.

9 782013 024341